"十三五"
国家重点出版物出版规划项目

国之重器出版工程
网络强国建设

可见光通信关键技术系列

U0215730

可见光室内定位技术

Indoor Visible Light Positioning Technologies

冯立辉　江明　韩大海　杨爱英　张民　编　著

人民邮电出版社
北京

图书在版编目（ＣＩＰ）数据

可见光室内定位技术 / 冯立辉等编著. -- 北京 ：
人民邮电出版社，2020.5
（可见光通信关键技术系列）
国之重器出版工程
ISBN 978-7-115-51069-3

Ⅰ．①可… Ⅱ．①冯… Ⅲ．①光通信系统－无线电定
位－研究 Ⅳ．①TN929.1②TN95

中国版本图书馆CIP数据核字(2019)第204534号

内 容 提 要

本书对可见光室内定位技术进行了详细的论述，介绍了非成像定位、成像定位、传感器
辅助定位、融合定位、新型可见光通信与定位技术等内容，主要包括可见光室内定位技术的
基本原理、设计方法、实现思路和应用案例，对可见光室内定位领域进行了较为完整的总结
与归纳。

本书可作为可见光室内定位技术领域专业人员的工具书，也可作为广大研究生拓展知识
面、了解可见光定位技术的辅助参考书，也可作为研究生教学的参考用书。

◆ 编　　著　冯立辉　江　明　韩大海　杨爱英　张　民
　　责任编辑　代晓丽
　　责任印制　杨林杰

◆ 人民邮电出版社出版发行　　北京市丰台区成寿寺路 11 号
　　邮编　100164　　电子邮件　315@ptpress.com.cn
　　网址　http://www.ptpress.com.cn
　　固安县铭成印刷有限公司印刷

◆ 开本：720×1000　1/16
　　印张：20.5　　　　　　　　　2020 年 5 月第 1 版
　　字数：380 千字　　　　　　　2020 年 5 月河北第 1 次印刷

定价：158.00 元

读者服务热线：(010)81055493　印装质量热线：(010)81055316
反盗版热线：(010)81055315

专家委员会委员（按姓氏笔画排列）：

于　全　中国工程院院士

王　越　中国科学院院士、中国工程院院士

王少萍　"长江学者奖励计划"特聘教授

王建民　清华大学软件学院院长

王哲荣　中国工程院院士

尤肖虎　"长江学者奖励计划"特聘教授

邓宗全　中国工程院院士

甘晓华　中国工程院院士

叶培建　中国科学院院士

朱英富　中国工程院院士

朵英贤　中国工程院院士

邬贺铨　中国工程院院士

刘大响　中国工程院院士

刘怡昕　中国工程院院士

刘韵洁　中国工程院院士

孙逢春　中国工程院院士

苏彦庆　"长江学者奖励计划"特聘教授

苏哲子　中国工程院院士

李伯虎　中国工程院院士

李应红　中国科学院院士

李新亚　国家制造强国建设战略咨询委员会委员、
　　　　中国机械工业联合会副会长

杨德森　中国工程院院士

张宏科　北京交通大学下一代互联网互联设备国家
　　　　工程实验室主任

陆建勋　中国工程院院士

陆燕荪　国家制造强国建设战略咨询委员会委员、原
　　　　机械工业部副部长

陈一坚　中国工程院院士

陈懋章　中国工程院院士

金东寒　中国工程院院士

周立伟　中国工程院院士

郑纬民　中国工程院院士

郑建华　中国科学院院士

屈贤明　国家制造强国建设战略咨询委员会委员、工业和信息化部智能制造专家咨询委员会副主任

项昌乐　"长江学者奖励计划"特聘教授，中国科协书记处书记，北京理工大学党委副书记、副校长

柳百成　中国工程院院士

闻雪友　中国工程院院士

徐德民　中国工程院院士

唐长红　中国工程院院士

黄　维　中国科学院院士、西北工业大学常务副校长

黄卫东　"长江学者奖励计划"特聘教授

黄先祥　中国工程院院士

董景辰　工业和信息化部智能制造专家咨询委员会委员

焦宗夏　"长江学者奖励计划"特聘教授

前　言

　　近年来，随着便携式智能设备的普及与移动互联网的飞速发展，人们对于位置信息与位置服务的需求日渐迫切，基于位置的服务（Location Based Services，LBS）在人类生产生活中扮演着越来越重要的角色。以全球定位系统（Global Positioning System，GPS）、北斗卫星导航系统为代表的民用卫星定位服务精度已经能够达到米级，可以基本满足室外环境下日常定位与位置服务需要。但在室内环境下，卫星信号减弱，且误差较大，无法满足室内精准定位的需求。

　　室内活动的平均时间占全天时间的比例超过 80%，而如手机、计算机等使用也多是处于室内环境，目前，多个巨头公司已经在此领域布局并开展了一些应用体验，可以说，室内高精度定位是移动互联网时代下的"最后一米空白"。目前室内定位应用场景也存在多样性，例如，大型商超中依靠室内定位指引消费者选购商品并进行广告精准投放；机场、车站等公共场所依靠室内定位在疏散客流的同时指引旅客快速到达目的地；消防领域依靠室内定位在危险环境内快速定位搜救人员与被困人员以保障生命财产安全；在工业生产、仓储物流领域，依靠室内定位搭建基于无人搬运车或机器人的智能无人仓储物流系统等。因此，室内定位具有广阔的市场前景，找到一种对行人或者物品的室内定位最佳方法也逐渐成为业界新的关注点。

　　在室内场景下的定位技术主要包括基于 Wi-Fi 的定位技术、基于蓝牙的定位技术、基于 RFID 信号的定位技术、基于 UWB 的高精度定位技术、超声波定位技术、惯性导航以及近年来兴起的可见光通信（Visible Light Communication，VLC）等室内定位技术。可见光通信起源于 2000 年，日本研究者提出并利用 LED 照明灯作为

通信基站用于通信，因其具有宽频谱资源、高速、成本低、可与照明结合的天然优势，引起了学者的广泛关注。2018 年 8 月，我国发布首款可见光通信芯片，速率可达 10 Gbit/s，标志着我国在该技术从系统层面到芯片层面都走在了国际前列。可见光定位（Visible Light Positioning，VLP）技术是 VLC 的一种典型应用，未来有望在室内定位领域发挥重要作用。目前室内定位技术有多种方案，从性能、成本、部署便利性、精度等方面各有优缺点，未来的室内定位很可能是各种技术的有机融合。尤其是随着人工智能技术的快速发展，充分利用各种技术的优势，通过好的融合算法实现融合定位将大有可为。

作者在总结国内外研究工作的基础上完成了本书的撰写，全书共分 6 章，第 1 章是可见光室内定位技术概述；第 2～3 章分别从基于光电器件的可见光室内定位技术和成像定位两个角度进行了系统的阐述；第 4 章介绍了 VLP 系统中光学天线设计的研究进展；第 5 章系统地介绍了惯性传感技术和 VLP 的融合定位算法；第 6 章对新型 VLC 和 VLP 技术进展进行了总结和展望。目前国内还没有系统描述 VLP 技术的书籍，本书可以作为高等院校学生的参考教材，也可以作为产业界工程技术人员的入门参考。

本书出版之际，首先感谢国家自然科学基金委的项目资助。本书由冯立辉、江明、韩大海、杨爱英、张民撰写完成。全书由冯立辉统稿，中国电子科学研究院的黄河清进行了校对，在本书编写过程中，曲若彤、吕慧超、钱晨、李志天、吴楠、李正鹏、吴承刚、彭时玉、张渤、石灿、于鹏鑫等提供了支持和帮助，在此表示衷心感谢。其中，第 1～3 章的部分内容基于李正鹏、吴承刚、彭时玉等同学的学位论文进行了修改和扩充，第 4～6 章部分内容基于黄河清、吕慧超、钱晨、李志天、吴楠、崔佳贺等同学的学位论文进行了修改和扩充。

因作者水平有限，不足之处在所难免，请读者批评指正。

作　者

目　录

第 1 章

可见光室内定位技术概述

本章首先回顾室内定位技术的发展现状，具体介绍室内定位技术的特点、技术指标和常见的室内定位方法；其次介绍可见光室内定位技术的研究现状，包括其发展现状、技术特点和优势等；最后描绘可见光室内定位技术的应用前景。

|1.1 室内定位技术的发展现状 |

随着物联网技术的迅猛发展和移动智能设备（例如手机、计算机和可穿戴设备）的广泛使用，基于位置服务（Location Based Service，LBS）的应用越来越广泛，各行各业对人员和设备的跟踪定位有着越来越多的需求。目前针对室外场景的 LBS 已经很成熟，全球定位系统（Global Positioning System，GPS）已经广泛应用在飞机、车辆和手持设备中，可为飞机、车辆和行人提供有效的 LBS[1]，并成为各种移动设备使用最多的应用之一。近年来，LBS 相关技术和产业正向室内发展，以提供无所不在的基于室内位置的服务（Indoor Location Based Service，ILBS），其主要推动力是 ILBS 带来的巨大应用和商业潜能如图 1-1 所示。许多公司包括操作系统（Operating System，OS）提供商、服务提供商、设备和芯片提供商都在竞相角逐这个市场[2]。

ILBS 可以支持许多应用场景，并且正在改变移动设备的传统使用模式。例如，在大型购物中心、火车站、机场、停车场、博物馆等，用户可以通过 ILBS 获取定位信息快速找到入口、出口、洗手间、热点服务区域等，不会为在大型室内建筑物内迷失方向而烦恼。结合其他实际应用需求，用户还可以通过 ILBS 获取展品和商品宣传广告等信息[1]。例如，在医院场景下，通过为病人佩戴一个生理监测定位装置，医护人员能够实时监测病人生理状态指标，一旦生理指标参数出现异常，数据监测中心工作人员可及时做出反应，赶往病人所在区域进行诊治[3]。通过在医疗设备和移动式病床上安装定位监测装置，监测中心可实时跟踪医疗设备和病床动态，减少搜寻时间，有效提高设备病床的使用流转率和员工的工作效率[4]。

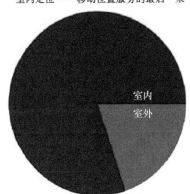

室内定位—— 移动位置服务的最后一米

1. 人们平均80%～90%的时间在室内。
2. 70%的移动电话使用和80%的数据连接使用来自室内。

图 1-1　ILBS 应用具有巨大的潜在市场价值

在未来，想象这样的场景：当我们到会议室开会，智能电话会自动开启静音模式；逛商场看到一件感兴趣的商品却仍在犹豫是否购买时，拍下照片并自动给照片打上位置标签，等下次决定要买时，智能移动设备会帮助我们导航到该商品的位置。这些都会给我们日常生活和工作，甚至在紧急情况下带来便利[2]。总之，随着各种无线通信定位技术的持续发展，ILBS 商业模式将在各行各业具有十分广阔的发展前景和商业应用价值。

1.1.1　室内定位技术的特点和技术指标

1. 室内定位技术的特点

室内定位系统（Indoor Positioning System，IPS）是一种以确定室内用户空间位置为目标而构成的相互关联的集合体或装置，可以为用户提供人性化和个性化的ILBS。

目前的大部分 IPS 均需要借助定位锚点进行定位。定位锚点是已知位置坐标的收发信号装置，通过各种定位测距估计算法，计算出用户设备（ User Equipment，

UE）相对于定位锚点的位置，从而实现坐标定位。IPS 的通用系统架构如图 1-2 所示。

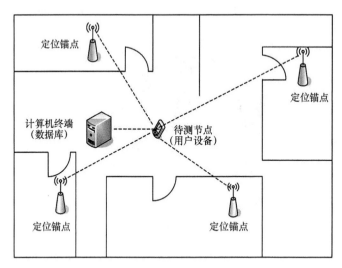

图 1-2　IPS 的通用系统架构

根据发射机和接收机位置的不同，IPS 可分为主动导航定位系统和被动监视定位系统两类[5]。

主动导航定位系统是发射机位于定位锚点，而接收机位于待测节点，其基本原理为定位锚点主动发送与位置相关的 ID 信息，用户设备接收到 ID 信息后，查询计算机终端的数据库获取定位锚点的坐标，然后根据多个 ID 信息的特征参数采用相应的定位算法进行精确定位。目前采用该结构的 IPS 技术有 Wi-Fi、超宽带（Ultra Wideband，UWB）、ZigBee 和蓝牙等。

被动监视定位系统的设计思路与主动导航定位正好相反，它是将发射机置于待测节点，而将接收机置于定位锚点，其基本原理为待测节点向周围发送信号，被多个定位锚点所接收，多个定位锚点可以估计信号源的距离、角度和到达时间等参数，然后再通过多边或多角定位算法来确定信号源的位置。目前采用该结构的 IPS 技术有红外线、射频识别（Radio Frequency Identification，RFID）标签和超声波等。

和室外定位技术相比，室内定位技术具有以下不同的特点。

首先，与室外环境相比，室内环境由于存在各种各样的反射体，例如墙壁、设备和人，射频信号会通过反射体形成多径传播，从而导致较为严重的多径干扰和延迟问题。同时，反射体和障碍物导致信号的高衰减和散射现象，从而影响定位精度。不过，室内环境也存在一些有利于定位的特点，例如，小覆盖区域使得信号更加容易控制，信号在室内环境下移动速度缓慢使得定位信号的动态变化较小等[6]。

其次，室内信号可能存在较多干扰源。这是由于室内环境是相对封闭的，声音、光线、温度等干扰源都会对定位设备的传感器造成一定的影响，特别是声音和光线，会在室内进行多次反射，使得干扰情况更加复杂[5]。

此外，在多层建筑和未知环境中的定位往往较为困难。室内定位不仅要考虑二维平面的位置，在多层建筑中还要考虑楼层的三维位置，甚至包括地上和地下部分。目前大部分室内定位技术都是基于对室内环境了解的基础上进行设计，但在实际应用中，往往未必能够得到有效的环境信息，或者由于某种原因导致定位基础设施遭到了破坏等，这些因素都能给室内定位系统的性能带来不利的影响。如何减少对环境的依赖性是室内定位技术领域的难题之一[5]。

2. 室内定位技术的性能指标

通常，IPS 会根据定位准确度、精确度、成本、可扩展性、安全性等方面的要求，采用满足特定需求的定位算法。有一些应用需要用到低成本的 IPS，例如商场超市的导航导购等；而其他一些应用则可能需要用到高精度的 IPS，例如室内工业机器人导航、医疗设备跟踪等。在本节中，我们将介绍几种主流的评价 IPS 性能的技术指标。

（1）准确度

准确度是指在一定实验条件下多次测定的平均值与真值相符合的程度，常用来表示系统误差的大小[7]。通常 IPS 采用位置误差（Location Error， LE）作为准确度最为直观的评价指标，LE 可表示为

$$e = \sqrt{(x - \hat{x})^2 + (y - \hat{y})^2} \tag{1-1}$$

其中，(x, y) 表示待测节点（用户设备）的真实坐标，而 $(\hat{x}, \hat{y})$ 表示 IPS 通过定位算法估计的用户设备的坐标位置。从式（1-1）可看出，LE 实际上是估计坐标和真实坐标的欧氏距离。

为了提高系统的准确度，通常可采用多次测量的方法来抑制系统噪声的干扰。通常使用关于位置的均方根误差（Root Mean Square Error，RMSE）作为准确度的评价指标。LE 的 RMSE 可表示为

$$e_{\mathrm{R}} = \sqrt{\frac{\sum_{i=1}^{n} e_i^2}{n}} = \sqrt{\frac{\sum_{i=1}^{n}\left[(x-\hat{x}_i)^2 + (y-\hat{y}_i)^2\right]}{n}}$$ （1-2）

其中，（$\hat{x}_i$, $\hat{y}_i$）表示第 i 次估算出的用户设备坐标值，n 表示测量总次数。

对于一些经典的室内定位模型，如果已知系统噪声功率的概率分布函数或概率密度函数，则可通过分析系统模型的定位误差的均方误差（Mean Square Error，MSE）的下界（如克拉美罗下界），作为精确度的一种度量评估方法。

（2）精确度

精确度是指多次重复测定同一个量时各测定值之间彼此相符合的程度，它表示测定过程中随机误差的大小[7]。定位准确度仅考虑了真实位置与估计位置之间的偏差，而定位精确度关注的是在一个定位区域内多次测试的定位误差的分布情况，反映的是 IPS 的整体工作情况和顽健性。通常可采用定位误差的累积分布函数（Cumulative Distribution Function，CDF）来表征定位精确度[8]。LE 的 CDF 可表示为

$$F_E(e) = P(E \leqslant e)$$ （1-3）

其中，E 表示关于 LE 的随机变量，e 表示 LE 的某一个数值，$P(E \leqslant e)$ 表示随机变量 E 取值小于数值 e 的概率。

（3）复杂度

IPS 的复杂度可分为硬件复杂度、软件复杂度和操作复杂度。对于定位算法而言，强调的是软件复杂度，也就是定位算法的计算复杂度。如果定位算法的计算是放在中央服务器上执行的，由于服务器超强的处理能力和充足的电源供应，位置将很快计算出来。如果算法是在移动终端上执行的，由于大部分移动终端缺乏超强的处理能力和大容量电池，算法复杂度对定位的影响显而易见。因此，在互联网终端应用不断普及的背景下，系统设计者更倾向于低复杂度的定位算法。通常，我们很难推导出一个关于复杂度的通用分析计算公式，但是计算 IPS 的定位时间是可行的，通常可使用定位速率作为表征复杂度的重要技术指标。定位速率的两倍称为位置滞后，其表示一个移动终端移动到一个新的位置所需要的延迟时间[8]。

（4）可扩展性

在现实情况下，一套定位系统被研发出来后，有可能在不同的室内场景下使用，例如购物中心、展馆、博物馆、图书馆和医院等。另外，根据场景的差异性，系统在一定的区域范围内和给定的定位时间内所能支持的定位对象的数量有可能受限。

而 IPS 的可扩展性意味着当室内地理场景发生更改，以及用户数量发生变化（特别是在增长）时，系统仍可保证正常的定位功能。用户规模表示在单位地理区域和单位时间周期内的用户数量[6]，它是评价可扩展性的一个关键指标。

（5）成本

一套 IPS 的成本依赖很多因素。重要的因素包括经济费用、时间、空间、重量和能耗等。时间因素主要与安装部署和维护机制有关。移动终端往往具有紧凑的空间和重量限制。而定位锚点部署密度也是需要考虑的一种时间和空间成本。能耗因素则是系统的重要成本因素，对于终端用户而言甚至可能是最重要的因素之一。一些移动单元（如电子物品监视标签和被动式 RFID 标签等）是完全能量被动的，这些单元仅对外部磁场有反应，因此具有无限的能量寿命。而其他移动终端（装配有可充电电池的设备）如果不充电，只有若干个小时的能量寿命[8]。

1.1.2　常见的室内定位技术

目前，常见的室内定位技术包括红外线（IR）、超声波、RFID、Wi-Fi、蓝牙、ZigBee、UWB、惯性导航定位等。基于这些基本技术的系统实现方案得到了大量研究者的长期关注。一般来说，可以利用单个技术或者几种技术的融合，来达到总体性能和复杂度的折中。下面简单介绍上述几种技术方案的优缺点以及使用这些技术的典型实现系统。

（1）红外线定位

剑桥大学和 AT&T 实验室联合开发的活动徽章系统是红外线定位技术的经典应用[9]。该系统在移动定位目标上带有红外发射器，周期性地发射唯一身份标志信号。同时，在室内布置大量光学传感器作为定位锚点。定位锚点通过有线或者无线方式连接到控制中心，当移动定位目标进入相应定位区域并且被该区域的定位锚点识别后，控制中心就可以确定移动终端的当前位置。该系统是一种被动监视定位系统。红外线室内定位精度相对较高，但是无法穿透障碍物，仅在直线可视距离内传播，有效距离较短，受室内布局和灯光影响较大，定位成本较高，在实际应用上存在一定的局限性。

（2）超声波定位

超声波室内定位系统基于超声波测距原理，由主测距器和若干个应答器组成。

主测距器放置在移动定位目标上，应答器安装在定位锚点上，主测距器向位置固定的应答器发送无线射频信号，应答器在收到信号后向主测距器发射超声波信号，利用反射式测距和三角定位等算法确定物体的位置[9]。Active Bat 是超声波定位系统的先驱，通过密集部署大量的超声波接收设备，达到 3 cm 的定位精度[11]。Sonitor 室内定位系统是一个能够进行商业应用的超声波定位解决方案，已经应用在若干大型医院用于跟踪病人和医疗设备，精度一般为房间级[12]。超声波定位能在非可视距离下传播，定位精度较高且误差较小，但是超声波信号传输衰减严重，定位有效范围有限，设备成本较高，只适用于特定环境下的室内定位。

（3）RFID 定位

RFID 定位技术通常采用"邻近信息"的思想，通过触发不同位置的 RFID 感知器或读写器（定位锚点）进行定位，定位精度取决于定位锚点的分布密度，一般定位精度较低，能满足一定的应用需求。其优点是响应迅速，同时由于其非接触和非视距的特性，这种技术有很好的用户体验[13]。结合半有源 RFID 标签，采用低频激活器激活 RFID 发送标识信息，同时在不同的定位锚点位置部署 RFID 读写器，每个读写器都有自己的设备编号，人员佩戴的电子标签会被不同位置的读写器检测，从而实现定位目的。

（4）Wi-Fi 定位

由于 Wi-Fi 路由设备被广泛使用，基于 Wi-Fi 的定位方案部署起来成本低廉，不需要额外添加很多硬件设备[13]。目前，主流的 Wi-Fi 定位技术分为两种：一种是基于至少 3 个无线接入点（Access Point，AP）的无线接收信号强度（Received Signal Strength，RSS），通过多边定位或多角定位算法估计移动终端的位置；另一种是通过服务器将室内环境中的 AP 信号强度记录至数据库作为每一个 AP 的指纹，定位时将接收到的信号强度经由数据对比和一定的估算后得出位置信息，如最早使用这种方案的微软公司所提出的 Radar 系统[14]。Wi-Fi 定位可以在广泛的应用领域内实现复杂的大尺度定位、监测和追踪任务，总体精度比较高，但是用于室内定位的精度只能达到几米左右，无法做到精准定位。由于 Wi-Fi 路由器和移动终端的普及，定位系统可以与其他客户共享网络，硬件成本很低。

（5）蓝牙和 ZigBee 定位

蓝牙和 ZigBee 定位技术类似，有部分重合频段，且两者定位技术均基于短距离低功耗通信协议。目前蓝牙定位主要使用蓝牙 4.0 以上的规范，该规范基于低功耗蓝牙（Bluetooth Low Energy，BLE）技术研发，而 ZigBee 是基于 IEEE 802.15.4 标准的低功耗局域网协议，两者都具有近距离、低功耗、低成本的特点[15-16]。蓝牙和 ZigBee 的定位精度主要取决于基础设施的部署密度，一般均需要在室内环境中布置大量的定位锚点，通过采用邻近探测法、质心法[17]、多边定位法和指纹定位法[18]实现移动终端的定位。蓝牙室内定位技术最大的优点是设备体积小、距离短、功耗低，容易集成在手机等移动设备中。只要设备的蓝牙功能开启，就能够对其进行定位。蓝牙传输不受视距的影响，低功耗模式下的传输距离可以达到 10 m 以上。但对于复杂的空间环境，蓝牙系统的稳定性较差，受噪声信号干扰大。

（6）UWB 定位

UWB 技术通过发送纳秒级或纳秒级以下的超窄脉冲来传输数据，可以获得 GHz 量级的数据带宽。在室内定位方面，UWB 技术受到了高度的重视和广泛深入的研究。由于 UWB 具有很强的时间分辨率，定位算法主要采用到达时间（Time of Arrival，TOA）或到达时间差（Time Difference of Arrival，TDOA）准则来实现。Ubisense 公司推出的 TDOA 和到达角度（Angle of Arrival，AOA）相结合的室内定位系统，测距范围达到 50～100 m，精度达到 15 cm[19]。Zebra 公司推出的 Dart UWB 系统，精度达到 30 cm，测距范围达到 100 m[20]。从定位精度、安全性、抗干扰、功耗等技术角度来分析，UWB 无疑是最理想的工业定位技术之一。然而，UWB 难以实现大范围的室内覆盖，系统建设成本远高于 RFID 和蓝牙定位等技术，限制了该技术的推广和普及。

（7）惯性导航定位

惯性导航定位是一种纯客户端技术，主要利用移动终端惯性传感器采集运动数据，通常采用加速度传感器、陀螺仪等测量物体的速度、方向、加速度等信息，基于航位推测算法，经过各种滤波运算得到移动目标的位置信息[21-23]。随着运动时间的增加，惯性导航定位的误差也在不断累积，这时需要外界更高精度的定位信息源对其进行校准。因此目前惯性导航一般和其他指纹定位技术（Wi-Fi 和蓝牙等）融合在一起，每过一段时间通过 Wi-Fi 和蓝牙定位锚点请求当前室内位置，以此来对产生的误差进行修正[24]。惯性导航的定位精度通常取决于传感器质量和安装的位置，绑在用户脚部的惯性导航可采用零速校正限制漂移，有效地对累积误差进行修正，系统定位精度可得到提升[25]。目前该技术商用已比较成熟，在扫地机器人等产品中得到了较广泛的应用。

从以上常见室内定位技术的特点可知，目前的室内定位技术发展主要存在以下

几个共性问题。

（1）精度问题

目前大部分商用定位技术的精度还不高，约在几米之内，这个精度对室内环境来说存在一定的不足。要提高精度就必须提高抗干扰能力，解决信号衰减和散射、多径效应和信号校准等传统问题[5]。

（2）部署成本和能耗问题

目前大部分的定位技术都需要在环境中安装辅助节点（定位锚点）用于测距、测角和返回位置信息等。要提高精度，就必须安装大量的辅助节点，大幅增加了成本和能耗。有些技术本身功率大、能耗高；有的技术需要大量的人力、物力去收集指纹信息，完善指纹地图；此外许多系统还需要周期性地人为校准等[5]，这些都在实用性方面制约了当前 IPS 技术的发展。

此外，各种基于射频通信的 IPS，由于受到室内反射、衍射和散射的严重影响，接收机跟踪射频（Radio Frequency，RF）信号具有相当的难度和挑战性，导致定位系统设备和算法复杂度普遍较高。因此，截至当前，"最后一米"的定位问题始终是室内定位技术领域的一个热门话题，具有较大的挑战性。

|1.2 可见光室内定位技术的研究现状 |

当前，用户对无线通信网络的带宽需求呈现加速增长的趋势，各种无线通信设备数量的快速增长以及各种新型的富媒体、云计算、可穿戴式设备业务的涌现，导致了传统的无线通信网络面临着频谱资源日益紧缺、网络拥塞日趋严重的问题。因此，开发利用新的无线频谱，综合使用无线技术演进，增加网络节点密度，部署异构网络等融合手段构成了下一代新型通信网络发展的核心解决方案。

在此背景下，基于 LED 器件的可见光通信（Visible Light Communications，VLC）技术受到了广泛的关注[26-27]。LED 器件具有能源效率高、寿命长和绿色环保的优点，已被广泛应用在照明灯中。除此优点外，与其他光源相比，它还具有更高的带宽和频率响应，易被调制的优点[28]。这些优点在 LED 器件还未被大规模应用时，就已引起了光通信研究人员的兴趣。2000 年，日本研究人员首次将 LED 器件应用在无线通信领域，提出采用 LED 器件作为光信号发射源，采用光电二极管（Photodiode，PD）作为接收机，实现了基于可见光媒介的信息传输如图 1-3 所示。VLC 技术是当前通信系统的一种重要的补充，VLC 系统能够在提供照明的同时，实现高速率的数据传输。VLC 系统的应用可以有效解决当前无线电信号传输设备效率不高、能耗高、电磁辐射与安全性等问题，为将来室内通信提供有效支持[29]。而作为 VLC 应用的一个重要分支，基于 VLC 的可见光定位（Visible Light Positioning，VLP）技术继承了 VLC 的众多优点，也受到了广泛的关注[30-31]。

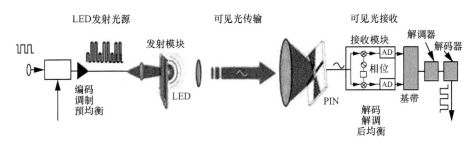

图 1-3　VLC 点对点传输模型

1.2.1　可见光通信技术的发展现状

回顾 VLC 的发展进程，可见光概念最早由日本庆应义塾大学的研究学者在 2000 年提出，应用 LED 来建设家庭接入网络的概念引起了人们关注[32]。到 2002 年，Fan 等[33]在之前研究的基础上，不仅研究了直射信道环境下的 VLC，还考虑了反射所带来的影响，并且认为反射的影响在高速光通信中不可忽略，分析了由于反射引起的多径效应，并展示了所提出的 VLC 系统的有效性。2003 年 11 月，日本成立了可见光通信协会（Visible Light Communications Consortium，VLCC），并于 2007 年提出了两个标准，包括可见光通信系统标准和可见光识别系统标准。与此同时，欧盟启动了家庭吉比特接入（OME Gigabit Access，OMEGA）项目，目标是以可见光通信的方式来扩大无线通信网络。2009 年，Minh 等[34]进行了高速 VLC 实验，检测了 LED 的蓝色分量，并且使用简单的一阶模拟均衡器证明了使用通断键控可以实现 100 Mbit/s 的数据率，为高速 VLC 打下了基础。紧接着，在 2010 年，文献[35]将传统的 VLC 与正交频分复用（Orthogonal Frequency Division Multiplexing，OFDM）和多输入多输出（Multiple Input Multiple Output，MIMO）技术相结合，实现了 220 Mbit/s 的总传输速率，证明 VLC 也可以与其他通信技术结合提高系统的传输速率。2010 年，Vucic 在文献[36]中，使用了正交幅度调制、功率加载和不对称限幅正交频分复用等技术将原有的 VLC 进行扩展，

并通过理论分析指出，如果克服了相对低的调制指数等技术障碍，那么理论的传输速率将超过 1 Gbit/s。而在 2011 年，电器和电子工程师协会制定了首个关于 VLC 的 IEEE 标准[37]，即 IEEE 802.15.7。2013—2014 年，Zhang 和 Tsonev 分别在文献[38] 和文献[39]中将研究的新型 LED 应用于 VLC 系统进行实验，系统速率分别达到了 1.5 Gbit/s 和 3 Gbit/s，这为未来高速可见光通信系统的实现奠定了坚实的基础。同时，在 2014 年，Cossu 等在文献[40]中利用 RGB 型 LED，采用波分复用和离散多音调制技术，在大于 1.5 m 范围内实现了 5.6 Gbit/s 的数据速率，创造了当时最快速率的 VLC 记录。在 2015 年，Wang 等[41]在室外进行了 50 m 内的 VLC 通信实验，实现了 1.8 Gbit/s 的传输速度，为室外可见光通信提供了技术支持。

近几年，实现的 VLC 链路容量均超过 1 Gbit/s，并且越来越多的研究致力于挖掘 VLC 系统的潜力[42-43]。虽然我国的 VLC 研究起步较晚，但是近年来也取得一些显著的成果，2013 年信息工程大学承担了我国首个可见光 "863" 计划项目，在 2015 年，实时通信速率提高至 50 Gbit/s。复旦大学的迟楠教授也在 VLC 领域取得了较大进展。

从 2000 年日本研究者提出可见光通信至今，经过十几年的发展，其传输速率越来越高，不断取得突破性成果，并在 2011 年被《时代周刊》评为全球五十大科技发明之一[44]。相较于 Wi-Fi、蓝牙、ZigBee 和毫米波等短距离无线通信技术，可见光通信具有频谱丰富、传输速率高、无电磁辐射、保密安全性高、密度高、成本低等优点。这些优点使 VLC 具有广泛的应用前景。只要使用 LED 灯照明的场合，都有可能成为其潜在的应用场景。图 1-4 列出了 VLC 的 7 种典型的应用场景。

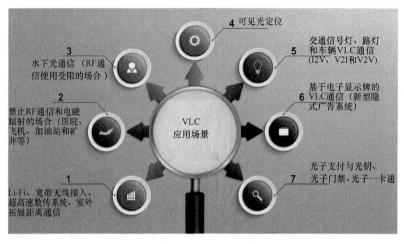

图 1-4　VLC 应用场景

VLC 技术具有较高的通信速率和 405 THz 的巨大带宽，如果应用于现有的网络通信中，可以实现与现有网络系统在技术上互补、在业务方面互通的效果，能够满足当前人们对海量视频的需求和对大数据应用的要求[45]。

可见光绿色、环保，并且不会产生电磁辐射，可应用于对电磁敏感的场景，如矿井、医院、航空或轨道交通工具等。在矿井下，采用 VLC 代替射频通信系统，不易引起瓦斯爆炸，还可以使操作人员随时掌握矿井下的情况。在医院、民航机中采用 VLC，可以摆脱由射频信号带来的干扰，满足用户接入互联网的需求。

蓝绿光在海水中具备穿透能力强、方向性好等特点，因此在水下通信中可以采用蓝绿光 LED 照明器件作为发射机进行信息传输。目前已有针对水下可见光通信系统的研究，并且取得了一定的成果[46-47]。

室内定位系统采用的射频、蓝牙以及超声波等方式，存在系统稳定性不高、响应时间长、电磁干扰严重、精度和准确度较低等问题。并且 LED 照明设备已经在室内广泛应用，因此可在现有 LED 照明基础设施的基础上，利用 VLC 技术快速部署实施可见光定位和导航，从而克服基于传统无线通信技术的室内定位系统的缺点。

此外，VLC 技术可为智能交通系统（Intelligent Transportation Systems，ITS）提供一种全新的通信方式。目前，车辆照明均采用 LED 灯，将 VLC 接收机安装在道路边或车辆上，可组成车辆至交通基础设施（V2I）、车辆至车辆（V2V）、车辆至任何设备（V2X）的通信系统，可为行驶车辆提供通信服务，让驾驶员实时掌握各条道路的车流量[48]。

LED 阵列或电子显示屏常被用于信息显示，若将相应的信息调制到 LED 阵列上，则可便捷地将数据传递给用户移动终端摄像头。这种显示与 VLC 相结合的技术通常称为可见光成像通信技术。而为了避免对原显示画面的破坏，通常会采用一些隐式的调制方法，在电子显示屏的视频和画面中添加隐式信息，这些信息不影响用户的正常观感，但能被成像设备的摄像头所捕捉，用户使用手机等设备即可接收大量的隐式信息进行扩展阅读。使用隐式广告的形式进行广告业务的推送，不仅能提高广告信息的推送量，同时能有效减少现有广告模式对用户的影响[49-50]。

由于 VLC 的保密安全性，VLC 通信还可以用于 ID 识别和金融支付领域。2015 年出现了基于 VLC 的智能手机光子支付解决方案。光子支付是以光为支付介质，通过手机闪光灯频率实现授权、识别及信息传递的支付技术。该方案实现了数据从手机到 POS

机的传输。随后，又出现了类似于光子支付技术的光子门禁和光子一卡通等应用。

综上所述，VLC 技术具有广阔的应用前景，可与现有的 RF 通信系统形成很好的互补，催生一批新型的应用。而基于 VLC 的可见光定位系统则是最早形成商业化应用的 VLC 领域，也是本书讨论的主题。

1.2.2　可见光室内定位的优点

作为 VLC 应用的一个重要分支，基于 VLC 的可见光定位技术继承了 VLC 的众多优点。与传统 RF 室内定位解决方案相比，VLP 具有较大的优势。例如，可见光光谱位于人眼能够感知的频率范围（430～790 THz），无电磁污染，不会产生任何射频干扰，环保安全，可应用于对射频辐射存在限制的定位环境中，如矿井、医院等。又如，通常室内已经安装部署了 LED 照明灯，只需要向 LED 灯中添加低成本的可见光通信定位模块，即可将原有的照明系统升级为 VLP 室内定位基站，而不用像 RF 定位系统那样加装各种天线设备，因此可有效降低定位锚点的部署成本。而且 VLP 模块可由原有的 LED 灯线路供电，不需要铺设额外的供电线路，能够有效节省电气材料，降低部署和管理维护成本。

特别地，由于可见光照射范围的有限性，相邻 LED 灯的光定位信号干扰没有射频系统中的干扰严重。通过调整灯布局、加装灯罩等简单的工程手段，即可有效降低定位基站之间的干扰。此外，墙壁能阻挡光线，因此 VLP 系统也不存在来自其他房间或楼层的信号干扰，使得 VLP 技术能够获得比传统射频定位技术更稳定的定位性能。

可见光既可以用光电探测器接收信号，又可以通过摄像头获取图像信号，提高了定位算法的多样性。

以上这些优点，使得 VLP 有望成为低成本的消费级室内定位系统的最佳解决方案。进一步地，通过算法优化可将 VLP 定位误差控制在 10 cm 以内，有望取代高精度但成本较高的 UWB 定位系统，在机器人领域和工业自动化定位领域也有望实现更加广泛的应用。

1.2.3　可见光室内定位技术的分类与研究现状

目前，国内外学者、研究机构和企业对 VLP 的研究已取得了若干进展。根据接收机硬件类型的不同，可以将现有的 VLP 技术分成 3 类如图 1-5 所示。第一类为非成像 VLP（Non-imaging VLP，nVLP），其特点是采用光电检测器件作为 VLC 接收机前端，例如光电二极管和光敏三极管（Phototriode，PT）等。第二类为成像 VLP（Imaging VLP，iVLP），其特点是采用摄像机或图像传感器（Image Sensor，IS）作为 VLC 接收机，通过拍摄 LED 光源获取 LED-ID 信息，并利用摄影测量法原理实施精确定位。第三类为传感器辅助的 VLP（Sensor-aided VLP，sVLP），如惯性传感器辅助的 VLP 和基于其他传感器的 VLP 等。

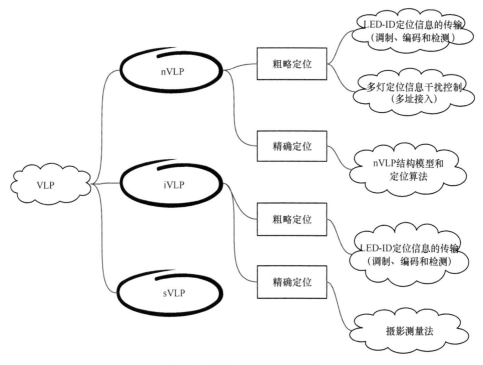

图 1-5　VLP 技术的研究方向分类

通常在实际的 VLP 场景下，VLP 定位系统的定位流程一般分两步走。第一步，用户设备（User Equipment，UE）接收 LED 灯发送的 LED-ID 信息并进行解码，解码成功后，将 LED-ID 信息与离线数据库中的位置坐标进行关联，提取出 LED 灯的坐标，这一步称为粗略定位。第二步，UE 进一步提取 LED-ID 信息中的特征值，例如接收光信号强度（Received Signal Strength，RSS）等，基于这些特征值采用合适的定位算法实施精确定位，估计出 UE 的坐标值，这一步称为精确定位。因此，不

管是 nVLP 还是 iVLP，都要解决粗略定位和精确定位的问题。

　　根据解决问题类型的不同，nVLP 粗略定位又可细分为 LED-ID 定位信息的传输、相邻多灯多址接入两个问题，而 nVLP 精确定位一般通过设计新的 nVLP 结构模型和定位算法来改善定位性能。iVLP 粗略定位需要解决的问题是如何利用摄像头可靠地检测 LED-ID 定位信息，而 iVLP 精确定位一般采用摄影测量法及空间几何等理论完成定位目标坐标的计算。

1. nVLP 技术

　　关于 nVLP 系统中的 LED-ID 定位信息的传输问题，文献[51]最早提出了 LED-ID 粗略定位系统模型如图 1-6 所示。系统模型采用对称曼彻斯特码对 LED-ID 信息进行编码，利用通断键控（On-Off Keying，OOK）调制驱动 LED 灯发送信息。接收机利用光电二极管通过直接检测（Direct Detection，DD）解码 LED-ID 信息。随后，文献[52]设计了一种采用双音多频技术传输 LED-ID 信息的 VLP 系统模型，并在文献[53]中进行了实验验证。

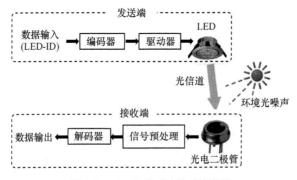

图 1-6　LED-ID 粗略定位系统模型

　　关于 nVLP 系统中存在的相邻多灯定位信息传输干扰的问题，实质上可归结为多址接入干扰（Multiple Access Interference，MAI）问题。目前已有的 nVLP 技术，一般采用频分多址（Frequency Division Multiple Access，FDMA）、时分多址（Time Division Multiple Access，TDMA）、码分多址（Code Division Multiple Access，CDMA）和其他改进型多址接入机制来解决 MAI 问题。

　　FDMA 机制的基本原理为相邻 LED 灯分配不同的频率波形传输定位信息[54]，频率波形可以是正弦波[55-56]或方波[57]。nVLP 接收机一般采用 FFT 频谱分析、戈泽尔算法或有限冲激响应滤波器（Finite Impulse Response，FIR）来区分不同的频率波形，并同时提取出多个定位信息及其对应的特征幅度值。FDMA 的优点是相邻 LED 灯发送定位信息时不需要同步，不需要中枢同步单元。

对于 TDMA，其基本思想为相邻多个 LED 灯分配不同的时隙发送 LED-ID 定位信息。当某一盏灯正在发送定位信息时，其他灯需要等待（维持正常照明）直到轮到自身的时隙时再进行 LED-ID 定位信息的发送[58-59]。文献[60]提出了一种针对大规模 LED 灯部署的基于块编码的 TDMA 机制，可有效缓解系统时延和提高定位精度。然而，这些基于 TDMA 机制的 VLP 模型均需要一个中枢同步单元为 LED 分配时隙。为了解决此问题，文献[61]提出一种基于帧时隙 ALOHA 多址接入协议的异步多灯定位信息传输机制。该方案虽然不需要同步，但是是以消耗系统延迟时间为代价的。

对于 CDMA，其基本思想为相邻多个 LED 灯各自使用一个独一无二的基于光正交码（Optical Orthogonal Code，OOC）的定位 ID 号，使得 nVLP 接收机可以利用信号的正交性来区分多路 LED-ID 定位信息[62-63]。文献[63]公开了一种基于 PN 扩频码的室内可见光定位方法，利用数据帧结构传输伪随机码（PN 码），在接收端接收数据帧并利用伪随机码的正交性来区分不同光源的 ID 信息。

目前，大部分国内外文献讨论关注的是 nVLP 系统中的精确定位问题。 nVLP 精确定位一般可借鉴传统经典的射频定位算法，首先进行距离或角度的估计，然后再使用三边测量法或三角测量法获取定位终端的坐标。常见的经典定位方法有基于 RSS、TOA、TDOA 和 AOA 等。

文献[64-67]提供了几种基于 RSS 定位算法的 nVLP 模型和算法，并对 RSS 模型在 LOS 信道和加性噪声下的距离估计的理论下界进行了分析和推导[66-67]。TOA 定位算法是根据接收信号的到达时间来估计位置，该参数也是室外 GPS 的核心参数。TOA 定位算法要求所有的发送信号必须严格同步，因此所有的 GPS 卫星用极其准确的原子钟保持同步。然而，由于 VLP 系统采用的 LED 灯通常成本很低，且部署数量较多，因此采用高成本的精确时钟同步模块并不现实。文献[68]分析和推导了基于 TOA 定位算法的 nVLP 模型距离估计的克拉美罗下界。

相比 TOA 定位算法，TDOA 定位算法利用到达时间差来估算距离，不需使用原子钟保持高精确性的同步，应用范围相对更广。文献[69-71]提出了几种基于 TDOA 的 nVLP 模型和距离估计算法。不过，基于 TOA/TDOA 定位算法的 nVLP 系统发射机需要使用中枢管理单元保证多个 LED 之间的同步，同时在接收端必须使用频率响

应极高的光电器件处理周期为纳秒级的光信号,对设备和器件均提出了较高的要求。因此,目前基于 TOA/TDOA 定位算法的 nVLP 系统仅停留在理论建模与分析阶段,工程上难以实现。

AOA 定位则采用了和 TOA/TDOA 不同的机制实现。AOA 也称为三角测量,它通过已知 UE 和多个定位锚点之间的角度进行定位。其基本原理为先获取锚点和 UE 之间的角度,然后采用三角测量法估计出 UE 的位置。文献[72]提出了一种基于 AOA 定位算法的 nVLP 模型,该模型能够估计三维坐标,但是需要预先通过实验测试获取 UE 和 LED 之间的角度增益曲线和数据。此外,文献[73]和文献[74]分别提出了一种基于 AOA/RSS 混合算法和 TOA/RSS 混合算法的 nVLP 模型,并都对其距离估计的理论下界进行了分析。

2. iVLP

和 nVLP 系统接收机通常采用光电检测器件不同,在 iVLP 系统中传输光定位信息时,接收机使用的是图像传感器。由于移动电话通常会装配互补金属氧化物半导体(Complementary Metal Oxide Semiconductor, CMOS)图像传感器(CMOS Image Sensor, CIS),不需额外添加任何光信号接收装置即可检测光信号,因此如何使用移动电话的 CIS 实现对 iVLP 系统的支持成为一个主要的研究方向。文献[75]最早提出了利用 CIS 的卷帘(Rolling Shutter, RS)效应,通过拍摄经过 OOK 调制后的 LED 光源,从而在成像平面上形成条纹图像来实现传输光信号的方法。该方法通过对条纹图片进行解码处理,提取出 OOK 光信号。随后,文献[76]提出了一种针对光强不均匀的条纹图片的解码方法。进一步地,文献[77]提出了一种基于数据采样的多行重扫描机制,而一种基于 RS 的行扫描采样机制则在文献[78]中被提出。特别地,文献[79]提出了一种基于智能手机的空时复用伪密勒编码多帧检测 iVLP 机制,可实现 LED 定位信息的高顽健性传输。

iVLP 系统使用 CIS 成功解码出光定位信息后,可通过摄影测量法实施精确定位,进一步确定 UE 坐标。关于 iVLP 精确定位方面,文献[80]最早提出通过拍摄公路上 3 个不同的 LED 信号灯,采用摄影测量法的共线理论和旋转矩阵估计出摄像机的位置。基于文献[80],文献[81]提出了一种采用 LED 阵列和两个 IS 的 iVLP 结构,并设计了一种基于摄影测量法的定位算法。类似地,文献[82]提出了一种采用双 LED 和双 IS 的 iVLP 结构,而文献[83]则对三 LED、单 IS 的 iVLP 结构进行了实验验证,结果显示平均定位误差在 6.6 cm 左右。针对上述经典的摄影测量法的 iVLP 方案,一般采用迭代非线性最小二乘求解 UE 坐标。文献[84-85]采用奇异值分解（Singular Value Decomposition，SVD）算法推导出了基于摄影测量方程组的 UE 坐标位置的闭式解，该方法具有较低的运算复杂度。

3．sVLP

在一些复杂的 VLP 场景中，UE 有可能只能感应到一个 LED 灯的光定位信号，这种情况下只能进行粗略定位，很难进行精确定位。对此问题，很多文献提出传感器辅助的 VLP 定位模型和方法，即 sVLP。关于 sVLP 定位，文献[86]提出了一种针对单 LED 灯的陀螺仪辅助的混合 sVLP 模型，它利用了 CIS 和单个 PD，并在此基础上设计了一种 RSS/AOA 混合定位算法，通过实验测试该模型和算法的定位误差能够控制在 7.3 cm 左右。文献[87]提出了一种基于传感融合技术的 sVLP 系统，该系统通过融合从移动电话内置的 IS 和运动传感器收集到的数据，可以提高定位精度，并将传感器融合的问题定义为一个多目标非凸优化问题，推导了闭式优化解并提出了一种运算复杂度低的 SVD-SF 定位算法。文献[88-89]提出了一种基于多 LED 灯、PD 和加速度传感器的 VLP 定位模型，基本原理为 UE 在原位置以微小角度旋转两次，用角度传感器分别测得两次角度，然后根据提出的 AOA/RSS 定位算法和 3 个 LED 的坐标进行精确定位。该理想模型的仿真结果显示，该方案的定位误差可控制在 0.5 m 以下，但其在实际场景下的性能仍有待确认。

▎1.3　可见光室内定位技术的应用前景 ▎

伴随社交网络而出现的 ILBS 服务，能够根据人们日常的工作、生活等需求打造个性化的全新生活方式。而基于 VLP 的室内定位技术可在传统室内定位技术的基础上，以高精度、低成本、部署便捷、节能环保等显著优势，为进一步完善用户体验提供有力的支持，满足人们的个性化需求和体验。因此，VLP 具有巨大的发展潜力，应用前景十分广阔。图 1-7 给出了 VLP 技术的潜在应用领域（场所）。

VLP 室内定位技术的发展，能够帮助用户在大型商场中快速定位商家门店，或在大型超市中快速寻找促销商品，有效地节省时间，提高消费效率。用户可以通过接收折扣商品附近的 LED 光源发出的信息，获取更多的相关信息或优惠券。图 1-8 展示了一种基于 VLP 技术的大型商超导购服务系统架构。

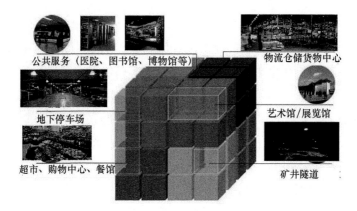

图 1-7 VLP 潜在应用领域（场所）

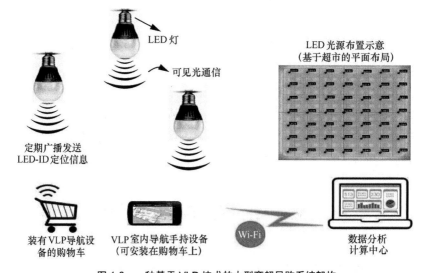

图 1-8 一种基于 VLP 技术的大型商超导购系统架构

如图 1-8 所示，该系统根据商超门店的平面布局安装具有 VLP 功能的 LED 光源，每一个 LED 光源预置了唯一的 ID 号或位置坐标数据。安装完毕后，LED 灯会周期性地广播其 ID 号或坐标信息。系统会为每个用户提供一台 VLP 室内导航终端设备，它通常加装于超市购物车的手柄上。导航设备运行安卓操作系统并预置了门店的三维地图或平面地图，同时集成了 VLC 接收模块，可实时接收附近若干个 LED 光源的广播信息。导航终端设备将接收到的信息解码后，与预置的位置信息数据库的数据进行匹配，确定导航设备的粗略位置，然后再通过设备中的 VLP 算法实现精确定位。定位完成后，导航设备将定位信息发送给应用层 APP，从而实现基于室内位置的 ILBS，如位置附近的广告及商品信息推送等。终端采集的定位信息可以形成用户的行为及动线数据，可定期通过 Wi-Fi 发送给数据分析计算中心进行大数据分析处理。该系统除了可以为顾客提供实时导航和位置服务以外，还可以为超市提供大数据分析服务，例如顾客动线跟踪、消费行为分析、货架陈列优化等，从而为门店运营决策提供有力的支持。

此外，如图 1-7 所示 VLP 技术还可应用在图书馆，为人们提供图书精确检索定位、图书分区预先提醒等人性化服务，让读者不会为找书而头疼；可以应用在博物馆和艺术展览馆，使得参观者可以通过 VLP 导航设备扫描每个展品上的 LED 光源，从而获得物品的音频或视频介绍信息，或通过接收天花板上的 LED 光源，获取参观行进路线的提示信息；可以应用在物流仓储中心，为工作人员提供货物（取件和发件）精确定位，提高工作效率；可以应用在矿井隧道，为井下工作人员提供准确定位和实时跟踪，为工作人员保驾护航。

图 1-9 展示了一种基于 iVLP 技术的智慧医院室内导航服务系统架构。该系统在医院内的相关 LED 灯内植入 VLP 定位模块，将 LED 灯升级为照明定位一体灯。用户智能手机安装有该医院的智慧服务系统 APP 或微信小程序等，当患者或探病家属希望快速找到诊室或病房时，可开启客户端应用的导航服务功能，通过手机前置摄像头检测附近 LED 灯的定位信号，获取当前位置的信息，然后点击导航电子地图的目标位置，则会在该地图上自动生成最佳路径。该系统可解决患者在大型医疗机构中面对各种诊室、病房、缴费处、药房等普遍存在的"迷路"问题，提升用户体验。

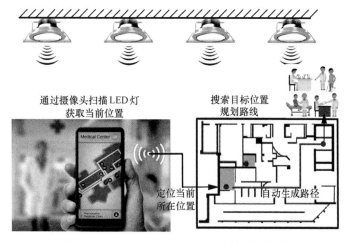

通过摄像头扫描 LED 灯
获取当前位置

搜索目标位置
规划路线

定位当前
所在位置

自动生成路径

图 1-9　基于 iVLP 技术的智慧医院室内导航服务系统

图 1-10 展示了一种基于 VLP 技术的室内停车场导航服务应用场景。首先将室内停车场的 LED 灯统一升级为照明定位一体灯，用户智能手机安装电子地图及导航服务系统 APP 或微信小程序。车辆进入停车场后，基于 VLP 服务，协助用户找到空闲的停车位。下车时，通过用手机摄像头检测该停车位上方的 LED 灯发出的定位信号，获取停车位置信息。返回寻车时，用手机摄像头获取当前所在位置的 LED 灯信息，根据停车位置信息和当前位置信息，由 APP 或微信小程序自动生成最佳寻车路径。当用户在寻车途中行进时，系统可采用可见光和惯性传感器融合定位技术实时更新并显示用户在电子地图上的位置和行进方向。更进一步地，可以在车辆上直接加装 VLP 检测器，结合车辆内置的导航系统，实现室外 GPS、室内 VLP 的无缝导航体验，并通过蓝牙绑定用户手机实现信息交互，完成离车后的 VLP 服务自动向手机迁移的过程。

图 1-10　基于 VLP 技术的室内停车场寻车导航服务应用场景

综上所述，可见 VLP 技术具有广泛的应用前景，未来具有较大市场空间。

|1.4　本章小结|

本章首先介绍了室内定位技术的发展现状，阐述了室内定位技术的特点、技术指标，然后回顾了目前常见的室内定位方法，并介绍了这些室内定位方法的基本原理和特点。进一步地，本章介绍了可见光室内定位技术的研究现状，分析了可见光通信技术的发展现状和应用前景，总结了可见光室内定位技术的特点和研究现状。和传统的室内定位技术相比，基于 LED 器件的 VLP 技术由于其无电磁污染、环保安全、设备复杂度低和部署成本低等诸多优点受到了广泛的关注。本章最后描绘了可见光室内定位技术的应用和市场前景。

┃ 参考文献 ┃

[1]　LUO J H, FAN L Y, LI H S. Indoor positioning systems based on visible light communication: state of the art[J]. IEEE Communications Surveys Tutorials, 2017, 19(4): 2871-2893.

[2]　室内定位技术现状和发展趋势[EB]. 2014.

[3]　万群, 郭贤生, 陈章鑫. 室内定位理论、方法和应用[M]. 北京: 电子工业出版社, 2012.

[4]　SHIREHJINI A A N, YASSINE A, SHIRMOHAMMADI S. Equipment location in hospitals using RFID-based positioning system[J]. IEEE Transactions on Information Technology in Biomedicine, 2012, 16(6): 1058-1069.

[5]　赵锐, 钟榜, 朱祖礼, 等. 室内定位技术及应用综述[J]. 电子科技, 2014, 27(3): 154-157.

[6]　AL-AMM A, ALHADHRAMI S, AL-SALMAN A, et al. Comparative survey of indoor positioning technologies, techniques, and algorithms[C]// International Conference on Cyberworlds, October 6-8, 2014, Santander, Spain. Piscataway: IEEE Press, 2014: 245-252.

[7]　Accuracy 与 Precision 的区别[EB]. 2010.

[8]　LIU H, DARABI H, BANERJEE P, et al. Survey of wireless indoor positioning techniques and systems[J]. IEEE Transaction on Systems, Man, and Cybernetics, Part C: Applications and Reviews, 2007, 37(6): 1067-1080.

[9]　WANT R, HOPPER A, FALCAO V, et al. The active badge location system[J]. ACM Transactions on Information Systems, 1992, 10(1): 91-102.

[10] 室内定位技术有哪些, 七大室内定位技术详解[EB]. 2018.

[11] WARD A, JONES A, HOPPER A. A new location technique for the active office[J]. IEEE Personal Communications, 1997, 4(5): 42-47.

[12] Sorwitor. Soiruitor SenseRTLS [EB]. 2011.

[13] 王杨, 赵红东. 室内定位技术综述及发展前景展望[J]. 测控技术, 2016, 35(7): 208.

[14] BAHL P, PADMANABHAN V N. RADAR: An in-building RF based user location and tracking system[C]//Proceedings IEEE INFOCOM 2000 Conference on Computer Communications, Nineteenth Annual Joint Conference of the IEEE Computer and Communications Societies, March 26-30, 2000, Tel Aviv, Israel. Piscataway: IEEE Press, 2000, 2: 775-784.

[15] 汪苑, 林锦国. 几种常用室内定位技术的探讨[J]. 中国仪器仪表, 2011, (2): 54-57.

[16] 刘明伟, 刘太君, 叶焱, 等. 基于低功耗蓝牙技术的室内定位应用研究[J]. 无线通信技术, 2015, 24(3): 19-23.

[17] SUBEDI S, KWON G R, SHIN S, et al. Beacon based indoor positioning system using

weighted centroid localization approach[C]// 2016 IEEE Eighth International Conference on Ubiquitous and Future Networks (ICUFN), July 5-8, 2016, Vienna, Austria. Piscataway: IEEE Press, 2016: 1016-1019.

[18] DAHLGREN E, MAHMOOD H. Evaluation of indoor positioning based on Bluetooth smart technology[D]. Chalmers: Chalmers University of Technology, 2014.

[19] ANGELIS A D, HANDEL P, RANTAKOKKO J. Measurement report, Laser total station campaign in KTH R1 for Ubisense system accuracy evaluation[R]. Stockholm: KTH Royal Institute of Technology, 2012.

[20] MAHFOUZ M R, FATHY A E, KUHN M J, et al. Recent trends and advances in UWB positioning[C]// 2009 IEEE MTT-S International Microwave Workshop on Wireless Sensing, Local Positioning, and RFID, September 24-25, 2009, Cavtat, Croatia. Piscataway: IEEE Press, 2009: 1-4.

[21] HARLE R. A survey of indoor inertial positioning systems for pedestrians[J]. IEEE Communications Surveys Tutorials, 2013, 15(3): 1281-1293.

[22] KIM J W, HAN J J, HWANG D H, et al. A step, stride and heading determination for the pedestrian navigation system[J]. Journal of Global Positioning Systems, 2004, 3(1-2): 273-279.

[23] JUDD T. A personal dead reckoning module[C]// Proceeding of 10th International Technical, Meeting Satellite Division Institate Navigation, September 16-19, 1997, Kansas City, Missouri. Piscataway: IEEE Press, 1997: 47-51.

[24] LEPPKOSKI H, COLLIN J, TAKALA J. Pedestrian navigation based on inertial sensors, indoor map, and WLAN signals[J]. Journal of Signal Processing Systems, 2013, 71(3): 287-296.

[25] RUIZ A R J, GRANJA F S, HONORATO J C P, et al. Accurate pedestrian indoor navigation by tightly coupling foot-mounted IMU and RFID measurements[J]. IEEE Transactions on Instrumentation and Measurement, 2011, 61(1): 178-189.

[26] KARUNATILAKA D, ZAFAR F, KALAVALLY V, et al. LED based indoor visible light communications: state of the art[J]. IEEE Communications Surveys Tutorials, 2015, 17(3): 1649-1678.

[27] HAAS H, YIN L, WANG Y, et al. What is Li-Fi[J]. Journal of Lightwave Technology, 2016, 34(6): 1533-1544.

[28] LAUSNAY S D, STRYCKER L D, GOEMAERC J P, et al. A survey on multiple access visible light positioning[C]// IEEE International Conference on Emerging Technologies and Innovative Business Practices for the Transformation of Societies (EmergiTech), August 3-6, 2016, Balaclava, Mauritius. Piscataway: IEEE Press, 2016: 38-42.

[29] 迟楠. LED 可见光通信技术[M]. 北京: 清华大学出版社, 2013.

[30] LUO J H, FAN L Y, LI H S. Indoor positioning systems based on visible light communication: state of the art[J]. IEEE Communications Surveys Tutorials, 2017, 19(4): 2871-2893.

[31] ZHUANG Y, HUA L C, QI L N, et al. A survey of positioning systems using visible LED

lights[J]. IEEE Communications Surveys Tutorials, 2018, 20(99): 1-1.

[32] TANAKA Y, HARUYAMA S, NAKAGAWA M. Wireless optical transmissions with white colored LED for wireless home links[C]// Proceedings of 11th IEEE International Symposium on Personal Indoor and Mobile Radio Communications (PIMRC 2000), September 18-21, 2000, London, UK. Piscataway: IEEE Press, 2000: 1325-1329.

[33] FAN K, KOMINE T, TANAKA Y, et al. The effect of reflection on indoor visible-light communication system utilizing white LEDs[C]// Proceedings of the 5th International Symposium on Wireless Personal Multimedia Communications, October 27-30, 2002, Honolulu, HI. Piscataway: IEEE Press, 2002: 611-615.

[34] MINH H L, O'BRIEN D, FAULKNER G, et al. 100-Mb/s NRZ visible light communications using a post equalized white LED[J]. IEEE Photonics Technology Letters, 2009, 21(15): 1063-1065.

[35] AZHAR A H, TRAN T A, O'BRIEN D. Demonstration of high-speed data transmission using MIMO-OFDM visible light communications[C]// Proceedings of 2010 IEEE GLOBECOM Workshops, December 6-10, 2010, Miami, FL. Piscataway: IEEE Press, 2010: 1052-1056.

[36] VUCIC J, KOTTKE C, NERRETER S, et al. 513 Mbit/s visible light communications link based on DMT-modulation of a white LED[J]. Journal of Lightwave Technology, 2010, 28(24): 3512-3518.

[37] IEEE standard for local and metropolitan area networks-part 15. 7: short-range wireless optical communication using visible light[S]. [S.l.]: IEEE Standard 802. 15. 7-2011, 2011: 1-309.

[38] ZHANG S, WATSON S, MCKENDRY J J D, et al. 15 Gbit/s multi-channel visible light communications using CMOS-controlled GaN-based LEDs[J]. Journal of Lightwave Technology, 2013, 31(8): 1211-1216.

[39] TSONEV D, CHUN H, RAJBHANDARI S, et al. A 3-Gb/s single-LED OFDM-based wireless VLC link using a Gallium Nitride LED[J]. IEEE Photonics Technology Letters, 2014, 26(7): 637-640.

[40] COSSU G, WAJAHAT A, CORSINI R, et al. 56 Gbit/s downlink and 15 Gbit/s uplink optical wireless transmission at indoor distances (≥15 m)[C]//Proceedings of 2014 the European Conference on Optical Communication (ECOC), September 21-25, 2014, Cannes, France. Piscataway: IEEE Press, 2014.

[41] WANG Y, HUANG X, TAO L, et al. 18-Gb/s WDM visible light communication over 50-meter outdoor free space transmission employing CAP modulation and receiver diversity technology[C]//Proceedings of 2015 Optical Fiber Communications Conference and Exhibition (OFC), March 22-26, 2015, Los Angeles, California. Piscataway: IEEE Press, 2015.

[42] SAGOTRA R, AGGARWAL R. Visible light communication[J]. International Journal of Engineering Trends and Technology, 2013, 4(3): 403-405.

[43] JOVICIC A, LI J, RICHARDSON T. Visible light communication: opportunities, challenges

and the path to market[J]. IEEE Communications Magazine, 2013, 51(12): 26-32.

[44] 陈泉润, 张涛, 郑伟波, 等. 基于白光LED可见光通信的研究现状及应用前景[J]. 半导体光电, 2016, 37(4): 455-476.

[45] RAJBHANDARI S, CHUN H, FAULKNER G, et al. High-speed integrated visible light communication system: device constraints and design considerations[J]. IEEE Journal on Selected Areas in Communications, 2015, 33(9): 1750-1757.

[46] 胡昉辰, 迟楠. 水下可见光通信的原理、关键技术与应用[J]. 中国照明电器, 2018, 1: 6-13.

[47] KAUSHAL H, KADDOUM G. Underwater optical wireless communication[J]. IEEE Access, 2016, 4: 1518-1547.

[48] IWASAKI S, PREMACHANDRA C, ENDO T. Visible light road-to-vehicle communication using high speed camera[C]// IEEE Intelligent Vehicles Symposium, June 4-6, 2008, Eindhoven, Netherlands. Piscataway: IEEE Press, 2008: 13-18.

[49] ARAI S, MASE S, YAMAZATO T, et al. Experimental on hierarchical transmission scheme for visible light communication using LED traffic light and high-speed camera[C]// Proceedings of IEEE Vehicular Technology Conference, September 30-October 3, 2007, Baltimore, MD. Piscataway: IEEE Press, 2007.

[50] 刘艳飞. 可见光隐式成像通信技术的研究[D]. 郑州: 信息工程大学, 2017.

[51] LOU P H, ZHANG H M, ZHANG X, et al. Fundamental analysis for indoor visible light positioning system[C]// 2012 1st IEEE International Conference on Communications in China Workshops (ICCC), August 15-17, 2012, Beijing, China. Piscataway: IEEE Press, 2012: 59-63.

[52] LOU P F, ZHANG M, ZHANGX, et al. An indoor visible light communication positioning system using dual-tone multi-frequency technique[C]// 2013 2nd International Workshop on Optical Wireless Communications (IWOW), October 21, 2013, Newcastle upon Tyne, UK. Piscataway: IEEE Press, 2013: 25-29.

[53] LOU P F, GHASSEMLOOY Z, MINHH L, et al. Experimental demonstration of an indoor visible light communication positioning system using dual-tone multi-frequency technique[C]// 2014 3rd International Workshop in Optical Wireless Communications (IWOW), September 17, 2014, Funchal, Portugal. Piscataway: IEEE Press, 2014: 55-59.

[54] YANGS H, JEONGE M, KIMD R, et al. Indoor three-dimensional location estimation based on LED visible light communication[J]. Electronics Letters, 2013, 49(1): 54-56.

[55] SEUNGK H, RAEK D, HOONY S, et al. An indoor visible light communication positioning system using a RF carrier allocation technique[J]. Journal of Lightwave Technology, 2013, 31(1): 134-144.

[56] ZHENGH H, XUZ W, YUC Y, et al. Asynchronous visible light positioning system using FDMA and ID techniques[C]//2017 Conference on Lasers and Electro-Optics Pacific Rim (CLEO-PR), July 31-August 4, 2017, Singapore. Piscataway: IEEE Press, 2017: 1-4.

[57] LAUSNAYS D, STRYCKERL D, GOEMAEREJ P, et al. A visible light positioning system

using frequency division multiple access with square waves[C]// 2015 9th International Conference on Signal Processing and Communication Systems (ICSPCS), December 14-16, 2015, Cairns, Australia. Piscataway: IEEE Press, 2015: 1-7.

[58] NADEEM U, HASSANN U, PASHAM A, et al. Indoor positioning system designs using visible LED lights: performance comparison of TDM and FDM protocols[J]. Electronics Letters, 2015, 51(1): 72-74.

[59] YANGS H, KIMD R, KIMH S, et al. Indoor positioning system based on visible light using location code[C]// 2012 fourth international conference on communications and electronics (ICCE), August 1-3, 2012, Hue, Vietnam. Piscataway: IEEE Press, 2012: 360-363.

[60] HOU Y, XIAOS L, ZHENGH F, et al. Multiple access scheme based on block encoding time division multiplexing in an indoor positioning system using visible light[J]. IEEE/OSA Journal of Optical Communications and Networking, 2015, 7(5): 489-495.

[61] ZHANG W Z, CHOWDHURY M I S, KAVEHRAD M. Asynchronous indoor positioning system based on visible light communications[J]. Optical Engineering, 2014, 53(4).

[62] YAMAGUCHI S, MAIV V, THANGT C, et al. Design and performance evaluation of VLC indoor positioning system using optical orthogonal codes[C]// 2014 IEEE Fifth International Conference on Communications and Electronics (ICCE), July 30-August 1, 2014, Danang, Vietnam. Piscataway: IEEE Press, 2014: 54-59.

[63] 陈健, 谭启龙, 由骁迪. 一种基于 PN 扩频码的室内可见光定位方法[P]. 2017102909559, 2017.

[64] LIMJ C. Ubiquitous 3D positioning systems by led-based visible light communications[J]. IEEE Wireless Communications, 2015, 22(2): 80-85.

[65] LID P, GONG C, XUZ Y. A RSSI-based indoor visible light positioning approach[C]//2017 IEEE International Conference on Communications (ICC), May 21-25, 2017, Paris, France. Piscataway: IEEE Press, 2016: 1-6.

[66] GONENDIK E, GEZICI S. Fundamental limits on RSS based range estimation in visible light positioning systems[J]. IEEE Communications Letters, 2015, 19(12): 2138-2141.

[67] ZHANGX L, DUANJ Y, FUY G, et al. Theoretical accuracy analysis of indoor visible light communication positioning system based on received signal strength indicator[J]. Journal of Lightwave Technology, 2014, 32(21): 4180-4186.

[68] WANGT Q, SEKERCIOGLUY A, NEILDA, et al. Position accuracy of time-of-arrival based ranging using visible light with application in indoor localization systems[J]. Journal of Lightwave Technology, 2013, 31(20): 3302-3308.

[69] YUNG S Y, HANN S, PARK C S. TDOA-based optical wireless indoor localization using LED ceiling lamps[J]. IEEE Transactions on Consumer Electronics, 2011, 57(4): 1592-1597.

[70] NAHJ H Y, PARTHIBAN R, JAWARDM H. Visible light communications localization using TDOA-based coherent heterodyne detection[C]// 2013 IEEE 4th International Conference on Photonics (ICP), October 28-30, 2013, Melaka, Malaysia. Piscataway: IEEE Press, 2013:

247-249.

[71] NADEEM U, HASSANN U, PASHAM A, et al. Highly accurate 3D wireless indoor positioning system using white LED lights[J]. Electronics Letters, 2014, 50(11): 828-830.

[72] YANGS H, JEONGE M, KIMD R, et al. Indoor three-dimensional location estimation based on LED visible light communication[J]. Electronics Letters, 2013, 49(1): 54-56.

[73] SAHIN A, EROGLUY S, GUVENC I, et al. Hybrid 3-D localization for visible light communication systems[J]. Journal of Lightwave Technology, 2015, 33(22): 4589-4599.

[74] KESKINM F, GEZICI S. Indoor three-dimensional location estimation based on LED visible light communication[J]. Journal of Lightwave Technology, 2016, 34(3): 854-865.

[75] DANAKIS C, AFGANI M, POVEY G, et al. Using a CMOS camera sensor for visible light communication[C]// 2012 IEEE GLOBECOM Workshops (GC WKSHPS), December 3-7, 2012, Anaheim, CA. Piscataway: IEEE Press, 2012: 1244-1248.

[76] LIU M, QIU K, CHE F, et al. Towards indoor localization using visible light communication for consumer electronic devices[C]// 2014 IEEE/RSJ International Conference on Intelligent Robots and Systems, September 14-18, 2014, Chicago, TL. Piscataway: IEEE Press, 2014: 143-148.

[77] DEGUCHI J, YAMAGISHI T, MAJIMA H, et al. A 14Mpixel CMOS image sensor with multiple row-rescan based data sampling for optical camera communication[C]// 2014 IEEE Asian Solid-State Circuits Conference (A-SSCC), November 10-12, 2014, Kaohsiung, Taiwan. Piscataway: IEEE Press, 2014: 17-20.

[78] AOYAMA H, OSHIMA M. Line scan sampling for visible light communication: theory and practice[C]// 2015 IEEE International Conference on Communications (ICC), June 8-12, 2015, London, UK. Piscataway: IEEE Press, 2015: 5060-5065.

[79] LI Z, JIANG M, ZHANG X, et al. Space-time-multiplexed multi-image visible light positioning system exploiting pseudo-Miller-coding for smart phones[J]. IEEE Transactions on Wireless Communications, 2017, 16(12): 8261-8274.

[80] YOSHINO M, HARUYAMA S, NAKAGAWA M. High-accuracy positioning system using visible LED lights and image sensor[C]// 2008 IEEE Radio and Wireless Symposium, January 22-24, 2008, Orlando, FL. Piscataway: IEEE Press, 2008: 439-442.

[81] RAHMANM S, HAQUE M M, KIMK D. High precision indoor positioning using lighting LED and image sensor[C]// 2011 14th International Conference on Computer and Information Technology (ICCIT), December 22-24, 2011, Dhaka, Bangladesh. Piscataway: IEEE Press, 2011: 309-314.

[82] MOONM G, CHOI S. Indoor position estimation using image sensor based on VLC[C]// 2014 International Conference on Advanced Technologies for Communications (ATC), October 15-17, 2014, Hanoi, Vietnam. Piscataway: IEEE Press, 2014: 11-14.

[83] LIN B J, GHASSEMLOOY Z, LIN C, et al. An indoor visible light positioning system based on optical camera communications[J]. IEEE Photonics Technology Letters, 2017, 29(7):

579-582.

[84] ZHANG R, ZHONG W D, QIANK M, et al. Image sensor based visible light positioning system with improved positioning algorithm[J]. IEEE Access, 2017, 5: 6087-6094.

[85] ZHANG R, ZHONGW D, KEMAO Q. A singular value decomposition-based positioning algorithm for indoor visible light positioning system[C]// 2017 Conference on Lasers and Electro-Optics Pacific Rim (CLEO-PR), July 31-August 4, 2017, Singapore. Piscataway: IEEE Press, 2017: 1-2.

[86] HOUY N, XIAOS L, BIM H, et al. Single LED beacon-based 3D indoor positioning using on-the-shelf devices[J]. IEEE Access, 2016, 8(6): 1-11.

[87] ZHANG R, ZHONGW D, QIANK M, et al. A novel sensor fusion based indoor visible light positioning system[C]// 2016 IEEE GLOBECOM Workshops (GC WKSHPS), December 4-8, 2016, Washington, DC. Piscataway: IEEE Press, 2016: 1-6.

[88] YASIR M, HOS W, VELLAMBIB N. Indoor localization using visible light and accelerometer[C]// 2013 IEEE Global Communications Conference (GLOBECOM), December 9-13, 2013, Atlanta, GA. Piscataway: IEEE Press, 2013.

[89] YASIR M, HOS W, VELLAMBIB N. Indoor positioning system using visible light and accelerometer[J]. Journal of Lightwave Technology, 2014, 32(19): 3306-3316.

第 2 章

基于光电器件的可见光室内定位技术

本章介绍采用光电检测器件的 nVLP 技术方案和算法。具体地，从理论模型为出发点，介绍包括基于 RSS 的异步 CDMA-VLP 系统、基于 FDM 和 FSOOK 调制的异步 VLP 系统、基于孔径接收机的 VLP 系统、基于不同朗伯辐射波瓣模数的双 LED 辅助的 VLP 系统、基于差分检测的 VLP 系统、基于 BP 神经网络的 VLP 指纹定位系统等各类 nVLP 系统的原理模型、算法设计、仿真与实验验证等，并对部分算法提供性能分析。

| 2.1 基于 RSS 的异步 CDMA-nVLP 系统 |

由于可见光信号具有非负实数的特性,可见光通信目前普遍采用了强度调制/直接检测(Intensity Modulation/Direct Detection,IM/DD)技术。为了减少设备的复杂性,简化驱动电路的实现,可以采用简单的通断键控(OOK)调制对原始数据信息进行调制。而作为一种多址技术,CDMA 技术与 OOK 可以无缝结合,因此也可用于 VLC 系统中。同时,采用异步 CDMA 技术可以较好地解决不同 LED 灯发射信号较难实现同步的问题。为实现较好的 nVLP 性能,采用基于接收信号强度的非线性估计方法。本节首先介绍不同的 CDMA 码的相关性能以及构造光正交码的方法,然后阐述基于 RSS 的异步 CDMA-nVLP 系统模型以及定位算法。

2.1.1 OCDMA 码

由于不同 LED 灯发送的 LED-ID 信息很难实现同步,为了能够在接收端区分不同的 LED 信号,我们需要一种异步多址技术。目前的多址技术主要包括波分多址(Wavelength Division Multiple Access,WDMA)、FDMA、TDMA 和 CDMA 等。现在市场上的高功率白光 LED 灯芯大部分是通过蓝色 LED 加上黄色荧光粉合成的,这使得基于 WDMA 技术的 VLC 系统较难实现[1];而采用 TDMA 则需要对相邻的灯进行信号同步，增加了设备复杂度；相对于 FDMA，CDMA 抗噪声的顽健性更好[2-3]。因此，可以考虑采用异步 CDMA 技术来缓解或抑制可见光定位系统中的多灯干扰。

在 CDMA-nVLP 系统中，每一盏 LED 灯都被分配一个独一无二的地址码，不同的地址码代表不同 LED 灯在空间中所处的位置信息。为提高 CDMA 系统的性能，地址码必须有足够好的自相关和互相关特性，这样才能尽量减少各 LED 信号之间的多址干扰。地址码的选择一般应满足以下条件[3]。

① 所有的地址码都有一个很高的自相关峰值，以及很低的自相关旁瓣值。

② 任意的两个地址码之间的互相关函数值都很小。

应用于光通信领域的 CDMA 码一般称为 OCDMA 码。OCDMA 从维数上可以划分为一维 OCDMA、二维 OCDMA 以及三维 OCDMA 等，本节主要讨论一维 OCDMA。

一维 OCDMA 码可分为单极性码和双极性码，其中单极性码有光正交码（Optical Orthogonal Code，OOC）[4]、素数码（Prime Code，PC）[5]、二次同余码（Quadratic Congruence Code，QCC）[6]、扩展二次同余码（Extended QCC， EQCC）[6]等，双极性码则有 m 序列[7]、Gold 码（Gold Codes，GC）[8]等。其中，除素数码因其自相关函数性能较差不再讨论外，下面主要讨论 OOC、QCC、EQCC 以及 GC 等码型。

1. 光正交码

自相关函数的设计限制阈值 λ_a 体现了自相关旁瓣的影响，其取值应能保证每一个序列与其自身循环移位的序列不相同，这样便于寻找序列的起始点实现同步。互相关函数的设计限制阈值 λ_c 则体现了不同序列对本序列正常解码的多址接入干扰，其取值应越小越好。

光正交码通常可以用一个四元组 $(n, w, \lambda_a, \lambda_c)$ 来表征，其中 n 是码长，w 是码重，λ_a、λ_c 分别表示自相关值和互相关值的上界[4]，即

$$\Theta_{xx}(\tau) = \sum_{i=0}^{n-1} x_i x_{i \oplus \tau} \begin{cases} = w, \tau = 0 \\ \leqslant \lambda_a, 1 \leqslant \tau \leqslant n-1 \end{cases} \tag{2-1}$$

$$\Theta_{xy}(\tau) = \sum_{i=0}^{n-1} x_i y_{i \oplus \tau} \leqslant \lambda_c \tag{2-2}$$

目前研究最多的是等重对称码，即 $\lambda_a = \lambda_c = \lambda$。等重对称 OOC 可记为 (n, w, λ)，当 $\lambda = 1$ 时，相关特性最好。例如，{1,34,50,56,60}和{9,32,39,93,129}分别是（137,5,1）OOC 的码字区组，其中{1,34,50,56,60}的 1、34、50、56 和 60 代表码元值为 1 的位置，其他位置的码元值均为 0。图 2-1 和图 2-2 分别表示码字区组

{1,34,50,56,60}的自相关函数以及{1,34,50,56,60}和{9,32,39,93,129}之间的互相关函数。

从等重码的 Johnson Bound 可知，码字容量 $\phi(n,w,\lambda)$ 满足式（2-3）[9]。

$$\varphi(n,w,\lambda) \leqslant \frac{(n-1)(n-2)\cdots(n-\lambda)}{w(w-1)\cdots(w-\lambda)} \tag{2-3}$$

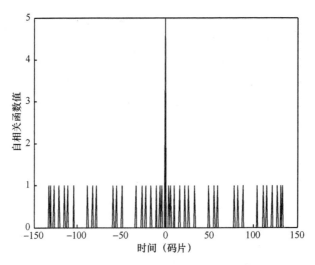

图 2-1　码字{1,34,50,56,60}的自相关函数

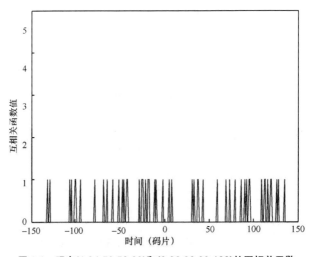

图 2-2　码字{1,34,50,56,60}和{9,32,39,93,129}的互相关函数

基于式（2-3），我们可以根据不同 VLP 系统所需的定位基站数选择 OOC 的码

长 n、码重 w 以及相关值 λ。

构造 OOC 完全可以等效为码字区组的构造[10]。目前 OOC 构造法主要有直接构造法、代数构造法以及递推构造法等。相比构造其他 CDMA 码来说，构造 OOC 的过程较为复杂，不再赘述。

2. 二次同余码

构造二次同余码的步骤如下[6]。

第一步：任意选择一个素数 p。

第二步：根据伽罗瓦域，构造一个二次同余序列。

$$S_i = (s_{i,0}, s_{i,1}, \cdots, s_{i,j}, \cdots, s_{i,p-1}), \ i = 1, 2, 3, \cdots, p-1$$

二次同余序列中的元素可以由式（2-4）得出。

$$s_{i,j} = \left\{ \frac{ij(j+1)}{2} \right\} (\mathrm{mod}\ p), \ 1 \leqslant i \leqslant p-1, 0 \leqslant j \leqslant p-1 \qquad (2\text{-}4)$$

第三步：根据二次同余序列，我们可以构造出一个二次同余码。

$$C_i = (c_{i,0}, c_{i,1}, \cdots, c_{i,k}, \cdots, c_{i,n-1}), \ i = 1, 2, 3, \cdots, p-1$$

其中，

$$c_{i,k} = \begin{cases} 1, & k = s_{i,j} + jp, \ j = \left\lfloor \dfrac{k}{p} \right\rfloor, \ k = 0, 1, 2, \cdots, p^2 - 1 \\ 0, & \text{其他} \end{cases} \qquad (2\text{-}5)$$

该二次同余码的码长 $n = p^2$，码重 $w = p$，码字容量 $|C| = p-1$。其最大的自相关旁瓣值 $\lambda_a = 2$，最大的互相关值 $\lambda_c = 4$，因此根据光正交码的定义，其四元组参数可表征为 $(n, w, \lambda_a, \lambda_c) = (p^2, p, 2, 4)$。

3. 扩展二次同余码

为了提高二次同余码的自相关和互相关的性能，可以使用 EQCC[5]。EQCC 的构造步骤基本上和 QCC 的构造步骤一致，其中第一步和第二步是相同的，唯一的区别就是将二次同余码 S_i 映射成 0、1 序列，也就是 EQCC。它的映射方式为

$$c_{i,k} = \begin{cases} 1, & k = s_{i,j} + j(2p-1), \ j = \left\lfloor \dfrac{k}{2p-1} \right\rfloor, \ k = 0, 1, 2, \cdots, p(2p-1)-1 \\ 0, & \text{其他} \end{cases} \qquad (2\text{-}6)$$

由式（2-6）可以构造出 EQCC，即

$$C_i = (c_{i,0}, c_{i,1}, \cdots, c_{i,k}, \cdots, c_{i,n-1}), i = 1, 2, 3, \cdots, p-1$$

其中，$n = p(2p-1)$，所以 EQCC 的码长 $n = p(2p-1)$，码重 $w = p$，其最大的自相关旁瓣值 $\lambda_a = 1$，最大的互相关值为 $\lambda_c = 2$，因此其光正交码四元组参数可表征为 $(n, w, \lambda_a, \lambda_c) = (p(2p-1), p, 1, 2)$。可以看出，相比于 QCC，EQCC 的自相关和互相关性能大大提高，但是其以增加码长作为代价。

4. Gold 码

为了解决相同长度的序列个数不多，且序列之间的互相关值并不都好的问题，Gold 提出了一种基于 m 序列的码序列，称为 Gold 码序列[8]。随着级数 n 的增加，Gold 码序列的数量远超于同级数的 m 序列的数量，且 Gold 码序列具有良好的自相关和互相关特性，因此在 CDMA 系统中得到了广泛的应用。

Gold 序列是由一对速率和周期均相同的 m 序列优选对模 2 加后所得到的。其构造器结构如图 2-3 所示[8]。

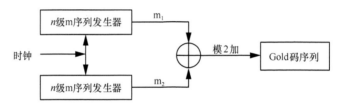

图 2-3　Gold 码构造器结构

Gold 码序列具有以下基本性质。

平衡性：Gold 码序列分为平衡码和非平衡码，平衡指的是序列中码元"1"的数目比码元"0"的数目多一个。

自相关特性：Gold 证明了 Gold 码序列的自相关函数的所有非最高峰的取值只是 3 个值。

互相关特性：Gold 码序列的互相关值的最大值不超过其 m 序列优选对的互相关值。Gold 码序列也具有三值互相关函数值，和自相关的非高峰三值是一样的。

2.1.2　基于 RSS 的异步 CDMA-VLP 系统

2.1.1 节介绍的 4 种码型均可作为 CDMA 系统的地址码，可以根据实际系统的需求选取不同的码型，满足实际系统的应用需求。

在利用 CDMA 码作为地址码的 VLP 系统中，可以通过测量 RSS、TOA、TDOA、AOA 等参数确定接收端与 LED 灯之间的相对位置关系，从而确定接收端的具体位置。其中，TOA 方法需要发送端和接收端的精确同步，系统很难做到精确同步；虽然 TDOA 方法可以消除 LED 和接收机之间的同步问题，但是它仍然需要 LED 灯之间的同步，从而提高系统发射机的设备复杂度；而 AOA 方法则需要增加额外设备获取角度信息，从而增加系统的成本。相比之下，RSS 方法可以很好地解决同步问题，并且基于 RSS 的定位系统具有安装简单的优势。每个 LED 发送的唯一地址码并不能同步到达接收机，因此采用异步通信机制更为合理。下面以基于 RSS 的异步 CDMA-VLP 系统为例说明如何实现定位。 基于 RSS 的异步 CDMA 可见光定位系统的系统模型如图 2-4 所示。

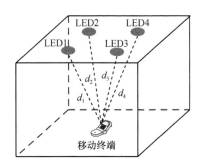

图 2-4　定位系统模型

在图 2-4 的室内场景中，共有多个 LED 灯，每一个 LED 灯异步地发送代表位置信息的地址码（即 LED 灯的 ID），移动终端得到的是各个 LED 灯连续的异步 ID 信号的叠加。移动终端可以通过以下方式获得定位信息。

第一步，接收端利用 CDMA 码的相关性分离所有到达的 LED 信号，获取各自 LED 灯对应的接收信号强度以及 LED-ID 信息，其中 LED-ID 信息与 LED 灯的具体位置相对应。

第二步，利用基于 RSS 的非线性估计方法求得移动终端的具体位置。

根据上述处理流程，可以得到图 2-5 所示的系统流程。

2.1.3　基于 RSS 的非线性估计定位

典型的 VLC 下行链路信道模型可以建模为朗伯辐射模型[11]，由该模型可以得

$$d_i = \sqrt{\frac{(m+1)A\cos^m(\phi)T_s(\theta)g(\theta)\cos(\theta)P_T}{2\pi P_r^{(i)}}} \tag{2-7}$$

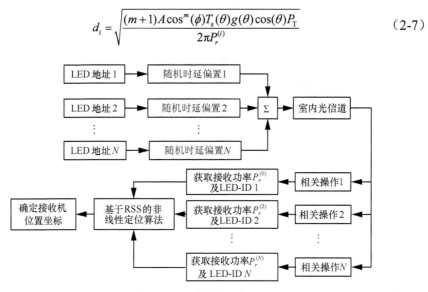

图 2-5　可见光定位系统

其中，A 表示光电探测器的有效接收面积，P_T 表示 LED 灯的发射功率，$P_r^{(i)}$ 表示从 LED 发射机 i 接收到的信号强度，而 d_i 表示从发射机 i 到接收机之间的距离。在本定位系统中，假设 LED 灯均遵循一阶朗伯辐射模式（即 $m=1$），并且接收机没有光滤波器 $T_s(\theta)$ 和光聚能器 $g(\theta)$，发射机与接收机处于正对的状态，两者的方向法线重合（即 $\phi=\theta$），则式（2-7）可以简化为

$$d_i = \sqrt{\frac{A\cos^2(\phi)P_T}{\pi P_r^{(i)}}} \tag{2-8}$$

其中，$\cos(\phi)=h/d_i$，h 表示 LED 灯与接收机之间的垂直高度差，d_i 为 LED 灯与接收机之间的距离。因此可将式（2-8）进一步整理为

$$d_i = \sqrt{\frac{AP_T h^2}{\pi d_i^2 P_r^{(i)}}} \Rightarrow d_i = \left(\frac{AP_T h^2}{\pi P_r^{(i)}}\right)^{\frac{1}{4}} \tag{2-9}$$

因此，水平距离 r_i 可以估计为

$$r_i = \sqrt{d_i^2 - h^2} = \sqrt{\left(\frac{AP_T h^2}{\pi P_r^{(i)}}\right)^{\frac{1}{2}} - h^2} \tag{2-10}$$

以下采用非线性估计方法，将该定位问题转化为带约束的非线性优化问题。

根据式（2-9），在接收机接收到的来自第 i 个 LED 发射机的功率 $P_r^{(i)}$ 与距离 d_i 的关系为

$$d_i^2 = \sqrt{\frac{AP_T h^2}{\pi P_r^{(i)}}} = \frac{C}{\sqrt{P_r^{(i)}}} \qquad (2\text{-}11)$$

其中，C 为一个常数。假设 N 代表可以被接收机检测到的 LED 发射机的数量，有

$$\begin{cases} d_1^2 = \dfrac{C}{\sqrt{P_r^{(1)}}} \\ d_2^2 = \dfrac{C}{\sqrt{P_r^{(2)}}} \\ \quad\vdots \\ d_N^2 = \dfrac{C}{\sqrt{P_r^{(N)}}} \end{cases} \qquad (2\text{-}12)$$

令 $\lambda_i = \sqrt{\dfrac{P_r^{(i+1)}}{P_r^{(1)}}}$，则有

$$\begin{cases} d_1^2 - \lambda_1 d_2^2 = 0 \\ d_1^2 - \lambda_2 d_3^2 = 0 \\ \quad\vdots \\ d_1^2 - \lambda_{N-1} d_N^2 = 0 \end{cases} \qquad (2\text{-}13)$$

假设 LED 灯与接收机之间的垂直高度差 h 是已知的，为了获得接收机的水平坐标 (x, y)，我们可以将这个问题转化成最小值的优化问题，即构造以下目标函数。

$$\min \ S(x, y) = \sum_{i=1}^{N-1} (d_1^2 - \lambda_i d_{i+1}^2)^2 \qquad (2\text{-}14)$$

$$\text{s.t.} \begin{cases} 0 \leqslant x \leqslant L \\ 0 \leqslant y \leqslant W \end{cases}$$

其中，L 表示房间的长度，W 代表房间的宽度，并且有

$$d_i^2 = (x - x_i)^2 + (y - y_i)^2 + h^2 \qquad (2\text{-}15)$$

其中，(x_i, y_i) 表示第 i 个 LED 灯的水平坐标。这样便将位置估计的问题建模为带约束的非线性优化问题。因此，通过特定的优化方法求解式（2-14）的非线性优化问

题获得接收端所在的位置(x,y)，即可实现对接收机的定位。

该 nVLP 定位系统通过异步 CDMA 方式，较好地解决了发射端和接收端难以同步问题，同时解决了相邻灯之间的 MAI 问题。采用基于 RSS 的非线性估计方法，可以较为容易地实现对移动终端的定位，具有一定的应用借鉴价值。

2.2 基于频分复用和 FSOOK 调制的异步 nVLP 系统

本节介绍一种基于频分复用（Frequency Division Multiplexing，FDM）和频移通断键控（Frequency-Shift On-Off Keying，FSOOK）调制机制，并采用伪密勒编码、伪双相码、窗口过采样机制和谱幅度加权质心定位算法联合设计的新型异步 nVLP 系统。该系统的主要特点如下。

① 采用价格低廉的光敏三极管作为 nVLP 接收机前端。

② 发射机采用 FSOOK 调制方式循环播送 LED-ID 信息，接收机采用伪密勒编码、伪双相码和窗口过采样机制解码 LED-ID 信息。

③ FSOOK 符号的频率和谱幅度检测采用 Goertzel 算法。

④ 基于帧头谱幅度，采用一种基于谱幅度的加权质心定位算法完成精确定位。该算法不需测距且算法复杂度低，可以应用在 LED 灯辐射模型未知的场景中。

上述 nVLP 系统解决方案是一种精度高、算法复杂度低、设备成本低和系统部署成本低的"一高三低"方案。

2.2.1 FDM VLP 系统原型

图 2-6 所示为一个基于 FDM 机制的典型室内 VLP 场景。假设房间的宽、长、高分别为 $\{W, L, H\}$，h_R 为光电检测器件离地板的垂直高度。不失一般性，设若干（例如 9）盏 LED 灯作为定位锚点等间隔分布在房间的天花板上，相邻 LED 灯之间的距离定义为 I_L。这些 LED 灯拥有同样大小的额定功率，每一个 LED 灯被分配一个唯一的 LED-ID 码，并通过 LED 驱动调制电路循环广播 LED-ID 光信号。此外，借鉴蜂窝系统的 FDM 原理，相邻的 LED 灯采用不同的频率集对携带 LED-ID

信息的 FSOOK 波形进行调制，接收机可在一次采样中检测出多路 LED-ID 信息。在图 2-6 中，标识符 $L_k(F_i)$ $(k=1,2,\cdots,9)$ 表示第 k 个 LED 灯 L_k 采用了第 i 个频率集 F_i。此处，我们定义一个频率集为一个或多个不同载波频率的集合。

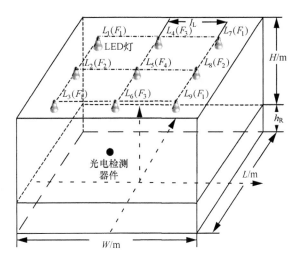

图 2-6　FDM 辅助的 nVLP 场景

2.2.2　伪密勒编码和窗口过采样机制

1. 伪密勒编码和 FSOOK 联合编码调制

每盏 LED 灯装配一台 FSOOK 调制器，为了防止相邻 LED 光信号间的干扰，M 盏相邻 LED 灯采用 M 组互不相同的频率集调制 LED-ID 信号，每组频率集包含 I 种频率，其中一种频率 f_{FH} 用来表示 ID 信息帧头（Frame Header，FH），剩余的 $I-1$ 种频率用来表示由二进制信息集合组成的 LED-ID 信息。因此，该 nVLP 系统总共需要使用 $M \times I$ 种不同的频率。

为了解决由多个 LED 灯随机、异步地广播 LED-ID 导致的同步问题，我们基于密勒编码的原理[12-13]，提出一种简单的编码机制，称为伪密勒编码（pseudo-Miller-Coded VLP，MC-VLP）[14-15]。具体而言，在经典的密勒编码中，采用两种不同的电平状态交替表示连续相同的比特信息（0 或 1），而在本系统中，采用两种不同的频率交替表示连续相同的 FSOOK 调制信号。该方法与传统密勒编码的不同之处在于它是一种基于符号而不是基于比特的编码。所述的伪密勒编码规则如下[14-15]。

① 每组信息比特集合被分配两种独一无二的频率。

② 采用两种不同的频率交替调制连续相同的信息比特集合。此机制能够保证连续相邻的 FSOOK 符号总是不同的，因此能够提供丰富的定时信息，有利于接收机进行异步信号检测。

假设 LED-ID 信息的长度为 Q bit，根据本小节第一段所述，我们用 $I-1$ 种不同的频率表示 LED-ID 信息，同时按照伪密勒编码规则，每组信息比特集合采用两种不同的频率，则每个 FSOOK 符号携带的信息比特数量 B 可表示为

$$B = \text{lb} \frac{I-1}{2} \tag{2-16}$$

我们定义包含一个帧头的 LED-ID 信息为一帧 LED-ID，且每帧 LED-ID 信息可用 K_{ID} 个 FSOOK 符号表示，则有

$$K_{\text{ID}} = \frac{Q}{B} = \frac{Q}{\text{lb} \dfrac{I-1}{2}} \tag{2-17}$$

因此，传输一帧 LED-ID 需要 $K_{\text{F}} = K_{\text{ID}} + 1$ 个 FSOOK 符号。

根据图 2-6 所示的 VLP 场景，表 2-1 提供了一个 MC-VLP 系统的示例配置。在该例中，设定 $M=4$，$I=5$。根据式（2-16）可知，每个 FSOOK 符号携带 1 bit 信息。LED-ID 信息采用伪密勒编码方式进行编码。假设 LED1 灯采用频率集 1，LED-ID 码为 101011110011（12 bit）。按照表 2-1，进行编码并加装帧头后的 FSOOK 频率序列为：$f_{1,1}f_{1,5}f_{1,2}f_{1,5}f_{1,2}f_{1,5}f_{1,4}f_{1,5}f_{1,4}f_{1,2}f_{1,3}f_{1,5}f_{1,4}$。其中，$f_{i,j}$ 表示第 i 组频率集中的第 j 个频率，其对应的周期用 $T_{i,j}$ 表示。采用伪密勒编码后，可使每一路的 LED-ID 光信号均含有定时分量，从而解决 4 盏 LED 灯异步发送信息存在干扰而无法正确解码的问题。

表 2-1   MC-VLP 系统的示例配置

频率集 1		频率集 2		频率集 3		频率集 4	
信息	频率	信息	频率	信息	频率	信息	频率
"0"	$f_{1,2}, f_{1,3}$	"0"	$f_{2,2}, f_{2,3}$	"0"	$f_{3,2}, f_{3,3}$	"0"	$f_{4,2}, f_{4,3}$
"1"	$f_{1,4}, f_{1,5}$	"1"	$f_{2,4}, f_{2,5}$	"1"	$f_{3,4}, f_{3,5}$	"1"	$f_{4,4}, f_{4,5}$
FH	$f_{4,1}$	FH	$f_{2,1}$	FH	$f_{3,1}$	FH	$f_{4,1}$

图 2-7 展示了 4 盏相邻的 LED 灯在 MC-VLP 系统中的工作机制。具体地，4 盏 LED 灯共采用 20 种不同的 FSOOK 频率，其中 $f_{1,1}$、$f_{2,1}$、$f_{3,1}$ 和 $f_{4,1}$ 代表帧头，剩下的频率表示二进制信息 "0" 或 "1"。单个 FSOOK 符号的持续周期表示为 T_F。如图 2-7 所示，4 路 LED-ID 信号波形在任意的起始时间点上异步随机发送而不需进行同步，通过可见光信道传输到达光电检测器件表面形成 4 路混叠的光信号波形。

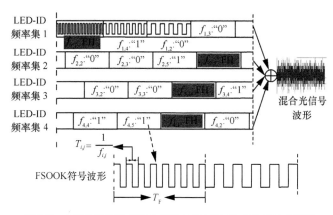

图 2-7　4 盏相邻 LED 灯异步发送 4 路 LED-ID 信息的时序示意

2. 针对伪密勒编码的窗口过采样机制

在接收端，装配有光电检测器件的用户设备接收到采用不同频率集的多路异步混叠 LED-ID 光信号后，采用高速 A/D 转换器采样光信号。为了能够可靠地同时恢复出多路 LED-ID 信息，我们提出一种新的采样机制，称为基于虚拟窗口的等间隔过采样（Virtual Window based Equal-Interval Oversampling，VW-EIO）机制。在此机制中，一组连续采样的离散序列值称为一个采样窗口，该窗口中的采样点数用 L 表示。假定高速 A/D 转换器的采样频率为 f_S，采样间隔时间为 $T_S = 1/f_S$，则一个窗口的持续时间为 $T_W = LT_S$。VW-EIO 机制主要受 3 个参数影响，分别为 FSOOK 符号的持续时间 T_F、相邻窗口的间隔时间 T_I 和一个窗口的持续时间 T_W，如图 2-8 所示。作为一个示例，图 2-8 给出了两个 LED 灯的系统的信号时序。

在该系统中，一个采样窗口包含多路来自不同 LED 的 FSOOK 符号，由于 FDM 机制，这个窗口可以分成针对不同 LED 的多路虚拟子窗口（Virtual Sub-Window，VSW），如图 2-8 所示。在随机的采样过程中，当针对某盏 LED 灯的 VSW 完全是在一个 FSOOK 符号周期时间之内产生的，这个 VSW 仅包含一种单一的频率，可称为好 VSW（Good VSW，GVSW）。相反，当 VSW 跨越相邻的 FSOOK 符号的边界时，由于伪密勒编码机制，VSW 总是包含两种不同的频率，可称为坏 VSW（Bad VSW，BVSW）。图 2-8 中使用了空白方块和网格方块分别表示 GVSW 和 BVSW。为了保证在检测过程中不丢失 FSOOK 符号并能够正确地恢复出 LED-ID，我们需要在一个 FSOOK 符号周期内和任意的采样起始时间点上保证至少产生一个 GVSW。产生一个 GVSW 的简单方法就是采用前述的过采样机制，延长 FSOOK 符号的持续时间。

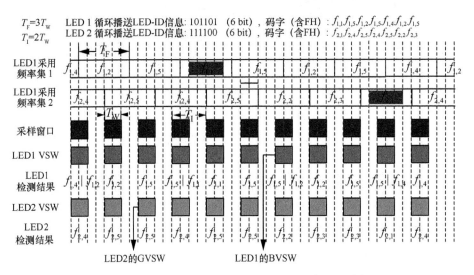

图 2-8　MC-VLP 系统中的 VW-EIO 机制（以两路 VSW 为例）

通过分析，我们发现，如果满足以下条件，则不管窗口采样从哪一个时间点开始，总能确保产生一个 GVSW。

$$T_F \geqslant T_I + T_W \tag{2-18}$$

然而，如果 T_F 取一个过大的值，将会导致 LED-ID 传输速率下降，从而产生过多的冗余采样信息，增加额外的处理时间，应设法予以避免。因此，从提高传输速率、减少处理时间的角度考虑，根据式（2-18）可知，保证一个 GVSW 的最优关系应为

$$T_F = T_I + T_W \tag{2-19}$$

根据式（2-19）可确定 VSW 的长度 T_W 的取值。为便于描述，进一步定义为

$$T_F = \alpha T_W,\ T_I = \beta T_W,\ \alpha, \beta \in R^+ \tag{2-20}$$

则式（2-19）可改写为

$$\alpha = \beta + 1 \qquad\qquad (2\text{-}21)$$

根据前面讨论可知，传输一帧 LED-ID 信息需要 K_F 个 FSOOK 符号。为了能够完整地恢复出 LED-ID 信息，所需采样窗口数量的最小值为

$$N_W = \left\lceil \frac{K_F T_F}{T_I} \right\rceil = \left\lceil \frac{K_F \alpha}{\beta} \right\rceil \qquad\qquad (2\text{-}22)$$

其中，$\lceil x \rceil$ 表示比 x 大的最小正整数。

此外，图 2-8 还展示了该 MC-VLP 系统的 VW-EIO 机制是如何进行多窗口检测的。在这个例子中，我们选择 $\alpha = 3$ 和 $\beta = 2$，满足式（2-21），LED1 采用频率集 1 循环播送一个 6 bit 信息长度的 LED-ID {101101}，而 LED2 采用频率集 2 循环播送另一个 6 bit 信息长度的 LED-ID {111100}。两个频率集的定义在表 2-1 给出。如图 2-8 所示，在 LED1 和 LED2 发送的每帧信息中，包含一个帧头 FSOOK 符号以及一个 LED-ID。由此可知，LED1 和 LED2 发送的每个信息帧均包含 7 个 FSOOK 符号，可分别表示为 $\{f_{1,1} f_{1,5} f_{1,2} f_{1,5} f_{1,4} f_{1,2} f_{1,5}\}$ 和 $\{f_{2,1} f_{2,4} f_{2,5} f_{2,4} f_{2,5} f_{2,2} f_{2,3}\}$。根据式（2-22）的计算结果，接收机需要在一帧 LED-ID 的传输周期内采样 $N_W = 11$ 个窗口，其中包含 4 个冗余窗口。然后，我们可以通过上文中所描述的单窗口频率检测算法，分别检测出 11 个窗口包含的频率结果。值得注意的是，GVSW 总会解码出一个频率，而 BVSW 可能会被解码出前一个符号的频率或后一个符号的频率，需要根据下面的方案进一步处理。

根据表 2-1，两盏 LED 灯使用不同的频率集是已知的，因此每一个窗口总是能被检测出两种分别来自不同频率集中的频率。换句话说，按照两种频率集的分类，11 个窗口检测出来的频率能够分成两组序列，一组序列来自频率集 1，另一组序列来自频率集 2。在图 2-8 所示的例子中，两组频率序列可分别表示为 $\{(f_{1,4} \mid f_{1,2}) f_{1,2} f_{1,5} (f_{1,5} \mid f_{1,1}) f_{1,1} f_{1,5} (f_{1,5} \mid f_{1,2}) f_{1,2} f_{1,5} (f_{1,5} \mid f_{1,4}) f_{1,4}\}$ 和 $\{f_{2,4} f_{2,5} f_{2,5} \ f_{2,4} f_{2,5} f_{2,5} f_{2,2} f_{2,3} f_{2,3} f_{2,1} f_{2,4}\}$，其中 $(f_{i,j} \mid f_{i,j'})$ 表示 BVSW 可能解码出两种不同的频率。由于式（2-19）确保每个窗口内必定有至少一个 GVSW，对于出现两种不同频率的 BVSW 来说，其中必有一个频率与前一个或后一个 FSOOK 符号检测出来的频率相同，因此可对两组频率序列进行冗余处理，剔除多余的频率信息。一种简单的冗余处理准则为，当遇到多个连续相同的频率时，将其合并成一个频率即可。根据该处理准则，上例中两组去除冗余后的序列分别为 $\{f_{1,2} f_{1,5} f_{1,1} f_{1,5} f_{1,2} f_{1,5} f_{1,4}\}$ 和

$\{f_{2,4}f_{2,5}f_{2,4}f_{2,5}f_{2,2}f_{2,3}f_{2,1}f_{2,4}\}$。由于 LED 灯循环播送 LED-ID 标签信息，只要识别出帧头（本例中 LED1、LED2 的帧头分别对应 $f_{1,1}$ 和 $f_{2,1}$），就可以重新组装 LED-ID 信息。最终检测得到的 FSOOK 符号序列分别为 $\{f_{1,1}f_{1,5}f_{1,2}f_{1,5}f_{1,4}f_{1,2}f_{1,5}\}$ 和 $\{f_{2,1}f_{2,4}f_{2,5}f_{2,4}f_{2,5}f_{2,2}f_{2,3}\}$。

根据以上分析可知，由于采用了伪密勒编码和 VW-EIO 机制，该 VLP 系统有效解决了相邻 LED 灯同时传输 ID 信息所致的多址接入干扰问题，同时也有效避免了多灯传输的同步问题，支持任意起始时间的采样。该系统能够有效提升在真实 VLP 场景下传输 LED-ID 的稳定性和检测 LED-ID 的顽健性。

2.2.3 伪双相编码和窗口过采样机制

在 2.2.2 节中，我们提出了一种基于伪密勒编码和窗口过采样机制的 nVLP 系统，解决了 MAI 和同步问题。但是该方案仍存在一定的局限性，例如占用了较多的频率资源，在多路 FSOOK 信号异步随机传播的情况下，有可能会引起频间干扰（Inter-Frequency Interference，IFI）。为了消除 IFI，必须扩大频率间隔，但这又会导致系统带宽的增加，对 LED 器件提出了更高的性能和成本要求。

此外，如果式（2-20）定义的两个参数 α 和 β 选择不当的话，在发射机连续发送 K_{CI} 个相同 FSOOK 符号的情况下，由于 K_{CI} 和窗口帧数量 N_{CI} 之间的映射不具有唯一性，可能会导致从帧数 N_{CI} 推导 K_{CI} 时发生判决错误。通常，K_{CI} 的取值越大，映射问题就越复杂。为解决此问题，只有增大 α/β 的比值，但这又必然导致窗口采样冗余过多，增加接收机处理时间，造成信息传输速率下降。

基于以上讨论，本节设计了一种基于伪双相编码交替调制和窗口过采样机制的 nVLP 系统，有望解决上述问题。该系统每一路仅采用单个频率载波，可以有效节省频率资源；同时对原始 LED-ID 信息经过双相码和反向 FSOOK 编码调制后，使得连续相同符号的数量不超过两个，可以有效降低映射问题的复杂度，进而降低接收机处理连续相同符号所需的算法复杂度。

1. 伪双相编码交替调制

为了防止相邻 LED 光信号的干扰并降低所需频率的数量，我们对相邻 LED 灯仅分配一个固定的载波频率用于调制 LED-ID 信号。同时，为了解决由多个 LED 灯随机异步广播 LED-ID 引发的同步问题，并缓解多个连续相同符号引发的映射问题，本节基于双相码（曼彻斯特码）的原理[16]提出一种编码调制机制，称之为伪双相编码交替调制（ pseudo-Biphase-Coded Alternative Modulation，BCAM ）机制。

具体而言，双相编码采用两种不同的电平跳变（相位）状态，"01"和"10"分别表示比特信息"0"和"1"，而本方法首先借鉴双相编码规则对二进制 LED-ID 信息进行编码，即原始比特信息"0"用"01"表示，而"1"用"10"表示，即将每单位比特用双比特来表示；然后，对编码后的二进制 LED-ID 信息加装某个帧头码（例如"1110"），由于经过伪双相编码后的 ID 信息中连续"0"和"1"的个数不会超过两个，因此帧头"1110"在 LED-ID 信息中具有唯一性；最后，对二进制序列进行 FSOOK 和 DC 交替调制，具体方法为信息比特"1"用持续时间为 T_F、频率为 f_c 的 FSOOK 符号表示，而信息比特"0"用持续时间为 T_F 的直流（零频）符号表示。图 2-9 提供了一种 BCAM 机制的实例。

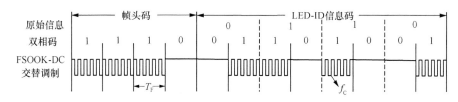

图 2-9　BCAM 机制的一个示例

采用 BACM 所带来的效果如下。

① 每路 LED-ID 信息仅采用单一载波频率，节省了频率资源。

② 由于 LED-ID 二进制信息采用了伪双相编码，连"0"或连"1"不超过两个，从而使得帧头码"1110"在信息序列中具有唯一性，能够有效保证在随机异步情况下总能寻找到帧头，从而避免了多 LED 灯之间的同步问题。

③ 调制后的符号序列中，连续相同的直流符号不超过两个，而由于加装了帧头码，连续相同的 FSOOK 符号不会超过 4 个，能够缓解前述的多个连续相同符号过采样所致的映射唯一性问题。

④ 相比于 2.2.2 节介绍的 MC-VLP 系统，BCAM-VLP 系统采用了部分直流符号，提升了照明效率。

2. 基于 BCAM 的窗口过采样机制

图 2-10 展示了所提出的 BCAM-VLP 系统中的 VW-EIO 机制是如何进行多窗口

检测的。在 BCAM 机制下，系统仅会出现 1～4 个连续相同的符号，为了保证连续相同的符号和采样窗口数量映射的唯一性，通常会增大 α/β。在本例中，为了避免相邻连续相同符号的采样窗口数量互相重叠，我们选择 $\alpha=3$ 和 $\beta=1$，并对它们之间的融合进行穷举搜索，可以得到连续相同的符号数量 K_{CI} 与异步采样的窗口数量 N_{CI} 之间的映射关系为

$$
\begin{cases}
N_{CI}(K_{CI}=1)=\{2,3,4\} \\
N_{CI}(K_{CI}=2)=\{5,6,7\} \\
N_{CI}(K_{CI}=3)=\{8,9,10\} \\
N_{CI}(K_{CI}=4)=\{11,12,13\}
\end{cases}
\tag{2-23}
$$

从式（2-23）可见，4 组集合没有重叠，表明所选择的 $\{\alpha,\beta\}$ 融合从窗口数量 N_{CI} 推导出连续相同符号的数量 K_{CI} 将具有映射唯一性。因此，BCAM-VLP 系统和 MC-VLP 系统一样，可以解决映射含糊问题，但前者所需的频率数量可以大幅减少，更适用于使用普通 LED 器件的 nVLP 系统。

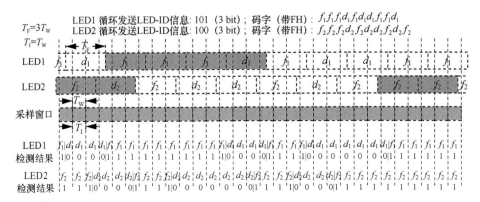

图 2-10　BCAM-VLP 系统的 VW-EIO 机制（以两路 VSW 为例）

2.2.4　基于戈泽尔算法的 LED-ID 和幅度谱联合检测

1. 戈泽尔算法原理

戈泽尔（Goertzel）算法[17]是离散傅里叶变换（Discrete Fourier Transform，DFT）的一种快速算法。这种算法充分利用序列 W_N^k 的周期特性，减少了 DFT 的计算量。当需要计算的频率点数不超过 $2\mathrm{lb}N$ 时，戈泽尔算法比快速傅里叶变换（Fast Fourier

Transform，FFT）更为有效[18]。相比 FFT，戈泽尔算法是一种计算单个频率点 k 的频谱幅度的最直接的有效方法[19-20]。因此，采用戈泽尔算法检测单窗口的固定频率点和所对应的幅度能量谱是一种高效的解决方案。

（1）理论推导

根据 DFT 定义，给定频率点 k 的离散傅里叶变换可表示为

$$X[k] = \sum_{n=0}^{N-1} x[n]W_N^{nk} = \sum_{n=0}^{N-1} x[n]W_N^{-k(N-n)} = \sum_{r=0}^{N-1} x[r]W_N^{-k(N-r)} = \left. (x[n]W_N^{-nk}) \right|_{n=N} = \qquad (2\text{-}24)$$

$$\left[x[n](W_N^{-nk}u[n]) \right]\Big|_{n=N}, W_N = \mathrm{e}^{-\mathrm{j}\frac{2\pi}{N}nk}, W_N^{-kN} = 1$$

其中，$X[k]$ 可以看作输入序列 $x[n]$ 通过一个冲激响应为 $h[n] = W_N^{-nk}u[n]$ 的线性时不变（Linear Time-Invariant, LTI）滤波器得到的输出 $y_k[n]$ 在 $n = N$ 处的结果如图 2-11 所示。

LTI滤波器

$$x[n] \longrightarrow \boxed{h(n) = W_N^{-nk}u[n]} \longrightarrow \begin{array}{l} y_k[n] = x[n]\left(W_N^{-nk}u[n]\right) \\ X[k] = y_k[N] \end{array}$$

图 2-11　DFT 算法的等效 LTI 滤波器结构

输出信号 $y_k[n]$ 也可以表示为

$$y_k[n] = x[n](W_N^{-nk}u[n]) = W_N^{-k}y_k[n-1] + x[n], \quad n \in [0, N] \qquad (2\text{-}25)$$

对式（2-25）进行 Z 变换，则 LTI 滤波器的传输函数为

$$H_k[z] = \frac{1}{1 - W_N^{-k}z^{-1}} = \frac{1 - W_N^k z^{-1}}{1 - 2\cos\left(\dfrac{2\pi k}{N}\right)z^{-1} + z^{-2}} \qquad (2\text{-}26)$$

戈泽尔算法还可以看作一个二阶无限冲激响应（Infinite Impulse Response，IIR）带通滤波器，根据式（2-26）绘制的滤波器结构如图 2-12 所示。

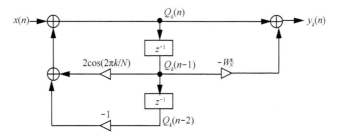

图 2-12　戈泽尔算法的二阶 IIR 带通滤波器结构

（2）算法实现

由图 2-22 可知，戈泽尔算法可以看成一个后向通道和一个前向通道的融合[20]，后向通道的差分方程为

$$Q_k(n) = 2Q_k(n-1)\cos\left(\frac{2\pi k}{N}\right) - Q_k(n-2) + x(n), \ n = 0, 1, \cdots, N-1 \quad (2\text{-}27)$$

其中，$Q_k(-1) = Q_k(-2) = 0$。前向通道的差分方程为

$$y_k(n) = Q_k(n) - W_N^k Q_k(n-1), \ n = 0, 1, \cdots, N-1 \quad (2\text{-}28)$$

其中，$W_N^k = \mathrm{e}^{-\mathrm{j}\frac{2\pi k}{N}}$。由式（2-28）可求得 k 点的 DFT 值为

$$X(k) = y_k(n)\big|_{n=N-1} = Q_k(N-1) - W_N^k Q_k(N-2) \quad (2\text{-}29)$$

由式（2-27）和式（2-29）可知，戈泽尔算法处理过程为：先采用式（2-27）经过 N 次迭代求出 $Q_k(N-1)$ 和 $Q_k(N-2)$，然后将两值代入式（2-29）中即可求出 k 点 DFT 值。由于在 VLP 应用中只需要关注信号的能量或幅度谱，而不需要关注相位信息，因此可对前向部分进行改进，输出的幅度平方值为

$$|X(k)|^2 = X(k)X^*(k) = Q^2(N-1) - 2\cos\left(\frac{2\pi k}{N}\right)Q(N-1)Q(N-2) + Q^2(N-2) \quad (2\text{-}30)$$

戈泽尔算法主要涉及两个参数，即 N 和 k。

- N 是 DFT 的总点数。在 VLP 应用中，由于是对一个窗口进行 DFT，因此 DFT 的点数 N 等于窗口的采样点数 L。

- k 表示离散傅里叶系数或表示指向 DFT 运算结果的某一个频率点。根据 DFT 的物理意义，计算一段时域采样信号的 N 点 DFT，可以得到频域 $[0, f_S)$ 上均匀分布的 N 个频率点的频谱结果。

因此有

$$\frac{k}{N} = \frac{f_i}{f_S} \quad (2\text{-}31)$$

其中，f_i 表示窗口所含的目标频率，f_S 为 A/D 转换器的采样频率。由式（2-31）可得

$$k = \frac{Nf_i}{f_S} \quad (2\text{-}32)$$

由（2-32）式计算出来的 k 值有可能是小数，而在 DFT 运算中，k 必须是整数，

因此一般需对 k 值进行取整操作。因此，戈泽尔运算实际上计算的并不是窗口标称频率上的幅度谱，而是邻近频率点上的频谱，于是存在频率点上的频谱计算偏差。为了避免这种偏差，在选取窗口的采样点数 L，载波频率 f_i 和采样频率 f_S 时，应尽量令式（2-32）中的 k 值为整数。

基于以上讨论，我们将戈泽尔算法总结在算法 2-1 中。

算法 2-1：函数戈泽尔 (W, f_S, f_i, L)

输入：L 维窗口采样数据向量 W，f_S，f_i 和 L

输出：目标频率 f_i 的频谱能量值: Mag

1. $k = \text{round}\left(\dfrac{Lf_i}{f_S}\right)$;

2. $Q_0 = 0;\ Q_{-1} = 0;\ Q_{-2} = 0;$

3. **for** $n = 0$ **to** $L-1$

4. 根据式（2-27）;

5. $Q_{-2} \leftarrow Q_{-1},\ Q_{-1} \leftarrow Q_0;$

6. **end for**

7. 根据式（2-30）计算: $P = Q_{-1}^2 - 2Q_{-1}Q_{-2}\cos\left(\dfrac{2\pi k}{L}\right) + Q_{-2}^2;$

8. $\text{Mag} = \dfrac{2\sqrt{P}}{L};$

9. **return** Mag

2. 针对伪密勒编码的单窗口频率和幅度谱检测算法

（1）M 组频率集中 I 种频率的选取规则

根据 2.2.2 节所述的 MC-VLP 机制，系统采用 M 组频率集，每组频率集包含 I 种不同的频率。因此，系统的频率配置可以表示为一个 $M \times I$ 的矩阵，称为目标频率矩阵 F，即

$$F = \begin{bmatrix} f_{1,1} & f_{1,2} & \cdots & f_{1,I} \\ f_{2,1} & f_{2,2} & \cdots & f_{2,I} \\ \vdots & \vdots & \cdots & \vdots \\ f_{M,1} & f_{M,2} & \cdots & f_{M,I} \end{bmatrix} \tag{2-33}$$

其中，各行表示不同的频率集，同一行中各列表示频率集所包含的不同频率。根据信号与系统理论，对频率为 $f_{i,j}$、采样点数为 L 的单频 FSOOK 信号（理想方波）进

行 L 点 FFT 变换，其幅频特性函数 $W(k)$ 会在 $k = 0, \dfrac{Lf_{i,j}}{f_S}, \dfrac{3Lf_{i,j}}{f_S}, \dfrac{5Lf_{i,j}}{f_S} \dots$ 的频率点上形成峰值，在其他频率点上值为 0 或很小。由于第一相关系数 $\dfrac{Lf_{i,j}}{f_S}$ 频率点上的幅度峰值很大，因此本系统采用该幅度值作为频率检测判决的依据。第一相关系数 $\dfrac{Lf_{i,j}}{f_S}$ 频率点可称为目标频率 $f_{i,j}$ 对应的特征频率 $k_{i,j}$。式（2-33）中的目标频率矩阵 $\boldsymbol{F}$ 对应的特征频率矩阵 $\boldsymbol{K}$ 可表示为

$$\boldsymbol{K} = \begin{bmatrix} k_{1,1} & k_{1,2} & \dots & k_{1,I} \\ k_{2,1} & k_{2,2} & \dots & k_{2,I} \\ \vdots & \vdots & \dots & \vdots \\ k_{M,1} & k_{M,2} & \dots & k_{M,I} \end{bmatrix} = \frac{L}{f_S} \begin{bmatrix} f_{1,1} & f_{1,2} & \dots & f_{1,I} \\ f_{2,1} & f_{2,2} & \dots & f_{2,I} \\ \vdots & \vdots & \dots & \vdots \\ f_{M,1} & f_{M,2} & \dots & f_{M,I} \end{bmatrix} \qquad (2\text{-}34)$$

根据 2.2.2 节所描述的 VW-EIO 机制，一个窗口实际上包含了多个不同频率、幅度的 FSOOK 方波信号的叠加。此外，对第 i 路 FSOOK 信号进行 FFT 变换后，不仅在 $\dfrac{Lf_{i,j}}{f_S}$ 频率点上有很大幅度值，还会在高阶奇整数倍频率点上形成较小的幅度值，这些幅度值有可能会对一个窗口内的其他路的目标频率 $f_{i',j}$ 形成干扰。这是因为，第 i 路 VSW 仅包含第 i 组频率集的某一种频率（或某两种频率，当为 BVSW 时）；换句话说，目标频率矩阵 $\boldsymbol{F}$ 中的每一行的不同频率在时序上必定保持正交，因此同一行的每个频率对其奇整数倍频率点上的干扰幅度将不会对同一行的其他频率形成干扰。不过，如果 $\boldsymbol{F}$ 中的某一行中的某个频率点恰好等于另一行中某个频率点的奇整数倍，而由于这两个频率点分属不同的 LED 灯，在时序上有可能同时调制到同一 VSW 周期内，因此它们之间将有可能形成同频干扰。因此，构造频率矩阵 $\boldsymbol{F}$ 时应满足以下条件。

① 首先，对于矩阵 $\boldsymbol{F}$ 同一行的频率的选择，需保证 $k_{i,j} \neq k_{i,j'}$（$j \neq j'$），同时尽可能地扩大任意两种频率之间的取值间隔。

② 其次，为了避免一个 VSW 内不同路的频率和其他不同行的奇数倍频率之间形成的随机空间叠加造成的同频干扰，对矩阵 $\boldsymbol{F}$ 不同行的频率的选择，须保证 $k_{i,j} \neq \eta k_{i',j'}$，其中 η 表示奇正整数，同时应尽可能地扩大此任意两种频率的取值间隔。

（2）单窗口频率检测算法

根据 MC-VLP 系统机制，每个 VSW 包含了 M 路携带 LED-ID 信息的 FSOOK 符号的片段。因此，我们可以一次性从一个 VSW 检测出 M 种频率及其对应的幅度。具体方法是通过戈泽尔算法遍历运算 $M \times I$ 种频率的能量谱，根据能量谱的大小判决此窗口所含的 M 组目标频率，我们称之为单窗口频率检测（Single-Window Frequency Detection，SWFD）算法，如算法 2-2 所示。在该算法中，$\hat{f}_i$ 表示第 i 路目标频率估计值，$\hat{A}_i^m$ 表示第 i 路目标频率对应的幅度谱估计值。

算法 2-2：函数 SWFD $(\boldsymbol{W}, \boldsymbol{E}, f_s, L)$

输入：L 维窗口采样数据向量 $\boldsymbol{W}$，$M \times I$ 目标频率矩阵 $\boldsymbol{F}, f_s, L$

输出：M 维目标频率估计向量 $\hat{\boldsymbol{F}} = [\hat{f}_1, \hat{f}_2, \cdots, \hat{f}_M]$，对应的 M 维幅度谱估计向量 $\hat{\boldsymbol{A}} = [\hat{A}_1^m, \hat{A}_2^m, \cdots, \hat{A}_M^m]$

1.　**for** $i = 1$ **to** M **do**
2.　　**for** $j = 1$ **to** I **do**
3.　　　调用算法 2-1，$A_{i,j} = \text{Goertzel}(\boldsymbol{W}, \boldsymbol{F}[i, j], f_s, L)$；
4.　　**end for**
5.　**end for**
6.　**for** $i = 1$ **to** M **do**
7.　　$[\hat{j}, \hat{A}_i^m] = \max(A_{i,1}, A_{i,2}, \cdots, A_{i,I})$；
8.　　$\hat{f}_i = f_{i,j} = \boldsymbol{F}[i, \hat{j}]$；
9.　**end for**
10. **return** $\hat{\boldsymbol{F}} = [\hat{f}_1, \hat{f}_2, \cdots, \hat{f}_M]$ 和 $\hat{\boldsymbol{A}} = [\hat{A}_1^m, \hat{A}_2^m, \cdots, \hat{A}_M^m]$

3. 基于伪密勒编码的 LED-ID 和幅度谱联合检测算法

根据上节所提出的 MC-VLP 系统的 VW-EIO 机制，我们将基于伪密勒编码的 LED-ID 和幅度谱联合检测算法总结在算法 2-3 中，其中 $\hat{\boldsymbol{F}}^x = [\hat{f}_1^x, \hat{f}_2^x, \cdots, \hat{f}_M^x]$ 和 $\hat{\boldsymbol{A}}^x = [\hat{A}_1^x, \hat{A}_2^x, \cdots, \hat{A}_M^x]$ 分别表示第 x 个窗口解码出来的目标频率估计向量和对应的幅度谱估计向量。K' 表示去除冗余后的频率序列向量 $\hat{\boldsymbol{F}}_i^o$ 和幅度谱序列向量 $\hat{\boldsymbol{A}}_i^o$ 的长度，M' 表示检测得到的合法频率序列向量的数量。

算法 2-3：MC-VLP 系统 LED-ID 和幅度谱联合检测算法

输入：N_W 帧窗口，第 x 帧窗口 $\boldsymbol{W}^x$，$x = 1, \cdots, N_W$，目标频率矩阵 $\boldsymbol{F}, f_s$ 和 L

输出：M' 路 LED-ID，对应的帧头幅度谱向量 $\hat{\boldsymbol{A}} = [\hat{A}_1^{FH}, \hat{A}_2^{FH}, \cdots, \hat{A}_{M'}^{FH}]$

1.　**for** $x = 1$ **to** N_W **do**

2.　　调用算法 2-2，得到 $(\hat{\boldsymbol{F}}^x, \hat{\boldsymbol{A}}^x) = \mathrm{SWFD}(\boldsymbol{W}^x, \boldsymbol{F}, f_S, L)$；

3.　**end for**

4.　**for** $x = 1$ **to** N_W **do**

5.　　**for** $i = 1$ **to** M **do**

6.　　　$\hat{f}_i^x = \hat{\boldsymbol{F}}^x(i)$；

7.　　　$\hat{A}_i^x = \hat{\boldsymbol{A}}^x(i)$；

8.　　**end for**

9.　**end for**

10.　**for** $i = 1$ **to** M **do**

11.　　$\hat{\boldsymbol{F}}_i = \{\hat{f}_i^1 \hat{f}_i^2 \cdots \hat{f}_i^x \cdots \hat{f}_i^{N_\mathrm{W}}\}$；

12.　　$\hat{\boldsymbol{A}}_i = \{\hat{A}_i^1 \hat{A}_i^2 \cdots \hat{A}_i^x \cdots \hat{A}_i^{N_\mathrm{W}}\}$；

13.　　去冗余操作：将序列中连续相同的频率合并成单个频率，只保留连续相同频率序列所对应的连续谱幅度序列中最大的谱幅度值；

14.　　获取 $\hat{\boldsymbol{F}}_i^\circ = \{\hat{f}_i^1 \hat{f}_i^2 \cdots \hat{f}_i^{K'}\}$，$\hat{\boldsymbol{A}}_i^\circ = \{\hat{A}_i^1 \hat{A}_i^2 \cdots \hat{A}_i^{K'}\}$；

15.　　**if** $K' \neq K_\mathrm{F} + 1$ **then**

16.　　　帧长度不合法，抛弃该路频率序列向量 $\hat{\boldsymbol{F}}_i^\circ$ 和幅度谱序列向量 $\hat{\boldsymbol{A}}_i^\circ$；

17.　　**else if** $\mathrm{ismember}(f_\mathrm{FH}^i, \hat{\boldsymbol{F}}_i^\circ) == 0$

18.　　　帧头不合法，抛弃该路频率序列向量 $\hat{\boldsymbol{F}}_i^\circ$ 和幅度谱序列向量 $\hat{\boldsymbol{A}}_i^\circ$；

19.　　**else**

20.　　　合法，保留该路频率序列向量 $\hat{\boldsymbol{F}}_i^\circ$ 和幅度谱序列向量 $\hat{\boldsymbol{A}}_i^\circ$；

21.　　**end if**

22.　**end for**

23.　　产生 M' 路合法频率序列向量 $\boldsymbol{F}^\circ = [\hat{\boldsymbol{F}}_1^\circ, \hat{\boldsymbol{F}}_2^\circ, \cdots, \hat{\boldsymbol{F}}_{M'}^\circ]$ 和幅度序列向量 $\boldsymbol{A}^\circ = [\hat{\boldsymbol{A}}_1^\circ, \hat{\boldsymbol{A}}_2^\circ, \cdots, \hat{\boldsymbol{A}}_{M'}^\circ]$；

24.　　**for** $i = 1$ **to** M' **do**

25.　　　从 $\boldsymbol{F}^\circ(i)$ 和 $\boldsymbol{A}^\circ(i)$ 中分别提取出帧头频率和帧头谱幅度 $\hat{A}_i^\mathrm{H}$，并重新组装和排序 $\boldsymbol{F}^\circ(i)$，得到原始排序的 $\boldsymbol{F}_\mathrm{R}(i)$；

26.　　　从 $\boldsymbol{F}_\mathrm{R}(i)$ 中获取第 i 路 ID 信息 B_i；

27.　**end**

28.　　**return**　M' 路 $\mathbf{ID} = [\hat{B}_1, \hat{B}_2, \cdots, \hat{B}_{M'}]$ 和 $\hat{A} = [\hat{A}_1^{\mathrm{H}}, \hat{A}_2^{\mathrm{H}}, \cdots, \hat{A}_{M'}^{\mathrm{H}}]$

4. 基于伪双相编码的 LED–ID 和参考幅度谱联合检测算法

根据 BCAM-VLP 机制，每路 LED-ID 只由频率为 f_i 的 FSOOK 符号和直流符号组成，因此我们可以直接采用戈泽尔算法对每个窗口在频率点 f_i 上的幅度进行判决，若幅度大于阈值，则可以判决为 f_i 和 "1"；若小于阈值，则可以判决为直流和 "0"。由于采用伪双相编码后，一帧 LED-ID 调制后的 FSOOK 符号和直流符号的比例总是维持在固定的比例（50%），因此可采用所有采样窗口在载波频率 f_i 上的平均幅度谱值作为每个判决门限阈值。

假设 BCAM-VLP 系统采用 M 种不同的频率载波异步发送 M 路 LED-ID 信息。通过分析，我们将该系统的联合检测算法总结在算法 2-4 中。留意到，算法 2-4 也需要一个 ID 合法性校验的过程，该过程和算法 2-3 的第 15～21 步类似，此处不再赘述。

算法 2-4：BCAM-VLP 系统联合检测算法

输入：第 x 帧窗口 $W[x]$，$x = 1, \cdots, N_{\mathrm{w}}$，第 i 路载波频率 f_i, f_S, L

输出：M 路 LED-ID 的估计值，以及对应的幅度谱估计向量 $\hat{A} = [\hat{A}_1, \hat{A}_2, \cdots, \hat{A}_M]$

1.　**for** $i = 1$ **to** M **do**

2.　　**for** $x = 1$ **to** N_{w} **do**

3.　　　　根据算法 2-1，计算 $A_{i,x} = \mathrm{Goertzel}(W[x], f_i, f_S, L)$；

4.　　**end for**

5.　　$A_{av}^i = \dfrac{1}{N_{\mathrm{w}}} \sum\limits_{x=1}^{N_{\mathrm{w}}} A_{i,x}$；

6.　　$\hat{A}_i = \max(A_{i,1}, A_{i,2}, \cdots, A_{i,N_{\mathrm{w}}})$；

7.　**end for**

8.　**for** $i = 1$ **to** M **do**

9.　　**for** $x = 1$ **to** N_{w} **do**

10.　　　**if** $A_{i,x} \geqslant A_{av}^i$　**then**

11.　　　　　$b_{i,x} = 1$；

12.　　　**else**

13.　　　　　$b_{i,x} = 0$；

14.　　　**end if**

15.　　**end for**

16.　　$B_i^o \leftarrow \{b_{i,1} b_{i,2} \cdots b_{i,N_W}\}$;

17.　　按照 2.2.3 节的方法对 B_i^o 进行去冗余操作，得到 B_i^Q ;

18.　　对 B_i^Q 进行重新组装，查找帧头码并根据 ID 信息长度提取 B_i ;

19.　　**end for**

20.　　**return** M 路 **ID** $= [\hat{B}_1, \hat{B}_2, \cdots, \hat{B}_M]$ 和 $\hat{A} = [\hat{A}_1, \hat{A}_2, \cdots, \hat{A}_M]$

2.2.5　基于窗口幅度谱的加权质心定位算法

从上述两个联合检测算法中，我们可以看到算法除了解码出 M 路 LED-ID 信息，还获得了 M 路帧头窗口幅度谱信息，这些信息可以进一步被利用进行精确定位。在实际 VLP 系统中，定位终端一般为手机或可穿戴式设备，其物理尺寸会严重限制处理器的计算性能和能耗，因此运行在终端上的定位算法必须具有较低的复杂度，能够快速计算位置坐标，减少处理器内存消耗和运行处理时间。基于以上需求，本节提出一种低复杂度的幅度谱辅助加权质心定位（RSS-aided Weighted Centroid Localization，RSS-WCL）算法。

1. RSS-WCL 算法模型

经典的加权质心定位（Weighted Centroid Localization，WCL）算法来源于文献[21]所提出的质心定位（Centroid Localization，CL）方法。该方法是一种最简单的定位算法，其基本原理为所有的定位锚点在其有效的传输范围内向传感器节点发送位置信息，传感器节点通过取多个锚点坐标的均值来实现定位。假定第 i 个定位锚点的平面坐标为 (x_i, y_i)，并假设节点传感器（Sensor Node，SN）在当前坐标位置能够接收到 n 个有效锚点坐标。则通过质心定位方法，节点传感器的坐标位置 $(\hat{x}, \hat{y})$ 可被估计为

$$\begin{cases} \hat{x} = \dfrac{1}{n} \sum_{i=1}^{n} x_i \\ \hat{y} = \dfrac{1}{n} \sum_{i=1}^{n} y_i \end{cases} \tag{2-35}$$

从式（2-35）可以看出，质心定位仅通过多个锚点坐标的平均值进行粗略定位。为了进一步提高定位性能，文献[22-23]提出了从质心定位算法演变而来的 WCL 算法，其表达式为

$$\begin{cases} \hat{x} = \dfrac{\sum\limits_{i=1}^{n}(w_i x_i)}{\sum\limits_{i=1}^{n} w_i} \\[4mm] \hat{y} = \dfrac{\sum\limits_{i=1}^{n}(w_i y_i)}{\sum\limits_{i=1}^{n} w_i} \end{cases} \tag{2-36}$$

其中，权重系数 w_i 是一个依赖于距离和传感器节点的函数，不同应用场景可能具有不同的权重函数。一般认为，锚点和传感器节点之间的距离越短，权重越大；或传感器节点接收到的信号强度越大，权重越大。因此，距离 d_i 和 w_i 成反比，而信号强度 A_i 与权重 w_i 成正比。作为一个近似，权重系数 w_i 可以看成是距离或信号强度的函数。在通常情况下，离节点传感器距离较远的锚点参与定位有可能会引入更大的定位误差，因此较小的信号强度或较远的距离应该被赋予更小的权重系数。因此，我们可以考虑用距离或信号强度的幂来体现不同的权重分配。综上分析，权重系数 w_i 可表示为

$$w_i = \frac{1}{d_i^{g}} \ \text{或} \ w_i = A_i^{g} \tag{2-37}$$

其中，g 称为权重幂因子。由式（2-37）可知，该加权机制和传统 WCL 方案中的简单权重分配机制相比，不同距离或幅度对系统的贡献或影响的差别程度进一步加大了。我们可以通过调节 g 提高 WCL 算法的精度，从而满足在不同应用场景和不同环境中的定位需求。当 g 取值为 0 时，式（2-36）将退化为传统的简单线性平均算法。

2. 幅度辅助 WCL 的 VLP 优化模型

根据上文讨论的 WCL 算法的基本原理，接下来将其传统无线传感器网络中的 WCL 算法应用在室内 VLP 场景中，以提升系统的定位性能。考虑一个通用的 4 个 LED 灯呈正方形部署的 VLP 定位场景如图 2-13 所示。灯间距离表示为 $2I_{\mathrm{L}}$，为了调查 VLP 辐射模型和 WCL 之间存在的潜在关系，我们将 4 个 LED 灯投射平面分割成 $(2N+1) \times (2N+1)$ 个网格，单个网格的长度为 $\dfrac{I_{\mathrm{L}}}{N}$，则 4 个 LED 灯的平面坐标 S_i 分别为

$$\begin{cases} S_1 = (x_1, y_1) = (I_L, I_L) \\ S_2 = (x_2, y_2) = (-I_L, I_L) \\ S_3 = (x_3, y_3) = (-I_L, -I_L) \\ S_4 = (x_4, y_4) = (I_L, -I_L) \end{cases} \qquad （2\text{-}38）$$

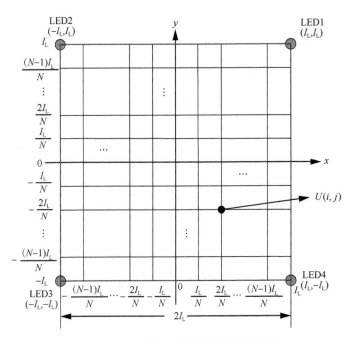

图 2-13　四灯呈正方形部署的映射平面图

根据图 2-13 的网格分布图，第 i 行第 j 列的网格格点坐标可表示为

$$R_{ij} = (x_i, y_j) = \left(\frac{iI_L}{N}, \frac{jI_L}{N} \right) \qquad （2\text{-}39）$$

令在平面位置 R_{ij} 处接收到的来自第 k 个 LED 光源的窗口幅度谱为 $A_{S_k R_{ij}}$，根据第 k 路 FSOOK 信号的频率 f_k、A/D 采样频率 f_S、窗口采样点数长度 L 和频谱特性，我们有

$$A_{S_k R_{ij}} = \alpha_k I_{S_k R_{ij}} \qquad （2\text{-}40）$$

其中，$I_{S_k R_{ij}}$ 表示平面位置 R_{ij} 处接收到的来自第 k 个 LED 光源的峰值电流，α_k 表示第 k 路发送的单位 FSOOK 信号的幅度谱，此参数仅与 $\{f_k, f_S, L\}$ 参数融合有关。为了保证多路信号幅度谱的可比性，我们需要选择合适的 $\{f_k, f_S, L\}$ 融合，使得多路 α_k 尽量保持相等，则此时 α_k 可用 α 表示。为了最大限度地降低算法复杂度，直接令窗

口幅度谱 $A_{S_kR_{ij}}$ 作为 WCL 的加权因子，则 UE 的估计坐标 $\hat{R}_{ij}$ 可表示为

$$\hat{R}_{ij} = (\hat{x}_i, \hat{y}_j), \quad \begin{cases} \hat{x}_i = \dfrac{\sum\limits_{k=1}^{4} x_k A_{S_kR_{ij}}^g}{\sum\limits_{k=1}^{4} A_{S_kR_{ij}}^g} \\[4mm] \hat{y}_j = \dfrac{\sum\limits_{k=1}^{4} y_k A_{S_kR_{ij}}^g}{\sum\limits_{k=1}^{4} A_{S_kR_{ij}}^g} \end{cases} \qquad (2\text{-}41)$$

进一步地，将式（2-38）代入式（2-41）中，可以得到

$$\begin{cases} \hat{x}_i = \dfrac{I_L(A_{S_1R_{ij}}^g + A_{S_4R_{ij}}^g - A_{S_2R_{ij}}^g - A_{S_3R_{ij}}^g)}{A_{S_1R_{ij}}^g + A_{S_2R_{ij}}^g + A_{S_3R_{ij}}^g + A_{S_4R_{ij}}^g} \\[4mm] \hat{y}_j = \dfrac{I_L(A_{S_1R_{ij}}^g + A_{S_2R_{ij}}^g - A_{S_3R_{ij}}^g - A_{S_4R_{ij}}^g)}{A_{S_1R_{ij}}^g + A_{S_2R_{ij}}^g + A_{S_3R_{ij}}^g + A_{S_4R_{ij}}^g} \end{cases} \qquad (2\text{-}42)$$

根据 LED 经典朗伯辐射模型[24-25]，光电器件在平面位置 R_{ij} 处接收到的来自第 k 个 LED 光源的峰值电流为

$$I_{S_kR_{ij}} = \frac{n+1}{2\pi} RP_T \cos^n(\phi_{S_kR_{ij}}) \cos\theta_{S_kR_{ij}} \frac{A_R}{d_{S_kR_{ij}}^2} \qquad (2\text{-}43)$$

其中，n 为 LED 光源的朗伯辐射波瓣模数（Lambertian Radiation Lobe Mode Number，LR-LMN），R 表示光电器件的响应率，P_R 表示 LED 光源的峰值功率，A_R 表示光电检测器件的接收面积，$\phi_{S_kR_{ij}}$ 表示 LED 光源到位置 R_{ij} 的辐射角，$\theta_{S_kR_{ij}}$ 表示光电器件在位置 R_{ij} 处的光入射角，$d_{S_kR_{ij}}$ 表示光电器件在平面位置 R_{ij} 处离第 k 个 LED 光源之间的直线距离。令 LED 光源到光电检测器件所在平面的垂直距离为 h，假定光电器件是水平放置的，其垂直法线和 LED 光源的辐射法线方向一致，我们有 $\cos(\varphi) = \cos(\phi) = \dfrac{h}{d_{S_kR_{ij}}}$，则式（2-43）可进一步表示为

$$I_{S_kR_{ij}} = \frac{n+1}{2\pi} RP_T \left(\frac{h}{d_{S_kR_{ij}}}\right)^{n+1} \frac{A_R}{d_{S_kR_{ij}}^2} = \beta d_{S_kR_{ij}}^{-(n+3)} \qquad (2\text{-}44)$$

其中，$\beta = \dfrac{(n+1)RP_T h^{(n+1)} A_R}{2\pi}$ 为一个常数。联立式（2-40）和式（2-44），则在平面

位置 R_{ij} 处接收到的来自第 k 个 LED 光源的窗口幅度谱 $A_{S_k R_{ij}}$ 可表示为

$$A_{S_k R_{ij}} = \alpha\beta d_{S_k R_{ij}}^{-(n+3)} \qquad (2\text{-}45)$$

将式（2-45）代入式（2-42），则平面坐标的估计值可重新表示为

$$
\begin{cases}
\hat{x}_i = \dfrac{I_{\mathrm{L}}\left[d_{S_1 R_{ij}}^{-(n+3)g} + d_{S_4 R_{ij}}^{-(n+3)g} - d_{S_2 R_{ij}}^{-(n+3)g} - d_{S_3 R_{ij}}^{-(n+3)g} \right]}{d_{S_1 R_{ij}}^{-(n+3)g} + d_{S_2 R_{ij}}^{-(n+3)g} + d_{S_3 R_{ij}}^{-(n+3)g} + d_{S_4 R_{ij}}^{-(n+3)g}} \\[4mm]
\hat{y}_j = \dfrac{I_{\mathrm{L}}\left[d_{S_1 R_{ij}}^{-(n+3)g} + d_{S_2 R_{ij}}^{-(n+3)g} - d_{S_3 R_{ij}}^{-(n+3)g} - d_{S_4 R_{ij}}^{-(n+3)g} \right]}{d_{S_1 R_{ij}}^{-(n+3)g} + d_{S_2 R_{ij}}^{-(n+3)g} + d_{S_3 R_{ij}}^{-(n+3)g} + d_{S_4 R_{ij}}^{-(n+3)g}}
\end{cases}
\qquad (2\text{-}46)
$$

另一方面，根据空间几何关系有

$$
\begin{cases}
d_{S_1 R_{ij}} = \sqrt{h^2 + \left(\dfrac{(N-i)}{N} I_{\mathrm{L}}\right)^2 + \left(\dfrac{(N-j)}{N} I_{\mathrm{L}}\right)^2} \\[4mm]
d_{S_2 R_{ij}} = \sqrt{h^2 + \left(\dfrac{(N+i)}{N} I_{\mathrm{L}}\right)^2 + \left(\dfrac{(N-j)}{N} I_{\mathrm{L}}\right)^2} \\[4mm]
d_{S_3 R_{ij}} = \sqrt{h^2 + \left(\dfrac{(N+i)}{N} I_{\mathrm{L}}\right)^2 + \left(\dfrac{(N+j)}{N} I_{\mathrm{L}}\right)^2} \\[4mm]
d_{S_4 R_{ij}} = \sqrt{h^2 + \left(\dfrac{(N-i)}{N} I_{\mathrm{L}}\right)^2 + \left(\dfrac{(N+j)}{N} I_{\mathrm{L}}\right)^2}
\end{cases}
\qquad (2\text{-}47)
$$

根据式（2-39）和式（2-46），我们可以得到关于整个平面所有网格的平均定位误差的理论公式为

$$
e_{\mathrm{AV}} = \frac{\displaystyle\sum_{i=-N}^{N}\sum_{j=-N}^{N}\sqrt{(x_i - \hat{x}_i)^2 + (y_j - \hat{y}_j)^2}}{(2N+1)^2} =
$$

$$
\frac{\displaystyle\sum_{i=-N}^{N}\sum_{j=-N}^{N}\sqrt{\left(\dfrac{iI_{\mathrm{L}}}{N} - \dfrac{I_{\mathrm{L}}\left(d_{S_1 R_{ij}}^{-(n+3)g} + d_{S_4 R_{ij}}^{-(n+3)g} - d_{S_2 R_{ij}}^{-(n+3)g} - d_{S_3 R_{ij}}^{-(n+3)g}\right)}{d_{S_1 R_{ij}}^{-(n+3)g} + d_{S_2 R_{ij}}^{-(n+3)g} + d_{S_3 R_{ij}}^{-(n+3)g} + d_{S_4 R_{ij}}^{-(n+3)g}}\right)^2 + \left(\dfrac{jI_{\mathrm{L}}}{N} - \dfrac{I_{\mathrm{L}}\left(d_{S_1 R_{ij}}^{-(n+3)g} + d_{S_2 R_{ij}}^{-(n+3)g} - d_{S_3 R_{ij}}^{-(n+3)g} - d_{S_4 R_{ij}}^{-(n+3)g}\right)}{d_{S_1 R_{ij}}^{-(n+3)g} + d_{S_2 R_{ij}}^{-(n+3)g} + d_{S_3 R_{ij}}^{-(n+3)g} + d_{S_4 R_{ij}}^{-(n+3)g}}\right)^2}}{(2N+1)^2}
$$

$$(2\text{-}48)$$

根据式（2-48），我们希望在正方形定位区域内和 g 的约束下有一个最小的平均定位误差，则此问题可以表示成一个目标函数为

$$\hat{g} = \underset{g}{\arg\min}\left\{\frac{\displaystyle\sum_{i=-N}^{N}\sum_{j=-N}^{N}\sqrt{(x_i-\hat{x}_i)^2+(y_j-\hat{y}_j)^2}}{(2N+1)^2}\right\} =$$

$$\underset{g}{\arg\min}\left\{\frac{\displaystyle\sum_{i=-N}^{N}\sum_{j=-N}^{N}\sqrt{\left(\frac{iI_L}{N}-\frac{I_L\left(d_{S_1R_{ij}}^{-(n+3)g}+d_{S_4R_{ij}}^{-(n+3)g}-d_{S_2R_{ij}}^{-(n+3)g}-d_{S_3R_{ij}}^{-(n+3)g}\right)}{d_{S_1R_{ij}}^{-(n+3)g}+d_{S_2R_{ij}}^{-(n+3)g}+d_{S_3R_{ij}}^{-(n+3)g}+d_{S_4R_{ij}}^{-(n+3)g}}\right)^2+\left(\frac{jI_L}{N}-\frac{I_L\left(d_{S_3R_{ij}}^{-(n+3)g}+d_{S_4R_{ij}}^{-(n+3)g}-d_{S_1R_{ij}}^{-(n+3)g}-d_{S_2R_{ij}}^{-(n+3)g}\right)}{d_{S_1R_{ij}}^{-(n+3)g}+d_{S_2R_{ij}}^{-(n+3)g}+d_{S_3R_{ij}}^{-(n+3)g}+d_{S_4R_{ij}}^{-(n+3)g}}\right)^2}}{(2N+1)^2}\right\}$$

$$\text{s.t.}\quad 0 \leqslant g \leqslant g_{max}$$

（2-49）

从式（2-47）～式（2-49）我们可以看到，在一个正方形部署的 LED 光源投射平面范围内，整个平面点的平均定位误差与朗伯辐射波瓣模数 n、灯间距离 I_L 和垂直高度 h 有关。通过求解式（2-49），可以得到使得平均定位误差最小的一个最优的 g。

3. RSS-WCL 算法性能仿真

本节对 RSS-WCL 算法的平均定位精度进行性能评估，并与经典的高复杂度 RSS 多边测量（RSS-based Multilateral Measurement，RSS-MM）算法进行比较。本节所采用的主要参数见表 2-2。

表 2-2　LED 光源和光电二极管（PD）仿真参数

参数	参数值
LED 光源峰值功率 P_T	10 W
PD 检测区域面积 A_R	1 cm^2
PD 响应率 R	0.4 A/W
PD 热噪声功率 σ^2	10^{-3} W
光学滤波器和光学集中器增益	1

图 2-14 展示了 RSS-WCL 算法在不同加权幂因子 g 下的平均定位误差（Average Positioning Error，APE）性能。一方面，从图 2-14 中可以看到基于蒙特卡罗迭代法得到的 RSS-WCL 的 APE 曲线与基于式（2-48）得到的理论 APE 曲线基本重合，验证了式（2-48）的正确性。另一方面，RSS-WCL 的定位误差受不同灯间距 I_L 的影

响较大。例如，当 $\{I_L, h\} = \{1.4\,\text{m}, 3\,\text{m}\}$，$g=2$ 时，系统可获得最小 APE 并能逼近 RSS-MM 算法的定位性能。而当 $\{I_L, h\} = \{1\,\text{m}, 3\,\text{m}\}$ 时，需要设定 $g=3.3$，系统才能够获得最小的 APE，逼近 RSS-MM 算法的定位性能。当 g 取值为 0 时，算法退化为性能最差的传统简单线性平均算法。从图 2-14 中可以得到如下结论：只要选择最优的加权幂因子 g，RSS-WCL 算法在某一平面区域的平均定位性能能够达到经典 RSS-MM 算法的定位性能。

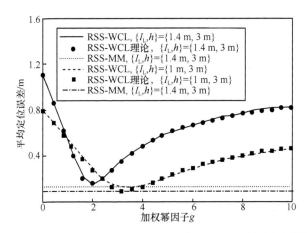

图 2-14　RSS-WCL 和 RSS-MM 在不同加权幂因子 g 下的平均定位性能

图 2-15 展示了 RSS-WCL 算法在不同 $\{I_L, h\}$ 融合下的理论平均定位性能。从图 2-15 中可以看到，在固定的垂直高度 $h = 3\,\text{m}$ 的情况下，灯间距 I_L 越小，系统性能越好，但是对应的加权幂因子 g 会相应增加。由此可以得到如下结论：对于 RSS-WCL 算法而言，灯部署密度增大，可以获得更优的 APE 性能，但付出的代价是最优加权幂因子的取值也随之增加，从而带来计算复杂度的增大。

然而，值得指出的是，从整体上看，RSS-WCL 算法的复杂度仍远低于 RSS-MM 算法。我们在表 2-3 中给出了二者的计算复杂度对比，并在图 2-16 中绘制了复杂度曲线。从图 2-16 中可见，RSS-WCL 算法的计算复杂度随系统频率集数量 M 的增长而线性增长，而经典的 RSS-MM 算法则呈指数增长。例如，当 $M=4$ 时，经典 RSS-MM 算法需要 85 次加法运算和 118 次乘法运算；RSS-WCL 算法在 $g=1$ 的情况下仅需要 10 次乘法运算，而在 $g=7$ 的情况下也仅需要 16 次加法运算和 70 次乘法运算。

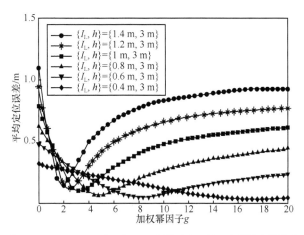

图 2-15　RSS-WCL 在不同{l_L,h}参数融合下的理论平均定位性能

表 2-3　RSS-WCL 和 RSS-MM 的计算复杂度比较

定位算法	加法运算次数	乘法运算次数
RSS-WCL	$4M$	$2g(M+1)$
RSS-MM	$7.5M(M-1)-5$	$9M(M-1)+M+6$

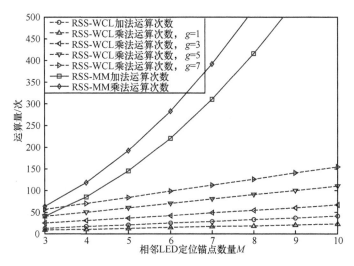

图 2-16　RSS-WCL 和 RSS-MM 在不同 M 值时的计算复杂度对比

2.2.6 系统平台搭建与实验测试

针对本节介绍的基于 FDM 和 FSOOK 调制的异步 VLP 系统，我们搭建了一个真实场景比例下的 VLP 系统测试平台如图 2-17 所示。VLP 系统定位发射机采用额定功率为 5 W 的雷士筒灯 E-NLED-963 作为光信号发射前端，采用 STM32F10 开发板输出 FSOOK 信号并循环发送 LED-ID 信息。采用大功率三极管 BCX56-16 构成开关电路，对 LED 电源进行开关控制。接收机采用 SGPT908 光敏三极管作为光信号接收器，使用 MAX9812 芯片作为信号放大偏置模块，使用 nRF51822 超低功耗蓝牙开发板作为信号采样和处理模块。

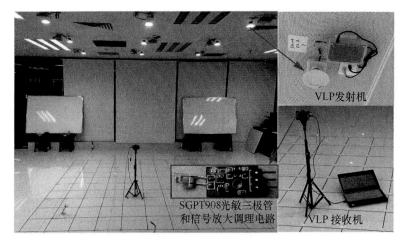

图 2-17　VLP 系统平台、发射机和接收机配置实景

1. MC-VLP 系统实验参数配置

（1）LED 定位锚点和发射机参数配置

为了验证异步 FDM 的顽健性，在天花板上部署了 9 个 LED 定位锚点并分配了编号如图 2-18 所示。根据 MC-VLP 系统机制，每一盏灯应分配一个独一无二的 ID 号和相应的频率集，9 盏 LED 灯发射机的 ID 号和频率集配置见表 2-4。而每组频率集所使用的信息频率和帧头频率见表 2-5。本系统的频率集配置依据是 2.2.4 节的频率选取规则。

图 2-18　LED 定位锚点编号分配

表 2-4　LED 发射机播送的 LED-ID 号和使用的频率集

编号	ID 号	频率集	编号	ID 号	频率集	编号	ID 号	频率集
LED1	110	F_2	LED4	113	F_1	LED7	116	F_2
LED2	111	F_4	LED5	114	F_3	LED8	117	F_4
LED3	112	F_2	LED6	115	F_1	LED9	118	F_2

表 2-5　频率集配置

频率集 F_1		频率集 F_2		频率集 F_3		频率集 F_4	
信息	频率/Hz	信息	频率/Hz	信息	频率/Hz	信息	频率/Hz
"0"	450, 750	"0"	900, 1 500	"0"	1 800, 3 000	"0"	3 600,6 000
"1"	1 050, 1 350	"1"	2 100, 2 700	"1"	4 200, 5 400	"1"	8 400,10 800
FH	150	FH	300	FH	600	FH	1 200

根据接收机相关参数，我们设置 FSOOK 符号的持续时间 T_F 为 64 ms，并设置 ID 号的长度为 7 位，即需要 7 个 FSOOK 符号来发送一个 LED-ID，再加上一个帧头符号，则系统需要循环发送 $K = 8$ 个 FSOOK 符号。

（2）VLP 接收机相关参数配置

单片机软件参数配置窗口采样点数选择 $L=1\,024$，设置 nRF51822 单片机中的 A/D 采样频率为 $f_S = 40\,\text{kHz}$，则采样一个点所需的时间为 $T_S = 25\,\mu\text{s}$，一个采样窗口的持续时间为 $T_W = 25\,\mu\text{s} \times 1\,024 = 25.6\,\text{ms}$。因 $K = 8$，根据式（2-22）可知，需要采样 $N_W = 20$ 个窗口才能恢复出完整的多路 LED-ID 信号。

2. 基于 VLP 场景的实验测试结果

图 2-19（a）展示了 VLP 实验测试场景的格点分布，其中共有 81 个格点，每一个格点对应一个真实位置坐标。我们将 VLP 接收机固定在摄影支架上，分别放置在每一个格点上进行测量，通过串口通信将格点的真实坐标值、估计坐标值和位置误差（Positioning Error，PE）输出在电脑终端上。对每一个格点进行 20 次左右的测量，遍历所有 81 个格点，这样可以得到 1 600 个左右的位置误差值。通过对这些位

置误差进行直方图统计，可以直观观察 PE 的分布情况。

图 2-19（b）～图 2-19（d）分别展示了 VLP 接收机在离地高度为 80 cm（h=143 cm）、120 cm（h=112 cm）和 9 cm（h=223 cm）时的 PE 分布直方图。从图中观察发现，VLP 接收机在不同离地高度时的定位误差不一样，其中在 80 cm 高度处的定位误差分布较好，定位误差均可控制在 0.4 m 以内，其他高度的定位误差则可控制在 0.5 m 以内。出现这种现象的原因为：当 VLP 接收机离 LED 灯较近时，由于所采用的 LED 灯为截光型灯，VLP 接收机在某一些区域只能接收到单个或两个有效 LED 信号，导致在这些区域内采用 RSS-WCL 算法的 PE 值较大；而当 VLP 接收机离 LED 灯较远时，此时多个 LED 灯虽然能够覆盖绝大部分区域，但是光信号强度减弱和加权幂因子 g 选取的不当，也会导致 PE 值较大，而在 80 cm 高度处，VLP 接收机刚好在大部分区域能接收到 3～4 个有效 LED 信号，同时也能保证接收到的各路光信号强度适中，因此能够获得一个较好的 PE 分布。从这些结果来看，该异步 nVLP 系统具有较低的定位误差，显示出较好的可靠性。

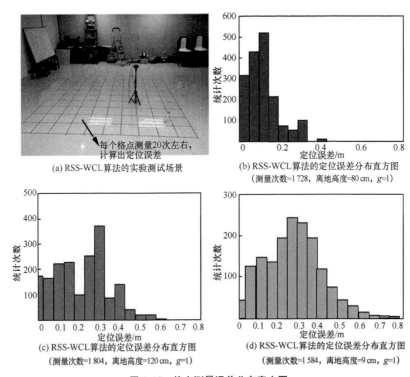

(a) RSS-WCL算法的实验测试场景

(b) RSS-WCL算法的定位误差分布直方图
（测量次数=1 728，离地高度=80 cm，g=1）

(c) RSS-WCL算法的定位误差分布直方图
（测量次数=1 804，离地高度=120 cm，g=1）

(d) RSS-WCL算法的定位误差分布直方图
（测量次数=1 584，离地高度=9 cm，g=1）

图 2-19　格点测量误差分布直方图

| 2.3　基于多 PD 孔径接收机的 RSS/AOA 定位系统 |

孔径接收机（Aperture Receiver，AR）是一种具有良好方向性的新型可见光接收机结构，它通过孔径控制光线到达光电器件的路径和方向，从而获得很好的角度分集。

目前针对 AR-VLP 系统的研究才刚刚起步。AR 结构在 2015 年首次被提出[26]，此后出现了基于 RSS 和 AOA 算法的 AR-VLP 系统[27-33]，并研究了 AR-VLP 系统定位误差的克拉美罗下界（Cramer-Rao Lower Bound，CRLB）。进一步地，Wang 等[26]提出了基于 AR 和 MIMO 结构并采用 ACO-OFDM 调制的 VLC 系统，仿真评估了该系统在非视距（Not Line of Sight，NLOS）信道环境中的不同信噪比条件下的误码率性能。另一方面，文献[29-30]通过将接收端的 PD 转换后的电信号与接收端的参考信号相关联，利用接收信号强度，以 CRLB 为评估方式，获得了厘米级的定位精度。而文献[28]则考虑了接收机具有一定倾斜角时的情况，通过分析发现，孔径接收机与水平面呈角度 $0 \leqslant \beta \leqslant \dfrac{\pi}{4}$ 时，β 越大则孔径接收机的 CRLB 越大。以下主要以文献[29]为例进行分析说明。

2.3.1　多 PD 孔径接收机可见光定位模型

孔径接收机结构如图 2-20 所示[27,30]。其中，AR 的参考点坐标为 (x_U, y_U)，第 j 个孔径的中心坐标为 $(x_{\mathrm{AP},j}, y_{\mathrm{AP},j})$，8 个相同大小的孔径关于参考点呈对称分布，孔径及其相对应的 PD 组成一个接收单元（Receiving Element，RE）。AR 参考点坐标与孔径中心坐标的关系可以表示为 $(x_{\mathrm{AP},j}, y_{\mathrm{AP},j}) = (x_U + \delta x_j, y_U + \delta y_j)$，其中，

$$\delta x_j = \varepsilon R_{\mathrm{D}} \varepsilon_{x,j} \tag{2-50}$$

$$\delta y_j = \varepsilon R_{\mathrm{D}} \varepsilon_{y,j} \tag{2-51}$$

令 $\varepsilon_{x,j} = [-1, 0, 1, 1, 1, 0, -1, -1]$ 和 $\varepsilon_{y,j} = [-1, -1, -1, 0, 1, 1, 1, 0]$ 分别表示 8 个孔径中心的 x, y 平面坐标序列，R_{D} 为 PD 半径，参数 ε（$\varepsilon > 1$）决定了孔径中心与 AR 参考点的水平偏移。PD 与孔径之间的位置关系设定为 $d_{\mathrm{AP},j} = \varsigma R_{\mathrm{D}}$，参数 ς 为孔径中心与 PD 中心之间的水平偏移因子，其取值范围一般为 $0 < \varsigma < 1$，它决定了孔径接收机的有效入射角范围；$\alpha_{\mathrm{AP},j} = \dfrac{\pi}{4} j, j = 1, 2, \cdots, 8$，角度 $\alpha_{\mathrm{AP},j}$ 决定了孔径接收机的角度分集。

图 2-20（c）中的 h_A 为孔径平面与 PD 平面之间的垂直高度[25]。

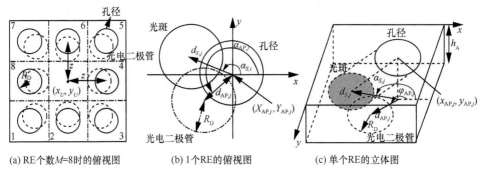

(a) RE个数M=8时的俯视图　　　(b) 1个RE的俯视图　　　(c) 单个RE的立体图

图 2-20　孔径接收机结构

假定有 K 个 LED 部署在天花板上，每个 LED 的坐标为 $(x_{S,i}, y_{S,i})$，$i=1,\cdots,K$，假设采用的 LED 光源遵循朗伯辐射模型，其可以视为朗伯辐射波瓣模数为 m_i 的朗伯辐射体。假定孔径接收机平面平行于天花板平面，且距离天花板的高度为 h，如图 2-21 所示[29]。

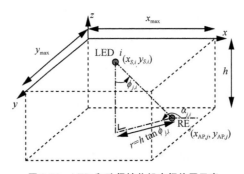

图 2-21　LED 和孔径接收机空间位置示意

接收信号强度可以用第 i 个 LED 和第 j 个 RE 间的入射角和极角对，即 $(\phi_{j,i}, \alpha_{j,i})$ 的函数来表示。如图 2-21 所示，第 i 个 LED 坐标 $(x_{S,i}, y_{S,i})$ 与第 j 个孔径坐标 $(x_{AP,j}, y_{AP,j})$ 的关系为

$$x_{S,i} = x_{AP,j} + h\tan\phi_{j,i}\cos\alpha_{j,i} \tag{2-52}$$

$$y_{S,i} = y_{AP,j} + h\tan\phi_{j,i}\cos\alpha_{j,i} \tag{2-53}$$

在发射端，假设第 i 个 LED 发射的光信号为 $s_i(t)$，考虑到发射光信号必须是正

实值，因此假设发射光信号为持续时间 T 的直流偏置窗口正弦波形[29]。

$$s_i(t) = A_i w(t)[1 + \cos(2\pi f_{c,i} t)] = A_i w(t) + \psi_i(t) \qquad (2\text{-}54)$$

其中，窗函数 $w(t)$ 只在 $t \in [0,T]$ 时取值，即当 $t \notin [0,T]$ 时，$w(t) = 0$；$A_i w(t)$ 为直流分量；$A_i w(t) \cos(2\pi f_{c,i} t)$ 为信号的载波分量；$\psi_i(t) = A_i w(t) \cos(2\pi f_{c,i} t), i = 1, \cdots, K$。假定正弦曲线的频率 $f_{c,i}$ 在区间 $[0,T]$ 内具有整数个周期，不同 LED 的频率在 $[0,T]$ 上正交，即 $(f_{c,i} - f_{c,i'})T$ 是整数，$i, i' = 1, \cdots, K$。窗函数是一个平滑的函数，例如一个升余弦窗口表达式为

$$w(t) = 1 + \cos\left[\frac{2\pi}{T}\left(t - \frac{T}{2}\right)\right] \qquad (2\text{-}55)$$

与正弦曲线的频率 $f_{c,i}$ 相比，假设窗函数 $w(t)$ 的带宽更窄。第 i 个 LED 发射光功率为

$$P_{\text{opt},i} = \frac{1}{T}\int_0^T s_i(t)\mathrm{d}t = A_i \qquad (2\text{-}56)$$

在接收端，位于第 j 个 RE 的 PD 将来自不同 LED 的光信号转变为电信号 $r_j(t)$，$r_j(t)$ 由光信号 $s_i(t)$ 的线性融合构成。接收机将信号 $r_j(t)$ 与一系列的参考信号 $\psi_i(t), i = 1, \cdots, K$ 在时间间隔 $[0,T]$ 内进行相关操作，其中 $\psi_i(t)$ 是发射信号 $s_i(t)$ 的函数，则第 j 个 RE 接收来自第 i 个 LED 的光信号可表示为

$$r_i[j] = \int_0^T r_j(t)\psi_i(t)\mathrm{d}t, j = 1, \cdots, M, i = 1, \cdots, K \qquad (2\text{-}57)$$

其中，M 为 RE 个数，K 为 LED 个数。定义 $MK \times 1$ 的向量 $\boldsymbol{r} = [\boldsymbol{r}^{\mathrm{T}} \cdots \boldsymbol{r}_K^{\mathrm{T}}]^{\mathrm{T}}$ 为接收机得到的观测值，$\boldsymbol{r}_l = [r_l[1] \cdots r_l[M]]^{\mathrm{T}}, l = 1, \cdots, K$。向量 $\boldsymbol{r}$ 可以由式（2-58）获得。

$$\boldsymbol{r} = R_{\mathrm{p}}\tilde{\boldsymbol{H}}\boldsymbol{\mu} + \tilde{\boldsymbol{n}} \qquad (2\text{-}58)$$

其中，R_{p} 是 PD 的响应度；$\tilde{\boldsymbol{H}}$ 是维度为 $MK \times K^2$ 的联合信道矩阵，表示为

$$\tilde{\boldsymbol{H}} = \begin{bmatrix} \boldsymbol{H} & 0 & \dots & 0 \\ 0 & \boldsymbol{H} & \dots & 0 \\ \vdots & \vdots & & \vdots \\ 0 & 0 & \dots & \boldsymbol{H} \end{bmatrix} \qquad (2\text{-}59)$$

其中，位于主对角线的 $M \times K$ 的信道增益矩阵 $\boldsymbol{H}_{j,i} = h_c^{(j,i)}, j = 1, \cdots, M, i = 1, \cdots, K$；$K^2 \times 1$ 的向量 $\boldsymbol{\mu}$ 是发射光信号 $s_i(t)$ 的函数，定义为 $\boldsymbol{\mu} = [\boldsymbol{u}_1^{\mathrm{T}} \cdots \boldsymbol{u}_K^{\mathrm{T}}]^{\mathrm{T}}$，$\boldsymbol{\mu}_l = [\mu_l[1] \cdots \mu_l[K]]^{\mathrm{T}}$，其中 $\mu_l[i] = \int_0^T s_i(t)\psi_l(t)\mathrm{d}t$；$\tilde{\boldsymbol{n}} = [\boldsymbol{n}_1^{\mathrm{T}} \cdots \boldsymbol{n}_K^{\mathrm{T}}]^{\mathrm{T}}$ 是 $MK \times 1$ 的散粒噪声向量，其中 $\boldsymbol{n}_l = [n_l[1] \cdots n_l[M]]^{\mathrm{T}}$。此处假设定位信号 $s_i(t)$ 的带宽低于 $10\,\mathrm{MHz}$，散粒噪声占主导

地位，因此只考虑散粒噪声而不考虑热噪声。散粒噪声与独立于信号的背景光有关，所以 $\tilde{n}$ 可为协方差矩阵为 $\dfrac{N_0}{2}\tilde{R}$ 的零均值高斯随机变量，其中，$\tilde{R}=R_\psi \otimes I_M$，它是 $K\times K$ 的矩阵 R_ψ 和 $M\times M$ 的单位矩阵 I_M 的克罗内克乘积，其中 $R_\psi=[\mu_1\cdots\mu_K]$，$(R_\psi)_{i,i'}=\int_0^T\psi_i(t)\psi_{i'}(t)\mathrm{d}t$。

根据 LED 朗伯辐射模型，信道增益 $h_c^{(j,i)}$ [24-25] 可以写为

$$h_c^{(j,i)}=\frac{m_i+1}{2\pi h^2}A_0^{(j,i)}\cos^{m_i+3}\phi_{j,i} \tag{2-60}$$

其中，$A_0^{(j,i)}$ 是第 i 个 LED 通过孔径后产生的光斑与第 j 个 PD 的重叠面积，表示为

$$A_0^{(j,i)}=\begin{cases}2R_\mathrm{D}\arccos\left(\dfrac{d_{j,i}}{2R_\mathrm{D}}\right)-\dfrac{d_{j,i}}{2}\sqrt{4R_\mathrm{D}^2-d_{j,i}^2},&0\leqslant d_{j,i}\leqslant 2R_\mathrm{D}\\0,d_{j,i}>2R_\mathrm{D}\end{cases} \tag{2-61}$$

重叠面积 $A_0^{(j,i)}$ 由光斑中心与 PD 中心的距离 $d_{j,i}$ 决定，表示为

$$\begin{aligned}d_{j,i}&=[(d_S^{(j,i)}\cos\alpha_S^{(j,i)}-d_{\mathrm{AP},j}\cos\alpha_{\mathrm{AP},j})+(d_S^{(j,i)}\sin\alpha_S^{(j,i)}-d_{\mathrm{AP},j}\sin\alpha_{\mathrm{AP},j})]^{\frac{1}{2}}=\\&\left\{\left[\frac{h_A}{h}(x_{S,i}-x_{\mathrm{AP},j})+d_{\mathrm{AP},j}\cos\alpha_{\mathrm{AP},j}\right]^2+\left[\frac{h_A}{h}(y_{S,i}-y_{\mathrm{AP},j})+d_{\mathrm{AP},j}\sin\alpha_{\mathrm{AP},j}\right]^2\right\}^{\frac{1}{2}}\end{aligned}$$
$$\tag{2-62}$$

其中，角度 $\alpha_S^{(j,i)}$ 和距离 $d_S^{(j,i)}$ 由第 i 个 LED 和第 j 个 PD 之间的入射角 $\phi_{j,i}$ 和极角 $\alpha_{j,i}$ 决定，即 $d_S^{(j,i)}=h_A\tan\varphi_{j,i}$ 和 $\alpha_S^{(j,i)}=\pi+\alpha_{j,i}$。

利用式（2-55），将式（2-54）代入 $\mu_l[i]=\int_0^T s_i(t)\psi_l(t)\mathrm{d}t$，可以得到

$$\mu_l[i]=\frac{3T}{4}A_iA_l \tag{2-63}$$

故有

$$R_\psi=\frac{3T}{4}\mathrm{diag}(A\circ A) \tag{2-64}$$

其中，$A=[A_1\cdots A_K]$ 是发射光功率向量，$\circ$ 是哈达玛乘积。

2.3.2　多 PD 孔径接收机 VLP 系统在 LOS 信道下的性能分析

1.　位置误差 CRLB 分析

根据文献[29]，基于观测值 r 的位置 $\theta=(x_U,y_U)$ 的任何无偏估计值 $\hat{\theta}=(\hat{x}_U,\hat{y}_U)$

的均方误差（Mean Squared Error，MSE）的最小值可通过 CRLB 获得，可定义为

$$\text{MSE} = E[(x_U - \hat{x}_U)^2 + (y_U - \hat{y}_U)^2] \geqslant \text{tr}(\boldsymbol{F}_U^{-1}) \tag{2-65}$$

其中，$\boldsymbol{F}_U$ 是费舍尔信息矩阵（Fisher Information Matrix，FIM），即

$$\boldsymbol{F}_U = E\left\{\left[\nabla_\theta \ln p(\boldsymbol{r}|\boldsymbol{\theta})(\nabla_\theta \ln p(\boldsymbol{r}|\boldsymbol{\theta})]^{\text{T}}\right\} \tag{2-66}$$

其中，∇ 表示求导运算符。FIM 通过接收机坐标 $\boldsymbol{\theta} = (x_U, y_U)$ 获得，考虑到 $\boldsymbol{r}|\boldsymbol{\theta} \sim N\left(R_{\text{P}} \tilde{\boldsymbol{H}} \boldsymbol{\mu}, \dfrac{N_0}{2} \tilde{\boldsymbol{R}}\right)$，可以写出 $p(\boldsymbol{r}|\boldsymbol{\theta})$ 的表达式[29]为

$$p(\boldsymbol{r}|\boldsymbol{\theta}) = (2\pi)^{\frac{N}{2}} \det^{\frac{1}{2}}\left[\frac{N_0}{2}\tilde{\boldsymbol{R}}\right] \exp\left[-\frac{1}{2}(\boldsymbol{r} - R_{\text{P}}\tilde{\boldsymbol{H}}\boldsymbol{\mu})^{\text{T}}\left(\frac{N_0}{2}\tilde{\boldsymbol{R}}\right)^{-1}(\boldsymbol{r} - R_{\text{P}}\tilde{\boldsymbol{H}}\boldsymbol{\mu})\right] \tag{2-67}$$

对上式两边取对数，有

$$\ln p(\boldsymbol{r}|\boldsymbol{\theta}) = C - \frac{1}{N_0}(\boldsymbol{r} - R_{\text{P}}\tilde{\boldsymbol{H}}\boldsymbol{\mu})^{\text{T}} \tilde{\boldsymbol{R}}^{-1}(\boldsymbol{r} - R_{\text{P}}\tilde{\boldsymbol{H}}\boldsymbol{\mu}) \tag{2-68}$$

其中，C 为与 $\boldsymbol{\theta}$ 无关的固定常数。因此，对于 $a, b \in \{x_U, y_U\}$，将式（2-68）代入式（2-66），可得到矩阵 $\boldsymbol{F}_U$ 中各元素的表达式[29]为

$$(\boldsymbol{F}_U)_{a,b} = \left[\frac{\partial R_{\text{P}}\tilde{\boldsymbol{H}}\boldsymbol{\mu}}{\partial a}\right]^{\text{T}}\left(\frac{N_0}{2}\tilde{\boldsymbol{R}}\right)^{-1}\left[\frac{\partial R_{\text{P}}\tilde{\boldsymbol{H}}\boldsymbol{\mu}}{\partial b}\right] + \frac{1}{2}\text{tr}\left[\left(\frac{N_0}{2}\tilde{\boldsymbol{R}}\right)^{-1}\frac{\partial \frac{N_0}{2}\tilde{\boldsymbol{R}}}{\partial a}\left(\frac{N_0}{2}\tilde{\boldsymbol{R}}\right)^{-1}\frac{\partial \frac{N_0}{2}\tilde{\boldsymbol{R}}}{\partial b}\right]$$

$$\tag{2-69}$$

由于 $\dfrac{N_0}{2}\tilde{\boldsymbol{R}}$ 与 $\boldsymbol{\theta}$ 无关，故式（2-69）中第二项求导后为 0，所以对式（2-69）化简可以得到

$$(\boldsymbol{F}_U)_{a,b} = \frac{2R_{\text{P}}^2}{N_0}\boldsymbol{\mu}^{\text{T}}\left(\frac{\partial}{\partial a}\tilde{\boldsymbol{H}}\right)^{\text{T}} \tilde{\boldsymbol{R}}^{-1}\left(\frac{\partial}{\partial b}\tilde{\boldsymbol{H}}\right)\boldsymbol{\mu} \tag{2-70}$$

考虑到

$$\frac{\partial}{\partial a}\tilde{\boldsymbol{H}} = \begin{pmatrix} \frac{\partial}{\partial a}\boldsymbol{H} & 0 & \cdots & 0 \\ 0 & \frac{\partial}{\partial a}\boldsymbol{H} & \cdots & 0 \\ \vdots & \vdots & & \vdots \\ 0 & 0 & \cdots & \frac{\partial}{\partial a}\boldsymbol{H} \end{pmatrix}, \quad \frac{\partial}{\partial b}\tilde{\boldsymbol{H}} = \begin{pmatrix} \frac{\partial}{\partial b}\boldsymbol{H} & 0 & \cdots & 0 \\ 0 & \frac{\partial}{\partial b}\boldsymbol{H} & \cdots & 0 \\ \vdots & \vdots & & \vdots \\ 0 & 0 & \cdots & \frac{\partial}{\partial b}\boldsymbol{H} \end{pmatrix} \tag{2-71}$$

$$\tilde{\boldsymbol{R}}^{-1} = \begin{pmatrix} (\boldsymbol{R}_{\psi}^{-1})_{1,1}\boldsymbol{I}_M & (\boldsymbol{R}_{\psi}^{-1})_{1,K}\boldsymbol{I}_M \\ (\boldsymbol{R}_{\psi}^{-1})_{K,1}\boldsymbol{I}_M & (\boldsymbol{R}_{\psi}^{-1})_{K,K}\boldsymbol{I}_M \end{pmatrix} \tag{2-72}$$

因此式（2-70）可以改写为

$$(\boldsymbol{F}_U)_{a,b} = \frac{2R_{\mathrm{P}}^2}{N_0} \sum_{i,i'=1}^{K} (\boldsymbol{R}_{\psi}^{-1})_{l,l'} \boldsymbol{\mu}_l^{\mathrm{T}} \boldsymbol{X}^{ab} \boldsymbol{\mu}_{l'} \tag{2-73}$$

其中，$\boldsymbol{X}^{ab}$ 对于 $a,b \in \{x_U, y_U\}$ 可以定义为

$$(\boldsymbol{X}^{ab})_{i,i'} = \left[\left(\frac{\partial}{\partial a}\boldsymbol{H}\right)^{\mathrm{T}}\left(\frac{\partial}{\partial b}\boldsymbol{H}\right)\right]_{i,i'} = \sum_{j=1}^{M} \frac{\partial}{\partial a} h_c^{(j,i)} \frac{\partial}{\partial b} h_c^{(j,i')} \tag{2-74}$$

其中，$\dfrac{\partial}{\partial a}h_c^{(j,i)}$（或 $\dfrac{\partial}{\partial b}h_c^{(j,i')}$）可由式（2-75）求解。

$$\frac{\partial}{\partial a}h_c^{(j,i)} = \frac{m_i+1}{2\pi h^2}\left[\frac{\partial}{\partial a}A_0^{(j,i)}\cos^{m_i+3}\phi_{j,i} + A_0^{(j,i)}\frac{\partial}{\partial a}\cos^{m_i+3}\phi_{j,i}\right] \tag{2-75}$$

观察式（2-75），需要分别求解两个偏导数。因此，首先求 $\dfrac{\partial}{\partial a}\cos^{m_i+3}\phi_{j,i}$。由

LED 与孔径中心间的直线距离 $s_{j,i} = [(x_{\mathrm{AP},j} - x_{S,i})^2 + (y_{\mathrm{AP},j} - y_{S,i})^2 + h^2]^{\frac{1}{2}}$，以及

$\cos\phi_{j,i} = \dfrac{h}{s_{j,i}}$，可以得到

$$\begin{cases} \dfrac{\partial}{\partial x_U}\cos^{m_i+3}\varphi_{j,i} = \dfrac{m_i+3}{h^2}(x_{S,i} - x_{\mathrm{AP},j})\cos^{m_i+5}\varphi_{j,i} \\ \dfrac{\partial}{\partial y_U}\cos^{m_i+3}\varphi_{j,i} = \dfrac{m_i+3}{h^2}(y_{S,i} - y_{\mathrm{AP},j})\cos^{m_i+5}\varphi_{j,i} \end{cases} \tag{2-76}$$

其次，对于 $0 \leqslant d_{j,i} \leqslant 2R_{\mathrm{D}}$ 和 $a \in \{x_U, y_U\}$，有

$$\frac{\partial}{\partial a}A_0^{(j,i)} = -\sqrt{4R_{\mathrm{D}}^2 - d_{j,i}^2}\,\frac{\partial}{\partial a}d_{j,i} \tag{2-77}$$

式（2-77）表明，该项转化为对距离 $d_{j,i}$ 求导。分别令 $a = x_U$ 和 $a = y_U$，得到方程组为

$$\begin{cases} \dfrac{\partial}{\partial x_U}d_{j,i} = -\dfrac{R_{\mathrm{D}}}{hd_{j,i}}\left[\dfrac{h_{\mathrm{A}}}{h}(x_{S,i} - x_{\mathrm{AP},j}) + d_{\mathrm{AP},j}\cos\alpha_{\mathrm{AP},j}\right] \\ \dfrac{\partial}{\partial y_U}d_{j,i} = -\dfrac{R_{\mathrm{D}}}{hd_{j,i}}\left[\dfrac{h_{\mathrm{A}}}{h}(y_{S,i} - y_{\mathrm{AP},j}) + d_{\mathrm{AP},j}\sin\alpha_{\mathrm{AP},j}\right] \end{cases} \tag{2-78}$$

至此，基于式（2-76）、式（2-77）、式（2-78）可以计算式（2-75），进而得到式（2-74），即 $\boldsymbol{X}^{ab}$。另一方面，在式（2-73）中，令 $(\boldsymbol{W}^{ab})_{l,i'} = \boldsymbol{\mu}_l^{\mathrm{T}} \boldsymbol{X}^{ab} \boldsymbol{\mu}_{l'}$，并定义 $Z^{ab} = \mathrm{tr}(\boldsymbol{R}_\psi^{-1} \boldsymbol{W}^{ab}) = \sum_{l,l'=1}^{L} (\boldsymbol{R}_\psi^{-1})_{l,i'} (\boldsymbol{W}^{ab})_{l,l'}$，则对于任意 $a, b \in \{x_U, y_U\}$，$\boldsymbol{F}_U$ 的表达式变为

$$\boldsymbol{F}_U = \frac{2R_{\mathrm{P}}^2}{N_0} \begin{bmatrix} Z^{x_U x_U} & Z^{x_U y_U} \\ Z^{y_U x_U} & Z^{y_U y_U} \end{bmatrix} \tag{2-79}$$

由式（2-59）相关的讨论可知 $\boldsymbol{R}_\psi = [\boldsymbol{\mu}_1 \cdots \boldsymbol{\mu}_K]$，故 Z^{ab} 可以重写为

$$Z_{ab} = \mathrm{tr}(\boldsymbol{R}_\psi \boldsymbol{X}^{ab}) \tag{2-80}$$

至此，将式（2-74）计算得到的 $\boldsymbol{X}^{ab}$ 代入式（2-80），进而计算出式（2-79），即可获得费舍尔信息矩阵 $\boldsymbol{F}_U$。再将 $\boldsymbol{F}_U$ 代入式（2-65），最终求得孔径接收机系统的 MSE 的 CRLB。

2. 孔径与 PD 水平偏移的影响

本节分析图 2-20 的孔径接收机[29]的孔径与 PD 之间的水平偏移因子 $\varsigma = d_{\mathrm{AP}} / R_{\mathrm{D}}$ 对系统的平方根克拉美罗界（square root Cramer-Rao Bound，rCRB）性能的影响如图 2-22 所示。该仿真结果假设了 10 m×10 m×2 m 的房间环境下，4 个 LED 灯等间隔分布在房间天花板上，4 个 LED 灯的平面坐标分别为（−2.5，−2.5）、（−2.5，2.5）、（2.5，−2.5）和（2.5，2.5）。由图 2-22 可以看到，当 ς 很小时，rCRB 的性能较差。这是因为此时入射角很小，对所有的 RE 来说，尽管它们所在的位置不同，都会接收到大致相同分布的光信号。因此，即使孔径接收机可以支持很大的入射角，但是所能获得的角度分集增益却很小，这使得信道增益矩阵的相关性很大，多路信号检测存在较大的 MAI，从而导致了较差的定位性能。由于 RE 能接收到的光强取决于光的入射方向，当增大 ς 的取值时，孔径接收机将会获得更大的角度分集，孔径接收机可以探测到更多光强，从而增加定位距离和性能。从图 2-22 可知，随着 ς 从较小的初始值逐渐增大时，rCRB 性能得到了改善。另外，由于增大 ς 会增大入射角，而当入射角很大时，RE 只能接收到很少甚至不能接收到光信号，导致同一位置处光斑与 PD 的重叠面积减少，信号强度下降，故系统性能也随之下降。如图 2-22 所示，随着 ς 的取值增大到 1～1.25 以上，系统性能逐渐恶化。综上，$\varsigma \in [0.5, 1.5]$ 是最优取值范围，此时有较好的角度分集和适当的入射角。

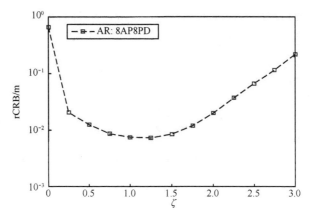

图 2-22　孔径与 PD 之间的水平偏移因子 ς 对系统性能的影响

3. 孔径与 PD 垂直距离的影响

参数 h_A 为图 2-20（c）所示的孔径与 PD 的垂直距离，它影响孔径接收机的入射角。当减少 h_A 时，入射角的范围将会变大，即 PD 平面可以接收到的最大光照区域将增大。对于该房间区域边缘处的位置，随着光电二极管接收更多的光，边界处的性能将得到改善。但是，这种改善较为有限，减小 h_A 只能轻微地提升边界的性能。另外，当 $h_A > R_D$ 时，由于入射角范围的减小，PD 可接收信号的区域减小，信号强度下降，因而 rCRB 显着增加。当 h_A 过大，如图 2-23 所示，$h_A > 1.3\,R_D$ 时，由于入射角太小，该房间区域的边缘位置将无法接收到足够的光信号。尽管此时可以通过增加 PD 与孔径之间的距离 ς 来抵消或缓解入射角的减小，但会导致接收机体积增大。对于紧凑型接收机，满足 $h_A \leqslant R_D$ 的条件时，可以获得相对平衡的性能。

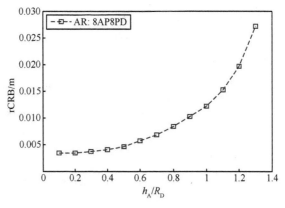

图 2-23　孔径接收机的高度对系统性能的影响

4. 信噪比变化的影响

孔径接收机的信噪比（Signal-to-Noise Ratio，SNR）[29]定义为

$$SNR = 2TA^2(h_c^{(j,i)})^2 R_P^2 / N_0 \qquad (2\text{-}81)$$

定义参数 γ 为

$$\gamma = 2TA^2 R_P^2 / N_0 \qquad (2\text{-}82)$$

因此式（2-81）可以改写为

$$SNR = \gamma(h_c^{(j,i)})^2 \qquad (2\text{-}83)$$

由式（2-79）、式（2-80）可知 FIM 与 γ 成正比。因此由式（2-81）可知，CRB 将与时间周期 T 成反比。给定 4 个 LED 灯发射功率时，rCRB 随 SNR 变化的情况如图 2-24 所示。 仿真场景为 5 m×5 m×2 m 的房间环境，4 个 LED 灯等间隔分布在房间天花板上，它们的平面坐标分别为（−1.25,−1.25）、（−1.25, 1.25）、（1.25, −1.25）和（1.25, 1.25）。由图 2-24 可见，rCRB 随 γ 的增大而减小。

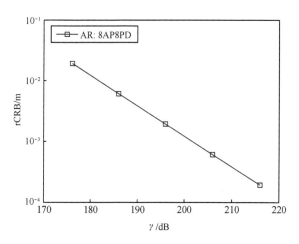

图 2-24　rCRB 随 SNR 变化的性能

5. rCRB 的区域分布

在 10 m×10 m×2 m 的环境下，给定 4 个 LED 发射功率，4 个 LED 的坐标分别为（−2.5,−2.5）、（−2.5,2.5）、（2.5, −2.5）和（2.5,2.5）。设置 SNR 为 195.81 dB 时，rCRB 的变化情况如图 2-25 所示。可以看出，rCRB 的值与接收机的坐标位置有关。在大部分区域中，该孔径接收机的 rCRB 都相对恒定，但是在区域边缘附近则出现抬升。这是因为孔径接收机中的 RE 的方向性和 LED 的辐射范围的有限性，孔径接收机在区域边缘

附近比在区域中部接收到的光信号少，从而导致边缘部分的 SNR 降低。

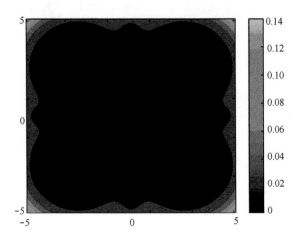

图 2-25　孔径接收机的 rCRB 区域分布（8AP8PD, rCRBav=1.23 cm，单位：m）

　　下面研究在维持孔径接收机各参数不变，环境参数只改变房间面积时（高度仍为 2 m），rCRB 随面积的变化情况。令房间长为 L，则房间面积为 $L×L$。LED 位置分布为 $x_S(i)=\dfrac{L}{2\sqrt{K}}+(i-1)_{\sqrt{K}}\dfrac{L}{\sqrt{K}},\ y_S(i)=\dfrac{L}{2\sqrt{K}}+\left\lfloor\dfrac{i-1}{\sqrt{K}}\right\rfloor\dfrac{L}{\sqrt{K}},\ i=1,\cdots,K$，其中，$(x)_p$ 表示 x 除以 P 取余数，$\lfloor x\rfloor$ 表示不大于 x 的最大整数。仿真结果如图 2-26 所示。可以看出，随着房间面积的增加，rCRB 不断减小。这是因为在房间高度不变的情况下，增大房间面积，每个 LED 灯的覆盖范围有限，使得孔径接收机接收到的光信号减少，导致了定位精度的下降。不过，在此孔径接收机结构下，即便是 10 m×10 m×2 m，其理论定位精度也较高。

2.3.3　新型 SAQD 孔径接收机结构及其性能

　　由孔径接收机的结构和表达式 $d_{AP}=\varsigma R_D$ 可知，孔径与 PD 之间水平偏移因子 ς 决定了 RE 最大信道增益的入射角值。当 RE 个数为 8 时，ς 取不同值时信道增益随入射角的方向变化情况如图 2-27 所示[26]。图 2-27（a）、（c）、（e）、（g）为单个 RE 分布设置了不同 ς 时的情况，从这 4 幅子图中可以看出 RE 受到孔径位置变化的影响，存在对接收信号的方向性选择，ς 决定了获得最大信道增益的入射角。特别地，当 $d_{AP}=0.25R_A$ 时，RE 的半径距离小，入射角很小，几乎直接指向上面的孔径方向，而

当 $d_{AP}=1.5R_A$ 时，RE 有较大的半径距离，在更大的入射角处能够获得最大信道增益。图 2-27（b）、（d）、（f）、（h）分别显示了使用 8 个如图 2-27（a）、（c）、（e）、（g）所示 RE 的 AR 接收机的分集接收模式下的信道增益分布。可以看到，接收机呈现出花瓣状波束的图案，其中波束顶端指向具有最大信道增益的方向。该分集接收模式使得 LED 发送的信号到达不同 PD 的信道增益是不同的，有效降低了式（2-59）的信道矩阵的各行，即各 PD 之间的信道相关性。这样，从不同 LED 到不同 PD 之间的 MIMO 信道形成了低相关性的融合，有效地提升了系统的信号检测性能。

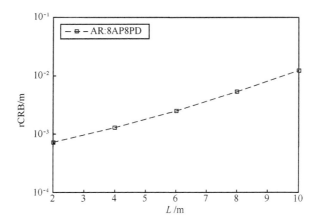

图 2-26　孔径接收机的 rCRB 随房间面积变化曲线

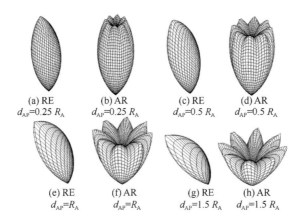

(a) RE
$d_{AP}=0.25\,R_A$

(b) AR
$d_{AP}=0.25\,R_A$

(c) RE
$d_{AP}=0.5\,R_A$

(d) AR
$d_{AP}=0.5\,R_A$

(e) RE
$d_{AP}=R_A$

(f) AR
$d_{AP}=R_A$

(g) RE
$d_{AP}=1.5\,R_A$

(h) AR
$d_{AP}=1.5\,R_A$

图 2-27　归一化信道增益随各种接收机结构的变化情况

基于上述特点，在考虑设备复杂度与保证孔径接收机特性的情况下，本节介绍一种简化的孔径接收机结构如图 2-28 所示。该孔径接收机由 1 个孔径和 4 个 PD 组成，孔径与 PD 半径相等，与文献[29]相比，减少了 4 个 PD 和 7 个孔径的使用。此外，该结构令 4 个 PD 两两相切，即有 $(x_{AP,j}, y_{AP,j}) = (x_U, y_U)$，相比 8AP、8PD 的结构，该结构更加紧凑，有利于设备小型化。该孔径接收机称为单孔径四 PD（Single Aperture Quaternate Diode，SAQD）结构。

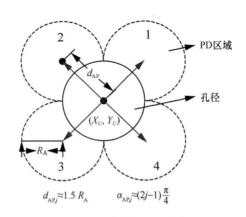

图 2-28　单孔径四 PD 结构

1. SAQD 孔径接收机性能随参数（孔径水平偏移）的变化情况

由 2.3.2 节可知，定位精度与 PD 和孔径间的水平偏移因子 ς 直接相关，后者影响孔径接收机的角度分集和入射角，是决定孔径接收机能采集到的光强的因素之一。新结构 PD 与孔径之间的水平偏移对 rCRB 的影响如图 2-29 所示，除 AR 结构不同外，其他仿真条件与 2.3.2 节相同。在新 SAQD 结构中，由于 4 个 PD 彼此之间两两相切，由三角勾股定理可知，ς 的最小取值是 $\sqrt{2}$，因此设置仿真参数范围为 $\varsigma \in [1.5, 2.5]$。从图 2-29 可以看出，SAQD 结构的 rCRB 随 ς 的增加而增加，因此应选择 $\varsigma = 1.5$。

2. 信噪比变化的影响

图 2-30 对比了 SAQD 孔径接收机与文献[29]的孔径接收机的 rCRB 性能。可以看出，SAQD 结构的 rCRB 性能比文献[27]要略差，这是由于 PD 数量减半带来的分集增益下降所致。

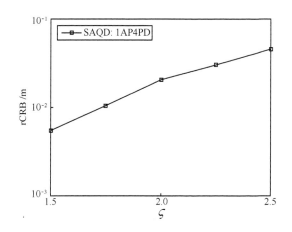

图 2-29　新结构 PD 与孔径之间的水平偏移对 rCRB 的影响

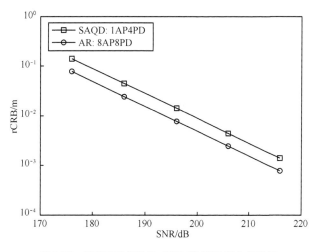

图 2-30　两种孔径接收机 rCRB 随 SNR 变化的性能

3. rCRB 区域分布

采用 SAQD 接收机，在 10 m×10 m×2 m 的环境下进行仿真，可以得到如图 2-31 所示的结果。此时 4 个 LED 的坐标设置与 2.3.2 节相同。根据图 2-25 和图 2-31，比较两种结构下 rCRB 的空间平均值（rCRBav）可知，文献[29]的结构获得 rCRBav= 1.23 cm 使用了 8 个 PD、8 个孔径，而 SAQD 结构使用 4 个 PD、4 个孔径实现了 rCRBav=1.64 cm。后者通过牺牲一定的性能换取接收机设备结构的简化，因而更适用于对精度要求相对不高，但对设备复杂度较敏感的场景。

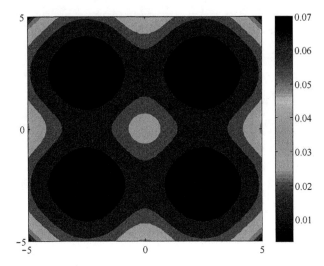

图 2-31　SAQD 结构的 rCRB 分布（rCRBav=1.64 cm，单位：m）

2.4　基于不同朗伯辐射波瓣模数的双 LED 可见光定位系统

　　VLP 系统一般可分为成像定位（iVLP）系统和非成像定位（nVLP）系统。其中，nVLP 系统通常使用光电二极管作为光接收前端，将若干个 LED 灯作为定位锚点。在这种架构下，许多传统的射频定位算法也可应用到 nVLP 模型中。例如，文献[25,34-36]提供了基于 RSS 定位算法的 nVLP 模型和算法以及 RSS、TOA、TDOA、AOA 和混合定位机制等。文献[37]分析和推导了基于 TOA 算法的 VLP 模型的距离估计的克拉美罗下界。文献[38-40]介绍了基于 TDOA 的 VLP 模型和距离估计算法。文献[41]则给出了一种基于 AOA 的 VLP 模型，而文献[42]和文献[43]分别提出了基于 AOA/RSS、TOA/RSS 的混合算法，并都对其距离估计误差的理论下界进行了分析。

　　通过对上述众多文献的研究可以发现，上述这些 VLP 模型和算法均是在理想视距（Line of Sight，LOS）信道下进行讨论的，并没有充分考虑和讨论多径反射对定位精度的影响。然而，对于实际的 VLP 场景，由于室内经常存在光反射物，例如墙面、天花板、地板和家具表面，多径反射总是客观存在的。根据文献[44-45]提出的多径反射模型，来自多径反射的光功率和来自 LOS 的光功率相差无几，即 PD 所接收到的光功率有相当一部分来自于多径反射。因此，目前大部分文献仅考虑了定位精度理论下界的分析，而并未考虑多径反射对于实际场景下的 VLP 系统设计的影响。在少数文献中，如文献[46]，讨论了多径反射对基于 RSS 的 VLP 模型的定位精度的影响。仿真结果表明，当 UE 接近房间的角落时，定位精度会迅速恶化；在墙角和边缘处，定位误差达到了 1～2 m 以上甚至更高的数量级。

基于此背景，本章考虑了多径反射引起的低定位精度问题，提出一种基于不同朗伯辐射波瓣模数的双模 LED（Dual-Mode LED，DM-LED）VLP 系统。该方案可用于 UE 为固定高度的室内定位场景中，如工厂机器人、超市购物车、仓库叉车等定位及导航服务。

2.4.1　系统模型

1. LED 辐射模式

假设一颗 LED 灯芯遵循单轴向对称的朗伯辐射模式，根据文献[45]，归一化的 LED 辐射强度 I 可表示为

$$I(\theta, n) = \frac{n+1}{2\pi} \cos^n(\theta) \tag{2-84}$$

其中，θ 为 LED 辐射角，n 为朗伯辐射波瓣模数，其代表光源的方向性。根据文献[24]，有

$$n = -\frac{\ln 2}{\ln(\cos\theta_{\frac{1}{2}})} \tag{2-85}$$

其中，$\theta_{\frac{1}{2}}$ 表示辐射半功率角。根据式（2-84），不同 n 的单位光功率 LED 辐射强度曲线如图 2-32 所示，从图中可观察到，n 越大，LED 的辐射方向越集中。例如，当 $n=1$ 时，$\theta_{\frac{1}{2}}=60°$；$n=20$ 时，$\theta_{\frac{1}{2}}=15°$。

2. DM-LED-VLP 系统模型

在所提的 DM-LED-VLP 模型中，定位锚点（灯）采用两颗拥有不同朗伯辐射波瓣模数的 LED 灯芯，即 n_0 和 n_1，$n_0, n_1 \in Z^+$，$n_1 \neq n_0$。双 LED 灯芯被安装在灯发光表面紧邻的位置上，该灯称为 DM-LED 灯如图 2-33 所示。灯的两颗 LED 灯芯采用时分复用（Time Division Multiplexing，TDM），按照固定的周期，在两个连续时

隙 $\{t_0, t_1\}$ 中交替发送不同载波频率调制的符号，其中符号周期或时隙用 T_S 表示，符号峰值功率用 P_L 表示。除此之外，不同的灯通过采用频分复用（Frequency Divlsion Multiplexing，FDM）机制占用一个特定的载波频率。通过联合使用 TDM 和 FDM，VLP 接收机能够从任意一个 DM-LED 灯和两个连续的时隙中分别获得接收信号的强度值（Received Signal Strength Indicator，RSSI）。

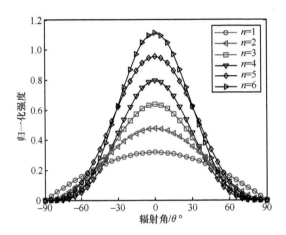

图 2-32　不同朗伯辐射波瓣模数下的归一化 LED 强度分布

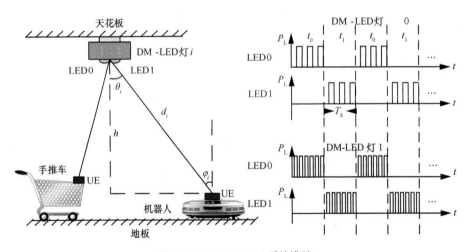

图 2-33　DM-LED-VLP 系统模型

假定第 i 盏 DM-LED 灯位于 $S_i \in R^3$，装配有 PD 的 UE 位于 $R \in R^3$，其中 $S_i = (x_i, y_i, h_\mathrm{S})$ 和 $R = (x_\mathrm{R}, y_\mathrm{R}, h_\mathrm{R})$，$R^3$ 为三维空间坐标系。DM-LED 灯和 UE 之间

的距离用 d_i 符号表示，$d_i = \| S_i - R \|^2$。该 DM-LED-VLP 系统能够用于各种实际的 VLP 场景中，例如，通过它来定位跟踪装配有 UE 的机器人或超市手推车。在图 2-33 中，假设 DM-LED 灯和 UE 的 PD 均为水平放置，则二者的法线方向一致，因此有 $\theta_i = \varphi_i$ 和式（2-86）。

$$\cos \theta_i = \cos \varphi_i = \frac{h}{d_i} \tag{2-86}$$

其中，θ_i 和 φ_i 分别表示灯的辐射角和 UE 的入射角，h 表示 UE 与灯之间的垂直高度。如果 h 已知，且 θ_i 能够被测量，则可估计出距离 d_i，进而可根据 LED 灯的坐标计算出 UE 的空间位置。

3. VLC 信道的多径反射特征

在一个真实的 VLC 室内场景，来自灯发射机的光线会通过数次反射，最终叠加到 VLC 接收机。反射的相对强度依赖于特定的房间形状和房间内反射物体的反射系数。不失一般性，考虑一个通用的长方体房间模型，影响信号反射强度的因素可归纳为一个环境参数集向量 $\boldsymbol{E}_N$，表示为

$$\boldsymbol{E}_N = \{L, W, h_S, h_R, \rho_W, \rho_E, \rho_S, \rho_N, \rho_C, \rho_F\} \tag{2-87}$$

其中，$L / W / h_S$ 分别表示房间的长度、宽度、高度；ρ_W、ρ_E、ρ_S、ρ_N、ρ_C、ρ_F 分别表示房间西墙、东墙、南墙、北墙、天花板、地板的反射系数。

当考虑多径反射时，第 i 个灯和 PD 之间的信道直流增益（Channel DC Gain，CDG）表示为

$$
\begin{aligned}
H(S_i, R, n) \;=\; & \sum_{k=0}^{\infty} H^{(k)}(S_i, R, n) = \\
& H_{\text{LOS}}(S_i, R, n) + H_{\text{NLOS}}(S_i, R, \boldsymbol{E}_N, n) = \\
& H^{(0)}(S_i, R, n) + \sum_{k=1}^{\infty} H^{(k)}(S_i, R, n) \approx \\
& H^{(0)}(S_i, R, n) + \sum_{k=1}^{K} H^{(k)}(S_i, R, n)
\end{aligned}
\tag{2-88}
$$

其中，$H^{(k)}(S_i, R, n)$ 表示第 i 个 LED 发射机发出的光线经历了 k 次反射被位于 R 的 PD 所接收的 CDG。总信道直流增益 $H(S_i, R, n)$ 等于从零次反射到无限多次反射的 CDG 之和。如式（2-88）所示，我们可将总信道直流增益 $H(S_i, R, n)$ 分成两部分，一部分是来自 LOS 链路的贡献，用 $H_{\text{LOS}}(S_i, R, n)$ 表示；另一部分来自 NLOS 链路

的贡献，用 $H_{\mathrm{NLOS}}(S_i, R, \boldsymbol{E}_\mathrm{N}, n)$ 表示。根据文献[44-45]可知，来自 k 次反射的 CDG 贡献会随着 k 的增加而减少，因此可考虑使用有限次反射来近似表征 $H_{\mathrm{NLOS}}(S_i, R, \boldsymbol{E}_\mathrm{N}, n)$，例如选择 $K \geqslant 4$。

假设 LED 遵循朗伯辐射模型，根据文献[24-25]，LOS 链路的 CDG 能够进一步表示为

$$H_{\mathrm{LOS}}(S_i, R, n) = I(\theta_i, n)\cos(\varphi_i)\frac{A_\mathrm{R}}{d_i^2}F(\varphi_i \leqslant \varphi_{\mathrm{FOV}}) \tag{2-89}$$

其中，A_R 表示 VLC 接收机 PD 的信号接收面积，φ_i 表示入射角，φ_{FOV} 表示 PD 的视场角，$F(\varphi \leqslant \varphi_{\mathrm{FOV}})$ 表示指示函数，即该函数在 $\{\varphi \leqslant \varphi_{\mathrm{FOV}}\}$ 时取值为 1，其他情况时取值为 0。为便于表述，在本章的剩余内容中，$F(\varphi \leqslant \varphi_{\mathrm{FOV}})$ 将简写为 F。

由于 NLOS 链路的 CDG 与 $\boldsymbol{E}_\mathrm{N}$、$d_i$ 有关，很难获得一个类似于式（2-89）的简单表达式。然而，如果一个机器人位于一个固定的位置，由于反射物是静止的，周围环境对光线的反射路径也不会发生改变，基于此，位置融合 $\{S_i, R\}$ 的 NLOS 链路的 CDG 能够近似看成一个正的常数。毫无疑问，尽管来自 NLOS 信道的 $H_{\mathrm{NLOS}}(S_i, R, \boldsymbol{E}_\mathrm{N}, n)$ 与来自 LOS 信道的 $H_{\mathrm{LOS}}(S_i, R, n)$ 之间并没有一个特定的关系，但二者的比值总是存在且为一个正值。基于以上分析，为获得关于 $H_{\mathrm{NLOS}}(S_i, R, \boldsymbol{E}_\mathrm{N}, n)$ 的简洁表达式，我们引入一个比例参数来建立 $H_{\mathrm{LOS}}(S_i, R, n)$ 和 $H_{\mathrm{NLOS}}(S_i, R, \boldsymbol{E}_\mathrm{N}, n)$ 两者之间的联系，表示为

$$H_{\mathrm{NLOS}}(S_i, R, \boldsymbol{E}_\mathrm{N}, n) = \rho(S_i, R, \boldsymbol{E}_\mathrm{N}, n)H_{\mathrm{LOS}}(S_i, R, n) \tag{2-90}$$

其中，$\rho(S_i, R, \boldsymbol{E}_\mathrm{N}, n)$ 称为与位置融合 $\{S_i, R\}$ 和环境参数向量 $\boldsymbol{E}_\mathrm{N}$ 相关的 NLOS 和 LOS 链路之间的 CDG 比例因子。

4. 辐射角测量机制

假定 UE 拥有一个理想带通滤波器，能够无损耗地接收和检测光信号的峰值。根据式（2-84）、文献[24-25]所提供的朗伯辐射表达式和 2.4.1 节所提出的系统模型，并考虑 NLOS 链路时，针对第 t 次测量，通过联立式（2-86）、式（2-89）和式（2-90），在两个连续的符号周期，即第 0、1 个符号周期内，接收来自第 i 个灯发出的光信号峰值可分别表示为

$$
\begin{aligned}
u_{i,t}^{(0)} &= \beta P_{\mathrm{L}}\left[H_{\mathrm{LOS}}(S_i, R, n_0) + H_{\mathrm{NLOS}}(S_i, R, \boldsymbol{E}_{\mathrm{N}}, n_0)\right] + z_t^{(0)} = \\
&\quad \beta P_{\mathrm{L}}\left[1 + \rho(S_i, R, \boldsymbol{E}_{\mathrm{N}}, n_0)\right] H_{\mathrm{LOS}}(S_i, R, n_0) + z_t^{(0)} = \\
&\quad \beta P_{\mathrm{L}} I(\theta_i, n_0)\left[1 + \rho(S_i, R, \boldsymbol{E}_{\mathrm{N}}, n_0)\right]\cos(\varphi_i)\frac{A_{\mathrm{R}}}{d_i^2} F + z_t^{(0)} = \\
&\quad \beta P_{\mathrm{L}} \frac{n_0+1}{2\pi}\cos^{n_0}\theta_i\left[1 + \rho(S_i, R, \boldsymbol{E}_{\mathrm{N}}, n_0)\right]\cos(\varphi_i)\frac{A_{\mathrm{R}}}{d_i^2} F + z_t^{(0)} = \\
&\quad \beta P_{\mathrm{L}} \frac{n_0+1}{2\pi}\cos^{(n_0+3)}\theta_i\left[1 + \rho(S_i, R, \boldsymbol{E}_{\mathrm{N}}, n_0)\right]\cos(\varphi_i)\frac{A_{\mathrm{R}}}{h^2} F + z_t^{(0)}
\end{aligned}
\tag{2-91}
$$

和

$$
u_{i,t}^{(1)} = \beta P_{\mathrm{L}} \frac{n_1+1}{2\pi}\cos^{(n_1+3)}\theta_i\left[1 + \rho(S_i, R, \boldsymbol{E}_{\mathrm{N}}, n_1)\right]\frac{A_{\mathrm{R}}}{h^2} F + z_t^{(1)}
\tag{2-92}
$$

其中，t 表示测量一对 $\{u_{i,t}^{(0)}, u_{i,t}^{(1)}\}$ 光强值的测量时间序号，$t = 0,\cdots,M-1$，M 表示测量总次数，β 为 PD 响应率，测量噪声 $z_t^{(0)}$ 和 $z_t^{(1)}$ 均为方差为 σ^2、均值为零的高斯随机变量[25]，而且假定两次测量噪声是互相独立的。

为便于后续分析，我们将式（2-91）和式（2-92）合并为一个向量形式为

$$
\boldsymbol{u}_{i,t} = \boldsymbol{k}\boldsymbol{c}_i + \boldsymbol{z}_t
\tag{2-93}
$$

其中，$\boldsymbol{u}_{i,t} = [u_{i,t}^{(0)}, u_{i,t}^{(1)}]^{\mathrm{T}}$，$\boldsymbol{c}_i = [c_i^{(0)}, c_i^{(1)}]^{\mathrm{T}}$，$\boldsymbol{z}_t = [z_t^{(0)}, z_t^{(1)}]^{\mathrm{T}}$，其中，

$$
\begin{cases}
c_i^{(0)} = \cos^{(n_0+3)}\theta_i \\
c_i^{(1)} = \cos^{(n_1+3)}\theta_i
\end{cases}
\tag{2-94}
$$

$\boldsymbol{k}$ 为一个 2×2 矩阵，

$$
\boldsymbol{k} = \begin{bmatrix} k_0 & 0 \\ 0 & k_1 \end{bmatrix}
\tag{2-95}
$$

并定义

$$
k_j = \frac{(n_j+1)\beta P_{\mathrm{L}} A_{\mathrm{R}} F(1 + \rho(S_i, R, \boldsymbol{E}_{\mathrm{N}}, n_j))}{2\pi h^2} = \kappa_j + \frac{H_{\mathrm{NLOS}}(S_i, R, \boldsymbol{E}_{\mathrm{N}}, n_j)}{c_i^{(j)}}
\tag{2-96}
$$

其中，$j = 0,1$，κ_j 表示一个常数，其具体表达式为

$$
\kappa_j = \frac{(n_j+1)\beta P_{\mathrm{L}} A_{\mathrm{R}} F}{2\pi h^2}
\tag{2-97}
$$

通过将两个符号周期的线性 RSS 进行相除操作，也就是式（2-91）除以式（2-92），若忽略噪声 z_t，所有与光发射机参数和强度相关的其他参数将会被抵消，则有

$$
\begin{aligned}
\alpha_i \ =\ & \frac{u_{i,t}^{(0)}}{u_{i,t}^{(1)}} \approx \\
& \frac{(n_0+1)\big[1+\rho(S_i,R,\boldsymbol{E}_{\mathrm{N}},n_0)\big]}{(n_1+1)\big[1+\rho(S_i,R,\boldsymbol{E}_{\mathrm{N}},n_1)\big]} \cos^{(n_0-n_1)}\theta_i \approx \\
& \frac{n_0+1}{n_1+1}\varGamma(S_i,R,\boldsymbol{E}_{\mathrm{N}},n_0,n_1)\cos^{(n_0-n_1)}\theta_i
\end{aligned}
\qquad (2\text{-}98)
$$

其中，定义参数 α_i 为来自第 i 个灯的两个连续符号周期内的连续接收符号强度的比例值（Consecutive Receive Signal Strength Ratio，CRSSR），并定义关于 $\{n_0,n_1\}$ 之间的 CDG 相对值为

$$
\varGamma(S_i,R,\boldsymbol{E}_{\mathrm{N}},n_0,n_1)=\frac{1+\rho(S_i,R,\boldsymbol{E}_{\mathrm{N}},n_0)}{1+\rho(S_i,R,\boldsymbol{E}_{\mathrm{N}},n_1)}=\frac{1+\dfrac{H_{\mathrm{NLOS}}(S_i,R,\boldsymbol{E}_{\mathrm{N}},n_0)}{H_{\mathrm{LOS}}(S_i,R,n_0)}}{1+\dfrac{H_{\mathrm{NLOS}}(S_i,R,\boldsymbol{E}_{\mathrm{N}},n_1)}{H_{\mathrm{LOS}}(S_i,R,n_1)}} \qquad (2\text{-}99)
$$

根据式（2-98），辐射角 θ_i 的估计值 $\hat{\theta}_i$ 及其余弦可表示为

$$
\begin{cases}
\cos\hat{\theta}_i = \left(\alpha_i\eta\,\dfrac{1}{\varGamma(S_i,R,\boldsymbol{E}_{\mathrm{N}},n_0,n_1)}\right)^{\frac{1}{n_0-n_1}} \\[4mm]
\hat{\theta}_i = \arccos\left(\alpha_i\eta\,\dfrac{1}{\varGamma(S_i,R,\boldsymbol{E}_{\mathrm{N}},n_0,n_1)}\right)^{\frac{1}{n_0-n_1}}
\end{cases}
\qquad (2\text{-}100)
$$

其中，$\hat{\theta}_i \in \left[0,\dfrac{\pi}{2}\right]$，$\alpha_i \in \left[0,\dfrac{n_0+1}{n_1+1}\varGamma(S_i,R,\boldsymbol{E}_{\mathrm{N}},n_0,n_1)\right]$，$\eta=\dfrac{n_1+1}{n_0+1}$。

我们指出，当仅考虑 LOS 链路而不考虑多径反射，即 $H_{\mathrm{NLOS}}(S_i,R,\boldsymbol{E}_{\mathrm{N}},n)=0$ 时，根据式（2-90）、式（2-96）、式（2-99）和式（2-100）可知，有 $\rho(S_i,R,\boldsymbol{E}_{\mathrm{N}},n)=0$，$k_j=\kappa_j$，$\varGamma(S_i,R,\boldsymbol{E}_{\mathrm{N}},n_0,n_1)=1$ 和 $\cos\hat{\theta}=(\alpha_i\eta)^{\frac{1}{n_0-n_1}}$。

2.4.2　理论界分析和 $\varGamma(S_i,R,\boldsymbol{E}_{\mathrm{N}},n_0,n_1)$ 数值分析

1. 克拉美罗下界分析

参数估计的克拉美罗下界能够提供目标估计值的均方误差的性能下界，为系统设计提供了重要的指导。当 CRLB 表达式被推导出来以后，其他系统参数（例如 LED 光功率、测量次数和辐射角）对定位误差性能的影响也将得以呈现。

一般而言，当距离 d_i 的估计精度提升时，系统的位置估计精度也随之提升。因此，本节基于 2.4.1 节的辐射角 θ 测量机制，研究针对 d_i 的无偏估计值，即 $\hat{d}_i$ 的 CRLB 性能。

对 d_i 的估计分为两个步骤，第一步需要估计参数向量 c_i，第二步再基于 c_i 得到 $\hat{d}_i$。以下对 $\hat{d}_i$ 的 CRLB 表达式进行推导。

定义 $u_i = [u_{i,1}, u_{i,2}, \cdots, u_{i,M}]$ 为 M 次测量值的观察向量。根据文献[47]，加性噪声的概率密度函数（Probability Density Function，PDF）为

$$p(x;\theta) = \prod_{n=0}^{N-1} \frac{1}{\sqrt{2\pi\sigma^2}} \exp\left\{-\frac{1}{2\sigma^2}(x[n]-s[n;\theta])^2\right\} = \tag{2-101}$$

$$\frac{1}{(\sqrt{2\pi\sigma^2})^{\frac{N}{2}}} \exp\left\{-\frac{1}{2\sigma^2}\sum_{n=0}^{N-1}(x[n]-s[n;\theta])^2\right\}$$

因此，根据式（2-93）和式（2-101），关于噪声的条件联合 PDF 为

$$p(u_i;c_i) = \prod_{t=0}^{M-1} \frac{1}{\sqrt{2\pi\sigma^2}} \exp\left\{-\frac{1}{2\sigma^2}(u_{i,t}^{(0)}-k_0 c_i^{(0)})^2\right\} \prod_{t=0}^{M-1} \frac{1}{\sqrt{2\pi\sigma^2}} \exp\left\{-\frac{1}{2\sigma^2}(u_{i,t}^{(1)}-k_1 c_i^{(1)})^2\right\} =$$

$$\frac{1}{(2\pi\sigma^2)^{\frac{M}{2}}} \exp\left\{-\frac{1}{2\sigma^2}\sum_{t=0}^{M-1}(u_{i,t}^{(0)}-k_0 c_i^{(0)})^2\right\} \frac{1}{(2\pi\sigma^2)^{\frac{M}{2}}} \exp\left\{-\frac{1}{2\sigma^2}\sum_{t=0}^{M-1}(u_{i,t}^{(1)}-k_1 c_i^{(1)})^2\right\} =$$

$$\frac{1}{(2\pi\sigma^2)^{M}} \exp\left\{-\frac{1}{2\sigma^2}\sum_{t=0}^{M-1}\left[(u_{i,t}^{(0)}-k_0 c_i^{(0)})^2 + (u_{i,t}^{(1)}-k_1 c_i^{(1)})^2\right]\right\} =$$

$$\frac{1}{(2\pi\sigma^2)^{M}} \exp\left\{-\frac{1}{2\sigma^2}\sum_{t=0}^{M-1}\left[(z_t^{(0)})^2 + (z_t^{(1)})^2\right]\right\} \tag{2-102}$$

留意到，式（2-102）中包含 k_j，而按式（2-96），k_j 的表达式包含有未知变量 $H_{\text{NLOS}}(S_i, R, E_{\text{N}}, n_j)$，其并无一个闭合表达式，这会导致式（2-102）无法进一步推导。然而，如 2.4.1 节所述，$H_{\text{NLOS}}(S_i, R, E_{\text{N}}, n_j)$ 在固定的位置融合 $\{S_i, R\}$ 和特定的环境参数 E_{N} 上可以被看成一个稳定的先验值。因此，为了简化 CRLB 分析，我们假设 $H_{\text{NLOS}}(S_i, R, E_{\text{N}}, n_j)$ 是一个常数。除此之外，式（2-102）服从加性高斯白噪声（Additive White Gaussian Noise，AWGN）分布，概率密度函数 $p(u_i;c_i)$ 满足正则条件[47]，因此估计值 c_i 的 CRLB 总是存在的。

根据式（2-102），噪声 PDF 的对数似然函数可表示为

$$\ln p(u_i;c_i) = -M(\ln 2\pi + \ln \sigma^2) - \frac{1}{2\sigma^2}\sum_{t=0}^{M-1}(u_{i,t}^{(0)}-k_0 c_i^{(0)})^2 - \frac{1}{2\sigma^2}\sum_{t=0}^{M-1}(u_{i,t}^{(1)}-k_1 c_i^{(1)})^2 \tag{2-103}$$

根据信号估计理论，参数向量 $c_i = [c_i^0, c_i^1]^{\text{T}}$ 的 CRLB 可基于 FIM 的导数获得，

而 FIM 能够通过式（2-103）的对数似然函数计算求得[47]。FIM 的表示式为

$$J(\boldsymbol{c}_i) = \begin{bmatrix} -E\left[\dfrac{\partial^2 \ln p(\boldsymbol{u}_i; \boldsymbol{c}_i)}{\partial (c_i^{(0)})^2}\right] & -E\left[\dfrac{\partial^2 \ln p(\boldsymbol{u}_i; \boldsymbol{c}_i)}{\partial c_i^{(0)} c_i^{(1)}}\right] \\[3mm] -E\left[\dfrac{\partial^2 \ln p(\boldsymbol{u}_i; \boldsymbol{c}_i)}{\partial c_i^{(1)} c_i^{(0)}}\right] & -E\left[\dfrac{\partial^2 \ln p(\boldsymbol{u}_i; \boldsymbol{c}_i)}{\partial (c_i^{(1)})^2}\right] \end{bmatrix} \qquad (2\text{-}104)$$

其中，$E[\cdot]$ 为期望操作符，∂ 表示梯度算子。联立式（2-96）、式（2-103）和式（2-104），可得

$$J(\boldsymbol{c}_i) = \begin{bmatrix} \dfrac{M\kappa_0^2}{\sigma^2} & 0 \\[3mm] 0 & \dfrac{M\kappa_1^2}{\sigma^2} \end{bmatrix} \qquad (2\text{-}105)$$

另一方面，联立式（2-86）和式（2-94），能够通过式（2-106）计算距离 d_i。

$$d_i = h\left(\frac{c_i^{(1)}}{c_i^{(0)}}\right)^{\frac{1}{n_0 - n_1}} = g(\boldsymbol{c}_i) \qquad (2\text{-}106)$$

其中，$g(\cdot)$ 定义为二维向量参数 $\boldsymbol{c}_i$ 的函数。根据文献[47]所述向量参数的 CRLB 转换方法，我们需要采用雅可比矩阵计算 d_i 的 CRLB。与 $\boldsymbol{c}_i$ 相关的雅可比矩阵可表示为

$$\frac{\partial g(\boldsymbol{c}_i)}{\partial \boldsymbol{c}_i} = \begin{bmatrix} \dfrac{\partial g(\boldsymbol{c}_i)}{\partial c_i^{(0)}} & \dfrac{\partial g(\boldsymbol{c}_i)}{\partial c_i^{(1)}} \end{bmatrix} = \begin{bmatrix} \dfrac{h\left(c_i^{(0)}\right)^{\frac{1+n_0-n_1}{n_1-n_0}}}{(n_1 - n_0)\left(c_i^{(1)}\right)^{\frac{1}{n_1-n_0}}} & \dfrac{h\left(c_i^{(1)}\right)^{\frac{1+n_1-n_0}{n_0-n_1}}}{(n_0 - n_1)\left(c_i^{(0)}\right)^{\frac{1}{n_0-n_1}}} \end{bmatrix} \quad (2\text{-}107)$$

将式（2-94）代入式（2-107），有

$$\begin{cases} \dfrac{\partial g(\boldsymbol{c}_i)}{\partial c_i^{(0)}} = \dfrac{h}{n_1 - n_0} \cos^{-(n_0+4)} \theta_i \\[3mm] \dfrac{\partial g(\boldsymbol{c}_i)}{\partial c_i^{(1)}} = \dfrac{h}{n_0 - n_1} \cos^{-(n_1+4)} \theta_i \end{cases} \qquad (2\text{-}108)$$

根据文献[47]，估计值 $\hat{d}_i$ 的协方差应满足式（2-109）。

$$C_{\hat{d}_i} = E[(\hat{d}_i - d_i)^2] \geqslant \boldsymbol{B} \qquad (2\text{-}109)$$

其中，

$$\boldsymbol{B} = \left[\frac{\partial g(\boldsymbol{c}_i)}{\partial \boldsymbol{c}_i}\right] J^{-1}(\boldsymbol{c}_i) \left[\frac{\partial g(\boldsymbol{c}_i)}{\partial \boldsymbol{c}_i}\right]^{\mathrm{T}} \qquad (2\text{-}110)$$

将式（2-105）代入式（2-110），有

$$B = \left[\frac{\partial g(c_i)}{\partial c_i}\right] J^{-1}(c_i) \left[\frac{\partial g(c_i)}{\partial c_i}\right]^{\mathrm{T}} =$$

$$\left[\begin{array}{cc} \dfrac{\partial g(c_i)}{\partial c_i^{(0)}} & \dfrac{\partial g(c_i)}{\partial c_i^{(1)}} \end{array}\right] \left[\begin{array}{cc} \dfrac{\sigma^2}{M\kappa_0^2} & 0 \\ 0 & \dfrac{\sigma^2}{M\kappa_1^2} \end{array}\right] \left[\begin{array}{c} \dfrac{\partial g(c_i)}{\partial c_i^{(0)}} \\ \dfrac{\partial g(c_i)}{\partial c_i^{(1)}} \end{array}\right] = \qquad (2\text{-}111)$$

$$\frac{\sigma^2}{M}\left[\frac{1}{\kappa_0^2}\left(\frac{\partial g(c_i)}{\partial c_i^{(0)}}\right)^2 + \frac{1}{\kappa_1^2}\left(\frac{\partial g(c_i)}{\partial c_i^{(1)}}\right)^2\right]$$

然后将式（2-86）、式（2-97）和式（2-108）代入式（2-111）中，可以得到

$$B = \frac{4\pi^2\sigma^2}{\beta^2 P_{\mathrm{L}}^2 A_{\mathrm{R}}^2 M(n_1-n_0)^2}\sum_{j=0}^{1}\frac{h^6}{(n_j+1)^2\cos^{2(n_j+4)}\theta_j} =$$

$$\frac{4\pi^2\sigma^2}{\beta^2 P_{\mathrm{L}}^2 A_{\mathrm{R}}^2 M(n_1-n_0)^2}\sum_{j=0}^{1}\frac{d_i^{2(n_j+4)}}{(n_j+1)^2 h^{2(n_j+1)}} \qquad (2\text{-}112)$$

因为 d_i 是一个标量，则式（2-109）中的协方差矩阵 $C_{\hat{d}_i}$ 实质上为方差，即有

$$C_{\hat{d}_i} = \mathrm{var}_{\hat{d}_i} = E[(\hat{d}_i - d_i)^2] \geqslant B \qquad (2\text{-}113)$$

联立式（2-112）、式（2-113）可知，针对 d_i 估计的 CRLB 可表示为

$$\mathrm{MSE}_{d_i}^{\mathrm{DM}} = \mathrm{var}_{\hat{d}_i} \geqslant \frac{4\pi^2\sigma^2}{\beta^2 P_{\mathrm{L}}^2 A_{\mathrm{R}}^2 M(n_1-n_0)^2}\sum_{j=0}^{1}\frac{d_i^{2(n_j+4)}}{(n_j+1)^2 h^{2(n_j+1)}} \qquad (2\text{-}114)$$

从式（2-114）中，我们可看到 CRLB 值与 $\{n_0, n_1\}$ 融合的取值相关，存在一个最优的 $\{n_0, n_1\}$ 融合使得 CRLB 值达到最小。因此，为了在给定的 $\{n_0, n_1\}$ 融合范围内最小化 CRLB 值，可对式（2-114）进行融合优化。该优化问题可表示为

$$\{\hat{n}_0, \hat{n}_1\} = \arg\min_{\{n_0, n_1\}}\left\{\frac{4\pi^2\sigma^2}{\beta^2 P_{\mathrm{L}}^2 A_{\mathrm{R}}^2 M(n_1-n_0)^2}\sum_{j=0}^{1}\frac{d_i^{2(n_j+4)}}{(n_j+1)^2 h^{2(n_j+1)}}\right\}$$

$$\mathrm{s.t.}\begin{cases} n_0 \neq n_1 \\ n_0 \leqslant n_{\max}, n_1 \leqslant n_{\max} \\ n_0, n_1, n_{\max} \in \mathbf{Z}^+ \end{cases} \qquad (2\text{-}115)$$

其中，$n_{\max}$ 表示朗伯辐射波瓣模数的最大值。我们可通过在给定的参数集 $\{\beta, A_{\mathrm{R}}, P_{\mathrm{L}},$ $d_i, h, \sigma^2, M, n_{\max}\}$ 中对 $\{n_0, n_1\}$ 融合值进行网格搜索获得式（2-115）的解。例如，设

$\{\beta, A_{\mathrm{R}}, P_{\mathrm{L}}, d_i, h, \sigma^2, M, n_{\max}\} = \{0.4\,\mathrm{A/W}, 1\,\mathrm{cm}^2, 20\,\mathrm{W}, 5\,\mathrm{m}, 3\,\mathrm{m}, 10^{-13}\,\mathrm{A}^2, 1, 100\}$，通过搜索得到 $\{n_0, n_1\}$ 融合的局部最优估计值为 $\{1, 4\}$。

以上讨论了 DM-LED-VLP 系统的 CRLB。作为对比，基于 RSS 算法的传统 VLP 系统一般采用的是单一朗伯辐射波瓣模数的 LED（Single-Mode LED，SM-LED）灯。根据文献[36]，在传统的 SM-LED-VLP 系统中，定位距离 d_i 的估计值的 CRLB 为

$$\mathrm{MSE}_{d_i}^{\mathrm{SM}} \geqslant \frac{4\pi^2 \sigma^2 d_i^{2(n+4)}}{(n+1)^2 (n+3)^2 \beta^2 P_{\mathrm{L}}^2 A_{\mathrm{R}}^2 M h^{2(n+1)}} \qquad (2\text{-}116)$$

2. 对参数 $\Gamma(S_i, R, E_{\mathrm{N}}, n_0, n_1)$ 的数值调查分析

根据 2.4.1 节，我们需要由式（2-86）计算辐射角 θ_i，再由 θ_i 得到 d_i，才能最终根据 DM-LED 灯的坐标计算出 UE 的空间位置 $R = (x_{\mathrm{R}}, y_{\mathrm{R}}, h_{\mathrm{R}})$。观察式（2-100）可知，辐射角的估计值 $\hat{\theta}_i$ 不仅与 α_i 有关，还与 $\Gamma(S_i, R, E_{\mathrm{N}}, n_0, n_1)$ 有关。因此，我们首先设法将 $\Gamma(S_i, R, E_{\mathrm{N}}, n_0, n_1)$ 与 R 解耦合。本节讨论在如图 2-34 所示的通用房间模型中如何求解 $\Gamma(S_i, R, E_{\mathrm{N}}, n_0, n_1)$ 函数。在图 2-34 中，我们用符号 I_{L} 表示相邻灯之间的距离。

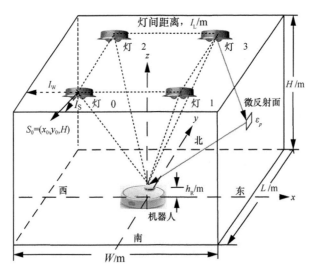

图 2-34　通用的 VLP 场景房间配置

根据式（2-99），$\Gamma(S_i, R, E_{\mathrm{N}}, n_0, n_1)$ 的取值与 $\rho(S_i, R, E_{\mathrm{N}}, n)$ 的取值相关。为评估 $\Gamma(S_i, R, E_{\mathrm{N}}, n_0, n_1)$，需要首先调查 $\rho(S_i, R, E_{\mathrm{N}}, n)$，而 $\rho(S_i, R, E_{\mathrm{N}}, n)$ 是一个与 E_{N}、n、S_i 和 R 有关的随机变量。根据式（2-90）有 $\rho(S_i, R, E_{\mathrm{N}}, n) =$

$\dfrac{H_{\text{NLOS}}(S_i, R, \boldsymbol{E}_\text{N}, n)}{H_{\text{LOS}}(S_i, R, n)}$，其中，$H_{\text{LOS}}(S_i, R, n)$ 可通过式（2-89）来计算，而 $H_{\text{NLOS}}(S_i, R, \boldsymbol{E}_\text{N}, n)$ 的理想先验值可通过文献 [43-44] 提出的回归迭代算法（Regression Iteration Algorithm，RIA）获得。具体地，房间的表面可被分为 N 个单位大小为 $\dfrac{1}{P} \times \dfrac{1}{P} \text{m}^2$ 的微反射面，经过 k 次反射的 CDG 可由式（2-117）估计[44]。

$$H^{(k)}(S_i, R, n) \approx \sum_{p=1}^{N} \rho_{\varepsilon_p} H^{(0)}(S_i, \varepsilon_p^r, n) H^{(k-1)}(\varepsilon_{p'}^s, R, n) \qquad (2\text{-}117)$$

其中，ε_p^r 和 ε_p^s 分别表示第 p 个微反射面 ε_p 的虚拟接受面和虚拟发射面，ρ_{ε_p} 表示微反射面 ε_p 的反射系数。房间微反射面的总数 N 可以表示为

$$N = P^2 Q \qquad (2\text{-}118)$$

其中，$Q = 2(LW + LH + WH)\,(\text{m}^2)$ 表示房间内部共 6 个面的总表面积。联立式（2-88）、式（2-89）、式（2-99）、式（2-117）和式（2-118），即可计算 $\varGamma(S_i, R, \boldsymbol{E}_\text{N}, n_0, n_1)$ 的取值。

通过上述 RIA，我们调查了不同位置 $\{S_i, R\}$ 融合和不同环境参数融合 $\boldsymbol{E}_\text{N}$ 条件下的 $\varGamma(S_i, R, \boldsymbol{E}_\text{N}, n_0, n_1)$ 值如图 2-35 所示。在图 2-35 中，我们绘制了两种"不友好"的反射环境下的典型示例。图 2-35（a）给出了在一个高反射环境 $\boldsymbol{E}_\text{N} = \{L, W, h_\text{S}, h_\text{R}, \rho_\text{W}, \rho_\text{E}, \rho_\text{S}, \rho_\text{N}, \rho_\text{C}, \rho_\text{F}\} = \{4\ \text{m}, 4\ \text{m}, 3\ \text{m}, 0.2\ \text{m}, 0.9, 0.9, 0.9, 0.9, 0.9, 0.5\}$ 条件下的 $\rho(S_i, R, \boldsymbol{E}_\text{N}, 1)$、$\rho(S_i, R, \boldsymbol{E}_\text{N}, 2)$、$\varGamma(S_i, R, \boldsymbol{E}_\text{N}, 1, 2)$ 和 $\varGamma(S_i, R, \boldsymbol{E}_\text{N}, 2, 3)$ 的取值分布曲线。我们假设只有一个 DM-LED 灯，两颗 LED 灯芯。从图 2-35 中可以发现，尽管 $\rho(S_i, R, \boldsymbol{E}_\text{N}, 1)$ 和 $\rho(S_i, R, \boldsymbol{E}_\text{N}, 2)$ 在不同的 $\{S_i, R\}$ 值上有较大的波动，但是总体上有 $\rho(S_i, R, \boldsymbol{E}_\text{N}, 1) \approx \rho(S_i, R, \boldsymbol{E}_\text{N}, 2)$，而 $\varGamma(S_i, R, \boldsymbol{E}_\text{N}, 1, 2)$ 和 $\varGamma(S_i, R, \boldsymbol{E}_\text{N}, 2, 3)$ 在辐射角 θ 的大部分取值范围内会靠近 1 值上下轻微波动；仅当辐射角 θ 增加到很大的数值（接近房间边缘）时，$\varGamma(S_i, R, \boldsymbol{E}_\text{N}, n_0, n_1)$ 的取值才会相应逐步降低。

图 2-35（b）展示了一个复杂异构反射环境的例子，其中 $\boldsymbol{E}_\text{N} = \{5\ \text{m}, 5\ \text{m}, 4\ \text{m}, 1\ \text{m}, 0.9, 0.7, 0.5, 0.3, 0.8, 0.3\}$。在本设置中，房内各墙壁的反射系数均不相同。观察图 2-35（b），可以得到与图 2-35（a）类似的结论，即在房间大部分区域内，$\varGamma(S_i, R, \boldsymbol{E}_\text{N}, n_0, n_1)$ 值仍然是在 1 左右轻微波动。经过不同 $\boldsymbol{E}_\text{N}$ 条件下的一系列仿真后，我们得出如下结论：在一个给定的幅角范围内，例如 $\theta \in [0°, 50°]$，$\varGamma(S_i, R, \boldsymbol{E}_\text{N}, n_0, n_1)$ 能够近似看成一个与 S_i、R 和 $\boldsymbol{E}_\text{N}$ 均无关的常数。考虑到实际场景下的照明需求，LED 灯的辐射角一般都会控制在一定的范围内以避免对人眼的影响，故将辐射角限定在某个范围内具有合理性。

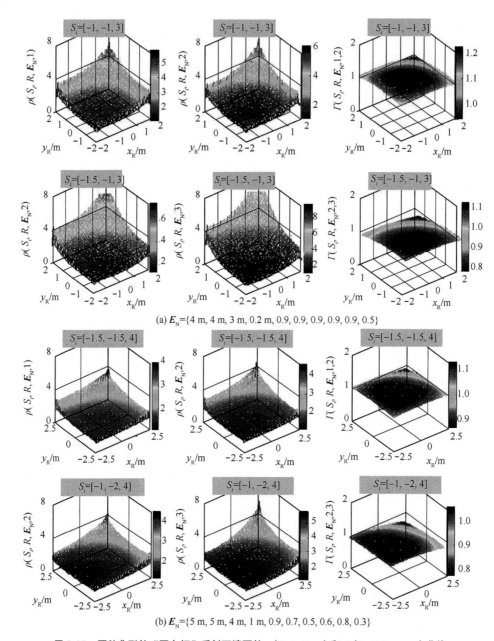

(a) $E_N=\{4\ m,\ 4\ m,\ 3\ m,\ 0.2\ m,\ 0.9,\ 0.9,\ 0.9,\ 0.9,\ 0.9,\ 0.5\}$

(b) $E_N=\{5\ m,\ 5\ m,\ 4\ m,\ 1\ m,\ 0.9,\ 0.7,\ 0.5,\ 0.6,\ 0.8,\ 0.3\}$

图 2-35　两种典型的"不友好"反射环境下的 $\rho(S_i,R,E_N,n)$ 和 $\Gamma(S_i,R,E_N,n_0,n_1)$ 曲线

最后，我们指出，根据式（2-117）的方法计算 $H^{(k)}(S_i,R,n)$ 具有很高的复杂度，且其所需参数，如 ρ_{ε_p} 等，在实际场景中较难获得。在真实环境下如何实时获得

$H_{\text{NLOS}}(S_i, R, E_{\text{N}}, n)$ 仍然是一个挑战。因此，我们通过引入 $\Gamma(S_i, R, E_{\text{N}}, n_0, n_1)$ 并验证得知其近似常数的特性，可利用该特性实现 $H_{\text{NLOS}}(S_i, R, E_{\text{N}}, n)$ 存在但情况未知时的精确定位。

2.4.3　DM-LED-VLP 系统的定位算法设计

1. 非线性最小二乘（Nonlinear Least Squares，NLS）算法

根据空间几何原理，第 i 盏 DM-LED 灯到 PD 的辐射角 θ_i 可以表示为

$$\cos\theta_i = \frac{h}{\sqrt{(x_i - x_{\text{R}})^2 + (y_i - y_{\text{R}})^2 + h^2}} \tag{2-119}$$

联立式（2-100）和式（2-119），有

$$|\cos\theta_i - \cos\hat{\theta}_i| = \left| \frac{h}{\sqrt{(x_i - x_{\text{R}})^2 + (y_i - y_{\text{R}})^2 + h^2}} - \left(\frac{\alpha_i\eta}{\Gamma(n_0, n_1)}\right)^{\frac{1}{n_0 - n_1}} \right| \tag{2-120}$$

式（2-120）共有 3 个未知变量，分别为 x_{R}、y_{R} 和 $\Gamma(n_0, n_1)$，因此需要至少 3 个灯的辐射角估计值来构成一个方程组。假设能够有效被 PD 感应的灯的数量为 v，当 $v \geqslant 3$ 时，可将该方程组转换成下述最小值优化问题，即

$$(\hat{x}_{\text{R}}, \hat{y}_{\text{R}}) = \arg\min_{(x_{\text{R}}, y_{\text{R}})} \sum_{i=0}^{v-1} \left(\frac{h}{\sqrt{(x_i - x_{\text{R}})^2 + (y_i - y_{\text{R}})^2 + h^2}} - \left(\frac{\alpha_i\eta}{\Gamma(n_0, n_1)}\right)^{\frac{1}{n_0 - n_1}} \right)^2$$

$$\text{s.t.} \begin{cases} X_{\min} \leqslant x_{\text{R}} \leqslant X_{\max} \\ Y_{\min} \leqslant y_{\text{R}} \leqslant Y_{\max} \\ \Gamma_{\min} \leqslant \Gamma(n_0, n_1) \leqslant \Gamma_{\max} \end{cases} \tag{2-121}$$

其中，$X_{\min}$ 和 $X_{\max}$ 分别为 x_{R} 的最小值和最大值，$Y_{\min}$ 和 $Y_{\max}$ 分别为 y_{R} 的最小值和最大值，$\Gamma_{\min}$ 和 $\Gamma_{\max}$ 分别为 Γ 的最小值和最大值。留意到，该目标函数是非线性的非凸函数，因此优化算法只能找到局部最小值。式（2-121）的解可以通过 MATLAB 优化工具包提供的 Fmincon 函数中的内点（Interior Point，IP）算法求解。此外，IP 算法的最小值的获得及收敛程度依赖于参数集 $\{x_{\text{R}}, y_{\text{R}}, \Gamma(n_0, n_1)\}$ 的初值。

2. 线性最小二乘（Linear Least Squares，LLS）算法

因为式（2-121）是一个非线性目标，只能获得局部最小值。为了获得全局最小

值，可以考虑将式（2-121）中的二次方程降为一次方程。首先，理想的优化目标是式（2-120）中的估计值和真实值相等，即 $\cos\theta_i = \cos\hat{\theta}_i$，易知有

$$\frac{h}{\sqrt{(x_i - x_R)^2 + (y_i - y_R)^2 + h^2}} = \left(\frac{\alpha_i\eta}{\Gamma(n_0, n_1)}\right)^{\frac{1}{n_0 - n_1}} \qquad (2\text{-}122)$$

上式进一步整理为

$$h^2\left(\frac{\Gamma(n_0, n_1)}{a_i\eta}\right)^{\frac{2}{n_0 - n_1}} = (x_i - x_R)^2 + (y_i - y_R)^2 + h^2 \qquad (2\text{-}123)$$

令 $\gamma = \left(\dfrac{\Gamma(n_0, n_1)}{\eta}\right)^{\frac{2}{n_0 - n_1}}$ 和 $\mathfrak{R}_i = \alpha_i^{\frac{2}{n_1 - n_0}}$，则式（2-123）可写为

$$(x_i - x_R)^2 + (y_i - y_R)^2 + h^2 = h^2\gamma\mathfrak{R}_i \qquad (2\text{-}124)$$

假设接收机可以检测到 ν 个 LED 灯的发送信号，利用式（2-124）可得到以下形式的方程组。

$$\begin{cases} (x_R - x_0)^2 + (y_R - y_0)^2 + h^2 = h^2\gamma\mathfrak{R}_0 \\ (x_R - x_1)^2 + (y_R - y_1)^2 + h^2 = h^2\gamma\mathfrak{R}_1 \\ \qquad\qquad\vdots \\ (x_R - x_{\nu-1})^2 + (y_R - y_{\nu-1})^2 + h^2 = h^2\gamma\mathfrak{R}_{\nu-1} \end{cases} \qquad (2\text{-}125)$$

根据 2.4.2 节中关于 $\Gamma(n_0, n_1)$ 的分析，该值可以被看作一个常数，故 γ 值同样也可视为一个常数。然后，通过对式（2-125）方程组中的每两个方程进行两两相减操作，可以得到一个由 $\dfrac{\nu(\nu-1)}{2}$ 个方程组成的方程组，即

$$\begin{cases} 2(x_0 - x_1)x_R + 2(y_0 - y_1)y_R = x_0^2 + y_0^2 - x_1^2 - y_1^2 + h^2\gamma(\mathfrak{R}_1 - \mathfrak{R}_0) \\ 2(x_0 - x_2)x_R + 2(y_0 - y_2)y_R = x_0^2 + y_0^2 - x_2^2 - y_2^2 + h^2\gamma(\mathfrak{R}_2 - \mathfrak{R}_0) \\ \qquad\qquad\vdots \\ 2(x_0 - x_{\nu-1})x_R + 2(y_0 - y_{\nu-1})y_R = x_0^2 + y_0^2 - x_{\nu-1}^2 - y_{\nu-1}^2 + h^2\gamma(\mathfrak{R}_{\nu-1} - \mathfrak{R}_0) \\ 2(x_1 - x_2)x_R + 2(y_1 - y_2)y_R = x_1^2 + y_1^2 - x_2^2 - y_2^2 + h^2\gamma(\mathfrak{R}_2 - \mathfrak{R}_1) \\ \qquad\qquad\vdots \\ 2(x_1 - x_{\nu-1})x_R + 2(y_1 - y_{\nu-1})y_R = x_1^2 + y_1^2 - x_{\nu-1}^2 - y_{\nu-1}^2 + h^2\gamma(\mathfrak{R}_{\nu-1} - \mathfrak{R}_1) \\ \qquad\qquad\vdots \\ 2(x_{\nu-2} - x_{\nu-1})x_R + 2(y_{\nu-2} - y_{\nu-1})y_R = x_{\nu-2}^2 + y_{\nu-2}^2 - x_{\nu-1}^2 - y_{\nu-1}^2 + h^2\gamma(\mathfrak{R}_{\nu-1} - \mathfrak{R}_{\nu-2}) \end{cases} \qquad (2\text{-}126)$$

式（2-126）用矩阵的形式记为

$$AQ = B \tag{2-127}$$

其中，

$$Q = [x_R, y_R]^T \tag{2-128}$$

$$A = \begin{bmatrix} 2(x_0 - x_1) & 2(y_0 - y_1) \\ 2(x_0 - x_2) & 2(y_0 - y_2) \\ \vdots & \vdots \\ 2(x_0 - x_{v-1}) & 2(y_0 - y_{v-1}) \\ 2(x_1 - x_2) & 2(y_1 - y_2) \\ \vdots & \vdots \\ 2(x_1 - x_{v-1}) & 2(y_1 - y_{v-1}) \\ \vdots & \vdots \\ 2(x_{v-2} - x_{v-1}) & 2(y_{v-2} - y_{v-1}) \end{bmatrix} \tag{2-129}$$

$$B = \begin{bmatrix} x_0^2 + y_0^2 - x_1^2 - y_1^2 + h^2\gamma(\mathfrak{R}_1 - \mathfrak{R}_0) \\ x_0^2 + y_0^2 - x_2^2 - y_2^2 + h^2\gamma(\mathfrak{R}_2 - \mathfrak{R}_0) \\ \vdots \\ x_0^2 + y_0^2 - x_{v-1}^2 - y_{v-1}^2 + h^2\gamma(\mathfrak{R}_{v-1} - \mathfrak{R}_0) \\ x_1^2 + y_1^2 - x_2^2 - y_2^2 + h^2\gamma(\mathfrak{R}_2 - \mathfrak{R}_1) \\ \vdots \\ x_1^2 + y_1^2 - x_{v-1}^2 - y_{v-1}^2 + h^2\gamma(\mathfrak{R}_{v-1} - \mathfrak{R}_1) \\ \vdots \\ x_{v-2}^2 + y_{v-2}^2 - x_{v-1}^2 - y_{v-1}^2 + h^2\gamma(\mathfrak{R}_{v-1} - \mathfrak{R}_{v-2}) \end{bmatrix} \tag{2-130}$$

式（2-127）可通过线性最小二乘算法 $Q = (A^T A)^{-1} A^T B$ 进行求解。

2.4.4　仿真结果及分析

本节对 DM-LED-VLP 模型的距离估计值的 CRLB 进行了数值分析，同时仿真了考虑多径反射情况下的定位精度。仿真模型参照图 2-34 的房间模型。除非另行说明，在本节仿真中使用的主要参数均在表 2-6 中列出。

表 2-6　本节仿真中使用的主要参数

灯位置/m		光电二极管 PD 参数	
S_0	$(-1, -1, 3)$	h_R	0.2 m
S_1	$(1, -1, 3)$	A_R	1 cm²
S_2	$(-1, 1, 3)$	β	0.4 A/W
S_3	$(1, 1, 3)$	FOV	120°
I_L	2	σ^2	10^{-13} A²

1. 多径信道信息已知场景下的 CRLB 数值结果

本节考察在理想假设多径信道场景，即假定 $H_{\mathrm{NLOS}}(S_i, R, \boldsymbol{E}_N, n)$ 在给定的位置融合 $\{S_i, R\}$ 和特定环境参数 $\boldsymbol{E}_N$ 条件下为已知的先验值时的系统性能，计算不同朗伯辐射波瓣模数融合 $\{n_0, n_1\}$ 条件下 DM-LED-VLP 系统的定位距离估计值的均方根 CRLB（rCRLB）性能，并将该结果与传统的 SM-LED-VLP 系统的定位性能进行比较。

对于方形阵列分布的灯部署场景，如果不考虑灯到墙面边缘距离，则第 i 个灯和 UE 之间最大的距离 $d_m = \sqrt{2I_L^2 + h^2}$，如图 2-36 所示。在这种情况下，灯 i 有一个相对于 UE 最大的辐射角 θ_m，则有

$$\cos\theta_m = \frac{h}{\sqrt{h^2 + 2I_L^2}} \qquad (2\text{-}131)$$

根据表 2-6 中参数，有 $d_i = d_m = 3.98$ m，$h = 2.8$ m 和 $\theta_m = \theta_i = 45.3°$。通过将 d_i、h 和表中相关参数代入式（2-114）和式（2-116）中，可以分别计算 DM-LED-VLP 系统和 SM-LED-VLP 系统的 rCRLB。

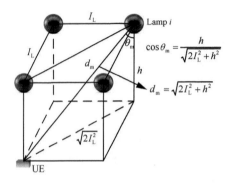

图 2-36　方形 LED 灯阵列分布的部署场景

图 2-37（a）展示了 $n=1$ 的 SM-LED-VLP 系统和不同 $\{n_0, n_1\}$ 融合下的 DM-LED-VLP 系统的 rCRLB 数值随 LED 峰值功率 P_L 变化的曲线。在 DM-LED-VLP 系统中，设置测量次数为 $M=20$。可以看到，不同波瓣模数融合下的 DM-LED-VLP 系统比 SM-LED-VLP 系统有更高的 rCRLB。随着 P_L 的增加，DLED 模型的 rCRLB 能够降低到 5 cm 以下。当选择 $\{n_0, n_1\} = \{1,4\}$ 融合时，DM-LED-VLP 系统可以获得比其他融合更好的 rCRLB 性能，该现象与基于式（2-115）通过网格搜索获得的优化结果一致。

图 2-37（b）展示了在 LED 峰值功率 $P_L = 20$ W 情况下，DM-LED-VLP 系统的 rCRLB 随测量次数 M 变化的曲线。随着 M 的增加，尤其是在 $M \leqslant 20$ 的范围内，DM-LED-VLP 系统的 rCRLB 快速下降并趋近于 SM-LED-VLP 系统的 rCRLB。当 $M \geqslant 60$ 时，拥有不同 $\{n_0, n_1\}$ 融合的 DLED 模型的 rCRLB 全部在 3 cm 以下。

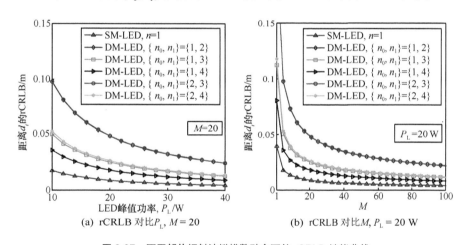

(a) rCRLB 对比 P_L，$M = 20$　　(b) rCRLB 对比 M，$P_L = 20$ W

图 2-37　不同朗伯辐射波瓣模数融合下的 rCRLB 性能曲线

图 2-38 展示了 $P_L = 20$ W 和 $M = 20$ 时不同波瓣模数融合条件下的 rCRLB 随灯辐射角 θ_i 变化的曲线。从图 2-38 可以看到，当 $\theta_i \leqslant 30°$ 时，采用最优融合 $\{n_0, n_1\} = \{1,4\}$ 的 DM-LED-VLP 系统的 rCRLB 与 SM-LED-VLP 系统基本相同。当 $\theta_i \leqslant 50°$ 时，DM-LED-VLP 系统的 rCRLB 可以达到 10 cm 以下。而当 $\theta_i > 50°$ 时，DM-LED-VLP 系统的 rCRLB 随着 θ_i 的增长会快速恶化。此外，在同等的 rCRLB 要求下，SM-LED-VLP 系统能够支持比 DM-LED-VLP 系统更宽的 θ_i 范围。

综上，在已知理想多径信道的假设下，我们可以得到如下结论。

- DM-LED-VLP 系统的定位距离估计精度比 SM-LED-VLP 系统差。
- 增加 P_L 或增大测量次数 M 可提升 DM-LED-VLP 系统的性能。

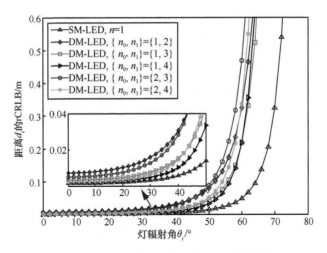

图 2-38　不同辐射角 θ_i 条件下的 rCRLB 性能曲线

2. 定位算法仿真结果

上文我们计算了 DM-LED-VLP 和 SM-LED-VLP 系统在假设理想多径信道信息已知条件下的 CRLB。然而，在实际 VLP 场景中，测量房间中每一个 $\{S_i, R\}$ 位置融合上的 $H_{\mathrm{NLOS}}(S_i, R, E_{\mathrm{N}}, n)$ 的成本较高。此外，如果房间内部的物品摆放位置或人员情况发生改变，也会导致之前测量的信道信息失效。因此，能够实时获得房间内任意一处的 NLOS 分量的假设对于实际系统来说过于理想。另外，在靠近墙壁、角落等位置时，NLOS 分量的影响是不可忽略的[43-44,48]。特别地，对于较为复杂的室内环境，例如考虑到存在较多家具、人员等因素，NLOS 分量占比也将大幅增加。因此，在实际的 VLP 场景中，考虑信道 NLOS 分量对系统定位性能的影响是必要且不可忽略的。

此外，由于 $H_{\mathrm{NLOS}}(S_i, R, E_{\mathrm{N}}, n)$ 是一个与位置和环境相关的随机未知变量，但对于传统的 SM-LED-VLP 系统，这种环境不确定性将导致无法消除 NLOS 分量，因此将引起其定位性能的严重下降[46]，故实际上并不能达到图 2-37、图 2-38 中所展示的理想 rCRLB 性能。而采用 DM-LED-VLP 系统则可以较好地解决 NLOS 分量无法确定的问题。

为评估 2.4.3 节介绍的 NLS、LLS 定位算法在 SM-LED-VLP、DM-LED-VLP 系统中的性能，采用位置误差（LE）作为评估标准，即

$$\mathrm{LE} = \sqrt{(x_{\mathrm{R}} - \hat{x}_{\mathrm{R}})^2 + (y_{\mathrm{R}} - \hat{y}_{\mathrm{R}})^2} \tag{2-132}$$

在仿真中，我们仍然沿用图 2-34 的房间模型，并选取了一个异构高反射率的反射环境，即 $\boldsymbol{E}_N$ ={4 m, 4 m, 3 m, 0.2 m, 0.9, 0.8, 0.7, 0.6, 0.9, 0.4}来测试 SM-LED-VLP 和不同波瓣模数融合的 DM-LED-VLP 系统性能。根据常见的室内房间大小以及图 2-35 的仿真结果，设定式（2-121）的约束参数见表 2-7。

表 2-7　式（2-121）使用的约束参数

$X_{\min}$	$Y_{\min}$	$\Gamma_{\min}$	$X_{\max}$	$Y_{\max}$	$\Gamma_{\max}$
-2	-2	0	2	2	2

图 2-39（a）和（b）分别展示了在 M = 20（20 次测量）条件下采用 LLS 算法的传统 SM-LED-VLP 系统在 n=1 和 n=2 时的 LE 分布曲线。SM-LED-VLP 系统基于接收到的多路 RSS 信号，通过朗伯辐射模型推导出 PD 与 4 个 LED 之间的距离，然后再调用 LLS 算法完成 UE 定位。当 n=1 时，从图 2-39（a）中可见，在房间中心的 LE 取得了最小的 LE 值；当 UE 向房间角落移动时，LE 逐渐恶化，最终可以提升至 182.8 cm，整个房间的平均 LE 为 89.6 cm。采用 n=2 的 SM-LED-VLP 系统的最差 LE 为 166.6 cm，平均 LE 为 76.2 cm 如图 2-39（b）所示。导致该结果的主要原因是，当 PD 位于房间正中心时，由于房间形状的微反射面的对称性，PD 接收到来自 4 盏灯的 NLOS 分量的大小大致相同。因此，经过 LLS 算法对各方程两两相减后，NLOS 分量能够得到最大限度的减弱或消除，因此在房间中心点位置得到的定位误差较小。而当 PD 位于房屋角落时，由于墙面反射较为显著，且各墙面反射的不对称性，PD 接收到来自 4 盏灯的 NLOS 分量的大小差异很大，但 SM-LED-VLP 系统并未考虑 NLOS 分量的影响，导致其定位性能急剧恶化。

图 2-39（c）和（d）分别给出了在 $\{n_0, n_1\}$ = {1, 2} 和 $\{n_0, n_1\}$ = {1, 3} 条件下的 DM-LED-VLP 系统的 LE 分布曲线。两组曲线均是通过 2.4.3 节的 NLS 算法（IP 算法）求解式（2-121）得到的，$\{x_R, y_R, \Gamma(n_0, n_1)\}$ 的初始值设置为{0,0,1}。在该两组波瓣模数设置下，DM-LED-VLP 系统的 LE 均比 SM-LED-VLP 有较大的改善。图 2-39（c）最差的 LE 为 111.3 cm，平均 LE 达到 33.1 cm；图 2-39（d）的最差 LE 为 22.1 cm，平均 LE 达到 39.6 cm。图 2-39（e）和（f）分别提供了采用 2.4.3 节的 LLS 算法求解式（2-121），在 $\{n_0, n_1\}$ = {1, 2} 和 $\{n_0, n_1\}$ = {1, 3} 条件下 DM-LED-VLP 系统的 LE 分布曲线，其中 $\Gamma(1,2)$ 和 $\Gamma(1,3)$ 均设置为 1。图 2-39（e）的最差 LE 为 87.5 cm，平均 LE

达到 19.9 cm；图 2-39（f）的最差 LE 为 100.9 cm，平均 LE 达到 21.9 cm。

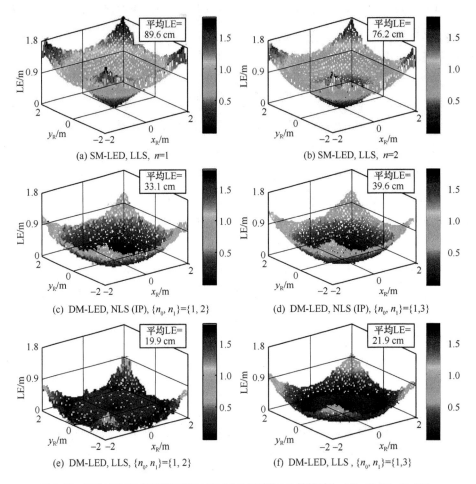

图 2-39　DM-LED-VLP 系统和 SM-LED-VLP 系统的 LE 性能对比（P_L=20 W，M=20）

图 2-40 给出了 DM-LED-VLP 系统和 SM-LED-VLP 系统的累积分布函数（CDF）的比较曲线。对于传统的 SM-LED-VLP 系统，99%的置信区间是在 160 cm，而 DM-LED-VLP 系统将性能改善至 60 cm，体现了较高的定位精度和可靠性。特别地，尽管图 2-37 显示 DM-LED-VLP 系统采用 $\{n_0, n_1\} = \{1, 4\}$ 时可获得最好的 rCRLB 性能，但是此时它的 LE 性能与 $\{n_0, n_1\} = \{1,3\}$ 相比要略差如图 2-40 所示。产生该现象的原因是 rCRLB 假设 NLOS 分量为已知的恒定值，但 $\Gamma(1,4)$ 的取值在房间边缘位置（即具有大辐射角时）衰减更大，远离算法的理想近似值 1，因此带来了较大的定位误差。

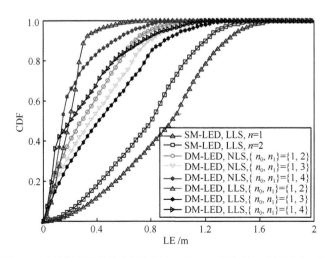

图 2-40　不同波瓣模数融合下的 DM-LED-VLP 系统的 LE 累积分布函数

从上述仿真结果可知，当采用 4 盏 LED 灯时，DM-LED-VLP 系统相比 SM-LED-VLP 系统的 LE 性能更优，其平均 LE 的最低值仅为后者的 22%。这是由于 DM-LED-VLP 系统的设计考虑了 NLOS 分量的影响，因而它无论采用 NLS 或 LLS 算法，均可获得比 SM-LED-VLP 系统更好的 LE 性能。这是因为，该系统通过构造与 UE 位置近似无关的 NLOS 比例因子 $\Gamma(n_0,n_1)$，使得定位算法解耦了多径影响和 PD 位置之间的联系，将现实系统中很难获得的多径反射信息对定位精度的影响最大限度地进行了黑盒化。进一步地，和 SM-LED-VLP 系统类似，DM-LED-VLP 系统在房间中心的 LE 性能比在角落更优，这是因为 LED 灯发送信号时，房间边缘比房间中心的辐射角更大，根据图 2-35 对 $\Gamma(n_0,n_1)$ 值的调查可知，此时 $\Gamma(n_0,n_1)$ 值在边缘位置上相对于在中心区域的变化将更加剧烈，导致 $\Gamma(n_0,n_1)$ 值不能近似看成一个不随位置变化的常量。在这种情况下，$\Gamma(n_0,n_1)\approx1$ 不再近似成立，因此造成系统性能的下降。

2.5　基于 PD 定位的误差分析及差分检测

在本章前面所述的多种定位系统中，2.2 节介绍的基于 FDM 和 FSOOK 调制的异步 VLP 系统具有"一高三低"的优点，即精度高、算法复杂度低、设备成本低和系统部署成本低。其基于 RSS 定位基本原理，利用光电探测器件接收到的信号强度来计算接收端与 LED 之间的距离。限制该定位精度的因素，除算法之

外，当光源发光功率发生波动时，接收端接收到的光照度也会产生波动，使计算得到的 LED 与接收端距离产生变化，造成定位误差增大，从而影响定位的精度和稳定性。本节介绍一种使用两个光电探测器件进行差分定位的方法，可有效地降低光源发光功率波动引起的定位精度干扰，提高系统定位精度和定位稳定性。

2.5.1 光源发光功率波动引起的定位误差分析

根据朗伯辐射体模型，光由 LED 发出后到达光电探测器件的信道增益朗伯分布，LED 发出的光经过传输后光电探测器件接收到的光照度 P 和光电探测器件与光源的距离满足式（2-7）。由此表达式可看出，获取的距离受到接收光功率波动的直接影响。由于 LED 在工作时并不是理想的恒定光源，发光功率并不恒定，而是一个随时间不断变化的值。为了得到光源波动导致的实验误差，我们搭建了一个 1 m×1 m×1.5 m 的实验场景，此处简化选用了 3 个 LED 光源的 nVLP 系统如图 2-41 所示，并且在此场景下测量，其中，在测量面上，共取了 26 个点，每个点测量 3 次。

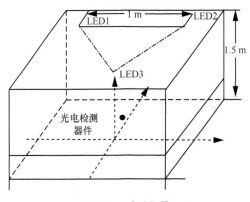

图 2-41 实验场景

图 2-42 是实测的 3 个 LED 在一段时间内的光强变化。从图 2-42 中可以明显看出，LED 发光功率在不断变化，波动幅度最大值达到了平均值的 38%。由于 LED 的波动频率远大于人眼的感知频率，而且在人眼的响应时间范围内平均值基本不变，因此对照明没有影响。但对基于接收信号强度定位精度有较大影响，从式（2-7）可以看到，发

光功率的波动会导致测量得到的 LED 到探测器之间的距离 d 发生变化，使得式（2-14）的目标函数求得的光电探测器件位置（x, y）发生变化，甚至无解，造成误差。

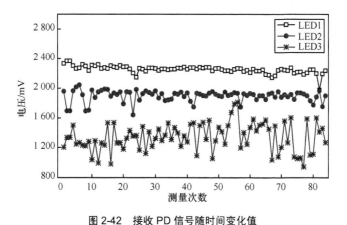

图 2-42　接收 PD 信号随时间变化值

　　将测量得到的数据使用定位算法直接计算后，可以得到定位坐标，对每次测量计算其误差，误差由两点间距离确定，即式（2-132）所示。

　　将每次测量的结果同实际坐标用式（2-132）运算后，可以得到每次测量的误差值如图 2-43 所示，图中给出了 26 个坐标点的真实位置和测量位置。表 2-8 列出了该系统的参数。在绝大部分测试位置光功率波动引起的定位误差已经达到了总误差的 30%以上，解决光源功率波动成为一个亟待解决的问题。

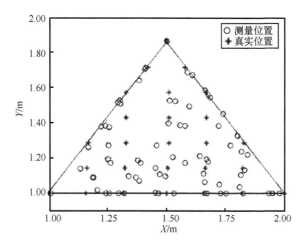

图 2-43　RSS 直接定位坐标及误差

表 2-8　系统参数

变量	值
Φ	60°
功率	1 W
H	1.5 m
距离	1.0 m
参考探测器高度	1.0 m
移动探测器高度	0

要想减小定位误差，需要消除或者减弱光源发光功率波动带来的影响。因此，构建一个差分检测系统，考虑在定位系统中引入一个参考 PD，这个 PD 放置在坐标已知的位置上，其作用是实时监测光源波动值，对用于定位的 PD 进行光源功率波动补偿。搭建 1 m×1 m×1.5 m 的实验场景如图 2-44 所示，本实验中参考 PD 放在 3 个 LED 灯下方正中心的区域，距离地面高度为 1 m，而移动 PD 放置在地面处，并且在此场景下测量。

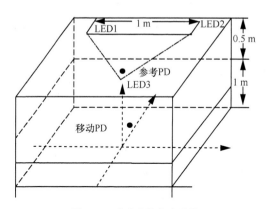

图 2-44　差分定位实验系统

图 2-45 显示了两个 PD 同时接收 3 个 LED 的光信号经过 PD 转变成电信号强度的情况，使用 PD 接收的光信号是由多个 LED 同时叠加的结果，使用后端处理将接收到的单个 LED 分量分离出来以观察光照度值。可以看出，3 个 LED 光照度变化相互独立，两个 PD 接收到的光照度波动趋势是一致的。因此，可以用参考 PD 接收到的光功率经过光电转换后的信号强度作为参考，来补偿光照度波动对移动 PD 位置计算带来的误差。

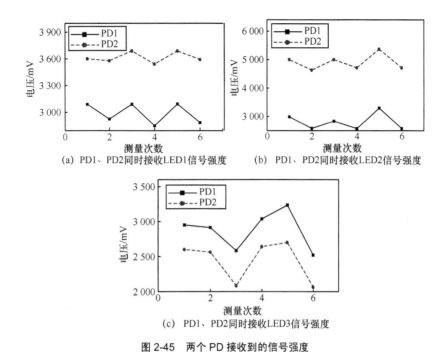

(a) PD1、PD2同时接收LED1信号强度　　　(b) PD1、PD2同时接收LED2信号强度

(c) PD1、PD2同时接收LED3信号强度

图 2-45　两个 PD 接收到的信号强度

2.5.2　基于双探测器的差分定位算法

当光源光照度波动时，式（2-7）中光源发光功率 P_0 不再是个定值，而是一个随时间变化的变量 $P_0(t)$。

对于同一个探测器，两次采样接收到同一个 LED 的光照度为

$$\frac{P_{1t1}}{P_{1t2}} = \frac{P_0(t1)\dfrac{(m+1)Ah^{(m+1)}}{2\pi d^{(m+3)}}}{P_0(t2)\dfrac{(m+1)Ah^{(m+1)}}{2\pi d^{(m+3)}}} = \frac{P_0(t1)}{P_0(t2)} \qquad （2\text{-}133）$$

由式（2-133）可以看出，对于同一个 PD，接收到的光功率比值与光源本身发光功率有关。我们可以进一步得到

$$R = \frac{P(t2) - P(t1)}{P(t1)} \qquad （2\text{-}134）$$

此处，我们定义 R 为光功率变化率，含义为光电探测器件两次接收到的光功率的变化率。由式（2-134）可以看出，R 与光电探测器件自身的位置无关，只与两次

接收的时间间隔有关。

对于两个光电探测器件来说，如果其中一个 PD 接收到的起始强度已知，利用已知初始光强的 PD 作为参考探测器，并且两个 PD 同时采样，则可用一已知 PD 的信号强度将另一个 PD 的光信号强度波动进行补偿。

方法流程如下，假设探测器 1 作为参考探测器，而探测器 2 则是需要做光强波动补偿的移动探测器。探测器 1 每次采样得到的单个 LED 光强记为 $A_1, A_2, A_3 \cdots$，则有光强变化率 $R_1 = \dfrac{A_2 - A_1}{A_1}$，$\cdots$，$R_{n-1} = \dfrac{A_n - A_1}{A_1}$。对于探测器 2 采样得到的光强 B_n 实际上是波动光强与原始光强的叠加，即

$$B_n = B_1(1 + R_{n-1}) \tag{2-135}$$

从式（2-135）中可以得到

$$B_1 = \frac{B_n}{1 + R_{n-1}} \tag{2-136}$$

因此，探测器 2 接收到第 n 次光照度后，配合探测器 1 得到的光照度变化率可以得到原始光照度 B_1。

上述的讨论局限于单个 LED 由多个 PD 接收的情况，而实际定位系统中使用的 LED 为 3 个及以上，下面讨论多个 LED 由多个探测器接收的情况。

我们很容易就可以将单个 LED 的补偿算法推广到多个 LED 的光照度补偿中。假设定位系统最小单元中同时使用 N 个 LED，则参考探测器 1 在 n 次采样中接收到的每个 LED 的光照度可以用下面矩阵表示。

$$\begin{bmatrix} A_{1,\mathrm{LED}_1} & A_{1,\mathrm{LED}_2} & \cdots & A_{1,\mathrm{LED}_N} \\ A_{2,\mathrm{LED}_1} & A_{2,\mathrm{LED}_2} & \cdots & A_{2,\mathrm{LED}_N} \\ \vdots & \vdots & \cdots & \vdots \\ A_{n,\mathrm{LED}_1} & A_{n,\mathrm{LED}_2} & \cdots & A_{n,\mathrm{LED}_N} \end{bmatrix} \tag{2-137}$$

对于式（2-137），使用式（2-134）可以求得光照度变化率，即

$$\begin{bmatrix} R_{1,\mathrm{LED}_1} & R_{1,\mathrm{LED}_2} & \cdots & R_{1,\mathrm{LED}_N} \\ R_{2,\mathrm{LED}_1} & R_{2,\mathrm{LED}_2} & \cdots & R_{2,\mathrm{LED}_N} \\ \vdots & \vdots & \cdots & \vdots \\ R_{n-1,\mathrm{LED}_1} & R_{n-1,\mathrm{LED}_2} & \cdots & R_{n-1,\mathrm{LED}_N} \end{bmatrix} \tag{2-138}$$

而探测器 2 实时测得的每个 LED 的光照度可以用式（2-139）表示。

$$\begin{bmatrix} B_{n,\text{LED}_1} & B_{n,\text{LED}_2} & \cdots & B_{n,\text{LED}_N} \end{bmatrix} \tag{2-139}$$

式（2-139）中的光照度数据是包含了光源功率波动的数据，使用式（2-138）可以实时消除这种误差，即

$$\begin{bmatrix} \dfrac{B_{n,\text{LED}_1}}{1+R_{n-1,\text{LED}_1}} & \dfrac{B_{n,\text{LED}_2}}{1+R_{n-1,\text{LED}_2}} & \cdots & \dfrac{B_{n,\text{LED}_N}}{1+R_{n-1,\text{LED}_N}} \end{bmatrix} \tag{2-140}$$

从上述讨论中可以看到，如果参考探测器光强选择不准确，会导致式（2-140）中的数据不准确，不能有效提高定位精度，参考探测器初始光强越贴近理想光强，则定位结果越好。因此，光源波动误差消除后，LE 取决于参考探测器的初始光照度的选择。利用参考探测器已知精确坐标的特性，可选择参考探测器的初始光照度。方法如下：参考探测器每次采样接收到光照度之后实时计算自身定位坐标，然后与自身已知坐标进行对比，当误差最小时，取误差最小对应的光照度值作为初始光照度值。系统流程如算法 2-5 所示。

算法 2-5：初始光照度选择算法

输入：参考探测器接收到的多次 LED 光强值。

输出：最优的光照度值。

1. **for** i = 1 **to** 10 **do**
2. 　　输入参考探测器接收到的 LED 光照度：LED_i 并储存；
3. 　　使用 LED_i 计算参考探测器位置；
4. 　　将计算得到的参考探测器位置与实际位置进行对比，得到误差 E_i；
5. **end for**
6. **for** i=1 **to** 9 **do**
7. 　　**if**　$E_{i+1}<E_i$
8. 　　　　$E_i+1=E_i$；
9. 　　　　$\text{LED}_{i+1}=\text{LED}_i$；
10. 　　**end if**
11. **end for**
12. **return** LED_i

2.5.3　实验结果分析

实验场景如图 2-46 所示，在长宽均为 1 m，高度为 1.5 m 的空间内，参考探测器放置在三角形区域的中心位置，高度为 1 m，移动台探测器高度为 0，并且分别在图 2-43 中实际位置处。实际应用时，可考虑在天花板下悬浮一个基座，用于放置参考探测器，这样会影响房屋的原始美观，但在某些需要高精度校正的特殊应用场景（如机器人定位、物流车定位等方面）具有应用价值。

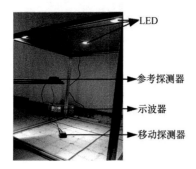

图 2-46　实验场景

经过差分补偿处理之后，得到的定位点如图 2-47（b）所示，图 2-47（a）是未加入差分补偿的定位结果。图 2-48 是差分补偿定位前后的 LE 值，从图 2-48 中可以看到，差分补偿后定位得到的 LE 明显小于无差分补偿定位得到的 LE，绝对 LE 由原来的 18 cm 之内缩小到 9 cm 之内。

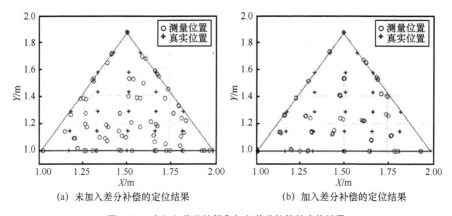

(a) 未加入差分补偿的定位结果　　(b) 加入差分补偿的定位结果

图 2-47　未加入差分补偿和加入差分补偿的定位结果

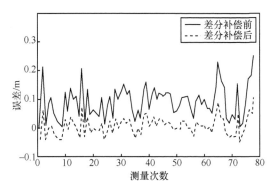

图 2-48　差分补偿定位前后的 LE

本节提出的带有参考探测器的差分定位算法,可有效解决因 LED 发光功率不稳定引起的定位不准确的问题，并用实验验证了该方法的有效性，本方法使用是需要单独架设一个补偿校准光电探测器件，并且应用中需要参考光电探测器件具有的采集信号和数据传输功能，增加了系统的复杂度，但是在某些定位精度要求更高的场景可作为有效选择方案。

| 2.6　基于机器学习的可见光室内定位算法 |

在可见光定位中，LE 受到多因素影响[49]，不同定位算法本身就具有不同的理论定位准确度。与此同时，LED 光源的发射功率、中心频率、墙壁的反射、系统噪声、接收器的采样率等都会对定位精度产生影响。衡量 LE 的指标主要有两个：CRLB 和 MSE。从理论上计算各个定位算法的极限定位准确度以及不同因素对定位准确度的影响，对实验结果的评判具有重要的指导意义。

机器学习是近年来兴起的一个十分有效的工具,目前在多个领域均有广泛应用。机器学习构建多层神经网络，通过训练数据，构建好训练网络，在实际应用时直接获取定位坐标。原则上只要数据具有规律性，并且数据样本较大就可以获得好的测试结果。它最初用于定位是为了提高室外无线定位的精度[50]，但其带来了很好的效果。随后在 2012 年，Fang 等[51]在传统静态多层感知神经网络的基础上做改进，考虑微波信号的时变特性，提出了聚焦时延神经网络（Focused Time Delay Neural Network，FTDNN）和分布式时延神经网络（Distributed Time Delay Neural Network，

DTDNN）模型，有效提高了全球移动通信系统的定位精度和速度。

近几年出现的研究成果表明机器学习具有显著降低室内定位误差和定位时间的潜力。2017 年，Huang 等[52]将人工神经网络（Artificial Neural Network，ANN）与基于 RSS 算法的室内可见光定位系统相结合，并考虑了弥散信道增益。仿真结果显示，该定位方法基本不受接收器接收角和墙面反射率变化的影响。该结果对机器学习在可见光室内定位中的应用前景具有很好的指导作用。2018 年，Hsu 等[53]首次将神经网络在实验中应用于可见光室内定位。在 LED 灯和接收器间的距离为 2.5 m 的真实室内环境下利用 BP 神经网络训练的 RSS 定位算法，取得了 3.65 cm 的 LE，证明机器学习确实具有提高室内定位准确度的能力。而神经网络在实际应用中能够对定位准确度带来多大幅度的提高，还需要深入探索算法优化过程中对训练集和网络参数的选取以及如何提高网络的训练效率。本节对采用了 BP 神经网络的机器学习在可见光室内定位的系统设计、神经网络构建和实验结果进行分析。实际应用中可采用不同的机器学习算法。

2.6.1　定位系统设计

如图 2-49 所示，构建的定位系统主要包括可见光发送模块和可见光接收模块两大部分。其中，可见光发送模块包括发送端编码器、LED 驱动电路和 LED 阵列 3 部分。实验中发送端编码器采用 FPGA，功能是产生 LED 阵列各白光 LED 发送的不同频率的周期信号，发送频率需要满足的条件为：人眼看不到闪烁以及不同频率之间不成倍数关系。为保证人眼看不到闪烁，所发送频率均应大于 50 Hz。LED 驱动电路为 LED 阵列各白光 LED 提供合适的直流偏置，并将 FPGA 产生的交流信号加载到 LED 驱动电流上。LED 阵列中采用 4 个 LED，可见光接收模块包括：光探测器件、采样设备和包含神经网络的接收端处理器 3 部分。

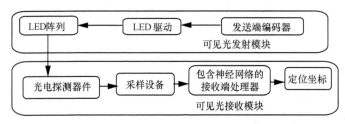

图 2-49　基于 BP 神经网络的室内可见光定位系统

如图 2-50 所示，实验中应用了典型的 4 个 LED 和一个 PD 的 FDM nVLP 定位场景。为解决密集放置的 LED 的信号干涉问题，4 个 LED 均分配了不同的调制频率，分别是 885 Hz、1 725 Hz、2 500 Hz 和 3 125 Hz，并安装在 70 cm × 70 cm × 100 cm 定位间的 4 个角上。4 个 LED 灯的坐标分别为 (−5,−5,100)、(−5,65,100)、(65,−5,100)、(65,65,100)。PD 采用 Thorlabs 的 APD120A2，接收信号强度信息用安捷伦的数字存储示波器 DSO3152A 进行采样。定位系统如图 2-51 中所示。

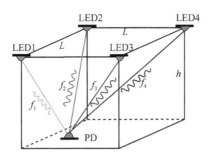

图 2-50　典型的 FDM nVLP 的可见光室内定位场景

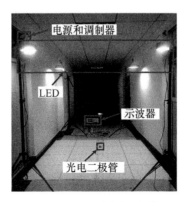

图 2-51　定位系统实际架构

　　定位区域共 100 个格点，每个格点位置采样 5 次，直接获得的信息为 PD 接收的时域上各 LED 的混合信号强度。为获得 4 个 LED 灯各自的信号强度，需要对接收数据进行 DFT，并从已知的 4 个频率附近寻找最高的频谱强度。DFT 后的频率 f 与示波器采样频率 F_s 之间的关系为

$$f = \frac{(n-1)F_s}{N} \qquad (2\text{-}141)$$

其中，N 为时域的总采样点数，n 为频域中各频率所对应的离散值。所获得的 4 个

LED 灯的信号强度将作为神经网络的输入数据，由于每个格点位置采样 5 次，共有 5 组输入数据。

针对不同的问题，需要构建的网络结构和设定的参数各不相同。由于前人所做的研究证明几乎所有复杂问题都可以用单层隐含层来解决，因此所构建的网络也采用单层隐含层，如图 2-52 所示[52]。

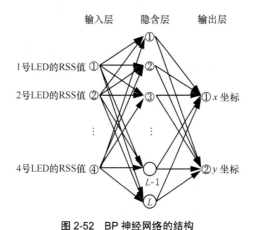

图 2-52　BP 神经网络的结构

为避免过学习和欠学习，隐含层中的节点数目需要根据具体场景下的实验确定。图 2-53 中展示了不同数量的隐含层节点对定位精度的影响。我们可以看到，神经网络定位性能在 7 个隐含层节点处最佳，表明这一网络结构对该场景下的定位是最优的。

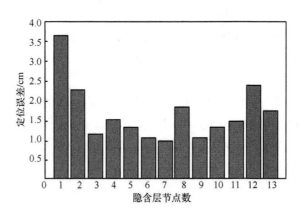

图 2-53　定位精度随隐含层节点数的变化

神经网络中的一部分参数对所有定位场景均适用，如动量因子、增量因子、减量因子和动量更新因子等；而另一部分参数需要根据不同的定位场景进行调整，如隐含层节点数、误差容限、学习率和最大迭代次数等。经过反复测试，该定位场景下 BP 神经网络的结构参数见表 2-9[54]。

表 2-9　BP 神经网络的结构参数

参数	变量表达式	值
训练样本数	nTrainNum	65
样本维度	nSampDim	4
输入层节点数	net.nIn	4
隐含层节点数	net.nHidden	7
输出层节点数	net.nOut	2
误差容限	eb	0.45
学习率	eta	0.02
动量因子	mc	0.1
最大迭代次数	maxiter	10 000
增量因子	kinc	1.01
减量因子	kdec	0.7
动量更新因子	kup	1.22

　　在实际应用中，为保障实时定位并尽可能减小定位误差，对网络的及时更新是十分必要的。因此，当周围环境发生一定变化时，用相同的训练集重复执行训练步骤。综上所述，我们所研究的基于 BP 神经网络的可见光室内定位算法的流程如图 2-54 所示。

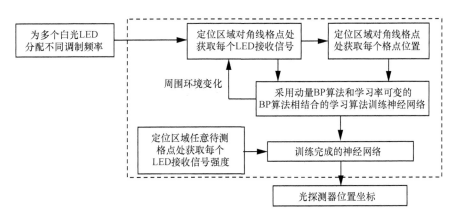

图 2-54　基于 BP 神经网络的可见光室内定位算法流程

　　取对角线上的 13 个格点为训练点，经 7 582 次迭代后训练误差降低到 0.449，网络训练结束。对定位区域内 49 个格点进行定位测试，得到平均定位误差为 0.998 4 cm，其中 x 方向为 0.637 2 cm，y 方向为 0.494 9 cm，2D 定位效果如图 2-55 所示。从图中可以看到，仅用 13 个格点进行训练后的神经网络对所有 49 个格点的定位均有很高的准确度。

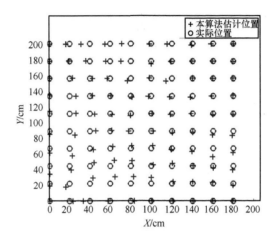

图 2-55　基于神经网络算法的最终 2D 定位效果

2.6.2　实验结果分析

　　将该定位效果与 RSS 算法的定位效果相比较，二者的 2D 定位误差分布如图 2-56（a）和 2-56（b）所示。累积误差分布函数曲线如图 2-56 所示。结果表明，所研究定位方法的性能比 RSS 算法高很多，平均估算误差从 37.77 cm 到 3.26 cm，降低了一个数量级，其中 x 方向误差从 23.56 cm 降到 1.93 cm，y 方向误差从 24.71 cm 降到 1.86 cm。从图 2-57 可以看到，RSS 算法的最大定位误差是 82.19 cm，90% 置信度误差在 60 cm 以上；而所研究的基于 BP 神经网络的 RSS 算法的最大定位误差成功限制在 9.5 cm 以下（9.35 cm），90% 置信度误差降到了 7 cm 左右。与此同时，所研究的基于 BP 神经网络的 RSS 算法的定位误差分布呈中间小、四周大，而灯下定位误差普遍最小的趋势。这是因为光探测器在临近定位区域中心处的格点上能够较容易地探测到来自所有 4 个 LED 灯的信号，而在定位区域边缘处的格点上探测到的距离较远的 LED 灯的信号十分微弱。在实际定位时，发生的任何一点扰动或环境变化都会与训练完成的神经网络产生相对大的偏离,从而带来比定位区域中心处更大的定位误差。而 4 个 LED 灯下的定位误差相对较小是因为在该位置光探测器能够探测到一个明显比其他频率信号强很多的信号,从而很好确定探测器所在位置。

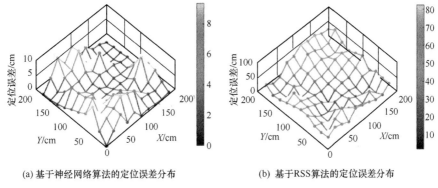

(a) 基于神经网络算法的定位误差分布   (b) 基于 RSS 算法的定位误差分布

图 2-56　基于神经网络算法和 RSS 算法的定位误差分布

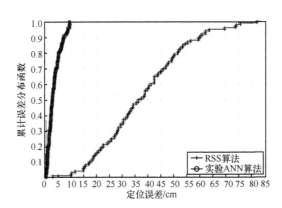

图 2-57　神经网络算法和 RSS 算法的定位误差累积分布函数曲线

从以上结果可以看到, 所研究的基于 BP 神经网络的 RSS 算法在采用对角线上的格点作为训练集,并采用动量 BP 算法和学习率可变的 BP 算法相结合的学习算法对神经网络进行训练后效果明显。它能够在实际室内定位场景下达到很高的定位精度, 精确估计出定位区域内的坐标值。因此, 所述定位算法确实具有潜在的应用于实际室内定位场景的价值。

| 2.7　本章小结 |

本章介绍了几种基于光电器件的 VLP 技术方案和定位算法。由于这些方案和算法均采用 PD 或 PT 作为光信号接收器件，因此均可归为 nVLP 系统模型的范畴。

2.1 节介绍了基于 RSS 的异步 CDMA 的 VLP 系统。该系统利用光正交码的正交性传输光信号，可以较好地解决相邻 LED 灯光信号的 MAI 问题。

2.2 节提出了基于 FDM 和 FSOOK 调制的异步 VLP 系统框架。基于此框架，分别提出了伪密勒 FSOOK 编码调制、伪双相码反向 FSOOK 编码调制和窗口过采样等机制，有效解决了异步传输 LED-ID 问题和 MAI 问题，并设计了两种基于戈泽尔算法的 LED-ID 和窗口幅度谱联合检测算法。为了进一步实施精确定位，本节还提出了一种基于帧窗口幅度谱的加权质心定位算法，该算法复杂度低并且易于实现，通过合理地选择幂加权因子，可以有效提高定位精度。最后，通过搭建一个通用的 VLP 场景模型，初步验证了方案的可行性。

孔径接收机具有很好的角度分集，是一种具有良好方向性的新型可见光接收机结构。2.3 节对基于孔径接收机的 VLP 系统模型和定位误差的均方克拉美罗下界进行了讨论，同时提出了一种简化的单孔径四 PD（SAQD）结构，并讨论了克拉美罗下界受系统参数的影响。

为了解决多径反射对定位精度的影响，2.4 节提出了一种基于不同朗伯辐射波瓣模数的 DM-LED-VLP 系统模型，并分析了该模型的克拉美罗下界。本节对多径反射的系统参数进行了数值分析，并提出了两种定位算法。仿真结果表明，该系统能够较好地抑制多径反射对定位精度的影响。

2.5 节对 PD 定位系统的定位精度误差进行了详细讨论和分析，并提出了一种差分检测算法，可以有效提高定位精度。

最后，2.6 节提出了一种基于 BP 神经网络的 VLP 指纹定位算法，该方案通过 BP 神经网络训练获得接收光信号强度和坐标之间的拟合关系，通过训练获得的特定关系式来实施定位。该算法可以缓解多径反射对定位精度的影响。

┃ 参考文献 ┃

[1] LAUSNAY S D, STRYCKER L D, GOEMAERE J, et al. Design of a visible light communication transmitter for the evaluation of a wide range of modulation techniques[C]// 2013 2nd International Workshop on Optical Wireless Communications (IWOW), October 21, 2013, Newcastle upon Tyne, UK. Piscataway: IEEE Press, 2013: 30-34.

[2] SHIRAZ H G, KARBASSIAN M. Optical CDMA networks: principles, analysis and applications[M]. Piscataway: IEEE Press, 2012.

[3] SALEHIJ A. Code division multiple-access techniques in optical fiber networks-part I: fundamental principles[J]. IEEE Transaction on Communications, 1989, 37(8): 824-833.

[4] SALEHI J A, CHUNG F R K, WEI V K. Optical orthogonal codes: Design, analysis, and applications[J]. IEEE Transactions on Information theory,1989,35(3): 595-605.

[5] YANG G C, KWONG W C. Prime codes with applications to CDMA optical and wireless networks[M]. Fitchburg: Artech House Publishers, 2002.

[6] MARIC S V. A new family of optical code sequences for use in spread-spectrum fiber-optic local area networks[J]. IEEE Transactions on Communications, 1993, 41(8): 1217-1221.

[7] CAO Z G, QIAN Y S. The principle of modern telecommunication[M]. Beijing: Tsinghua University Press, 1992.

[8] BHARGAVA V K, HACCOUN D, MATYA S R, et al. Digital communications by satellite-modulation, multiple access and coding[M]. Manhattan: Interscience Press, 1981.

[9] YANG G C. Optical orthogonal codes with unequal auto- and cross-correlation constraints[J]. IEEE Transaction on Information Theory, 1995, 41(1): 96-106.

[10] MARICS V. New family of algebraically designed optical orthogonal codes for use in CDMA fiber-optic networks[J]. IET Electronics Letters, 1993, 29(6): 538-539.

[11] KOMINE T, NAKAGAWA M. Fundamental analysis for visible-light communication system using LEDlights[J]. IEEE Transaction on Consumer Electronics, 2004, 50(1): 100-107.

[12] HECHT M, GUID A A. Delay modulation[J]. Proceedings of the IEEE, 1969, 57(7): 1314-1316.

[13] LU X X, LI J. Achieving FEC and RLL for VLC: a concatenated convolutional-Miller coding mechanism[J]. IEEE Photonics Technology Letters, 2016, 28(9): 1030-1033.

[14] LIZ P, JIANG M, ZHANG X N, et al. Space time-multiplexed multi-image visible light positioning system exploiting pseudo-Miller-coding for smart phones[J]. IEEE Transactions on Wireless Communications, 2017, 16(12): 8261-8274.

[15] LI Z P, JIANG M, ZHANG X N, et al. Miller-coded asynchronous visible light positioning system for smart phones[C]// 2017 IEEE 85th Vehicular Technology Conference (VTC Spring), June 4-7, 2017, Sydney, Australia. Piscataway: IEEE Press, 2017: 1-6.

[16] MUOI T V. Receiver design for digital fiber optic transmission systems using Manchester (biphase) coding[J]. IEEE Transactions on Communications, 1983, 31(5): 608-619.

[17] GOERTZEL G. An algorithm for the evaluation of finite trigonometry series[J]. American Math Monthly, 1958, 65(1): 34-35.

[18] Goertzelalgorithm[EB].

[19] OpenCourseWare 2006, Lecture 20. The Goertzelalgorithm and the Chirp transform 6341: Discrete-time signal processing[Z]. Massachusetts Institute of Technology, Department of Electrical Engineering and Computer Science, 2006.

[20] 夏斌, 于永学, 李小瑞. 戈泽尔算法在 DTMF 信号检测中的应用与改进[J]. 电子测量与仪器学报, 2008, 22(21): 53-56.

[21] BULUSU N, HEIDEMANN J, ESTRIN D. GPS-less low-cost outdoor localization for very small devices[J]. IEEE Personal Communications, 2000, 7(5): 28-34.

[22] BLUMENTHAL J, GROSSMANN R, GOLATOWSKI F, et al. Weighted centroid localization in Zigbee-based sensor networks[C]//2007 IEEE International Symposium on Intelligent Signal Processing, October 3-5, 2007, Alcala de Henares, Spain. Piscataway: IEEE Press, 2007: 1-6.

[23] PIVATO P, PALOPOLI L, PETRI D. Accuracy of RSS-based centroid localization algorithms in an indoor environment[J]. IEEE Transactions on Instrumentation and Measurement, 2011, 60(10): 3451-3460.

[24] KAHN J M, BARRY J R. Wireless infrared communications[J]. Proceedings of the IEEE, 1997, 85(2): 265-298.

[25] GONENDIK E, GEZICI S. Fundamental limits on RSS based range estimation in visible light positioning systems[J]. IEEE Communications Letters, 2015, 19(12): 2138-2141.

[26] WANG T Q, HE C, ARMSTRONG J. Angular diversity for indoor MIMO optical wireless communications[C]// 2015 IEEE International Conference on Communications (ICC), September 18-21, 2017, Sapporo, Japan. Piscataway: IEEE Press, 2015: 5066-5071.

[27] STEENDAM H, WANGT Q, ARMSTRONG J. Cramer-Rao bound for AOA-based VLP with an aperture-based receiver[C]// 2017 IEEE International Conference on Communications (ICC), May 22-27, 2016, Kuala Lumpur, Malaysia. Piscataway: IEEE Press, 2016: 1-6.

[28] MENÉNDEZ J M, STEENDAM H. Influence of the aperture-based receiver orientation on RSS-based VLP performance[C]// 2017 International Conference on Indoor Positioning and Indoor Navigation (IPIN), September 18-21, 2017, Sapporo, Japan. Piscataway: IEEE Press, 2017: 1-7.

[29] STEENDAM H, WANG T Q, ARMSTRONG J. Theoretical lower bound for indoor visible light positioning using received signal strength measurements and an aperture-based receiver[J]. Journal of Lightwave Technology, 2017, 35(2): 309-319.

[30] STEENDAM H, WANG T Q, ARMSTRONG J. Cramer-Rao bound for indoor visible light positioning using an aperture-based angular-diversity receiver[C]// 2016 IEEE International

Conference on Communications (ICC), May 22-27, 2016, Kuala Lumpur, Malaysia. Piscataway: IEEE Press, 2016: 1-6.

[31] CINCOTTA S, NEILD A, HE C, et al. Visible light positioning using an aperture and a quadrant photodiode[C]// 2017 IEEE GLOBECOM Workshops (GC WKSHPS), December 4-8, 2017, Singapore. Piscataway: IEEE Press, 2017: 1-6.

[32] BASTIAENS S, STEENDAM H. Coarse estimation of the incident angle for VLP with an aperture-based receiver[C]// 2017 14th Workshop on Positioning, Navigation and Communications (WPNC), October 25-26, 2017, Bremen, Germany. Piscataway: IEEE Press, 2017: 1-6.

[33] STEENDAM H. A 3-D positioning algorithm for AOA-based VLP with an aperture-based receiver[J]. IEEE Journal on Selected Areas in Communications, 2018, 36(1): 23-33.

[34] LIM J C. Ubiquitous 3D positioning systems by led-based visible light communications[J]. IEEE Wireless Communications, 2015, 22(2): 80-85.

[35] LI D P, GONG C, XU Z Y. A RSSI-based indoor visible light positioning approach[C]// 2017 IEEE International Conference on Communications (ICC), May 21-25, 2017, Paris, France. Piscataway: IEEE Press, 2016: 1-6.

[36] ZHANG X L, DUAN J Y, FU Y G, et al. Theoretical accuracy analysis of indoor visible light communication positioning system based on received signal strength indicator[J]. Journal of Lightwave Technology, 2014, 32(21): 4180-4186.

[37] WANG T Q, SEKERCIOGLU Y A, NEILD A, et al. Position accuracy of time-of-arrival based ranging using visible light with application in indoor localization systems[J]. Journal of Lightwave Technology, 2013, 31(20): 3302-3308.

[38] JUNG S Y, HANN S, PARK C S. TDOA-based optical wireless indoor localization using LED ceiling lamps[J]. IEEE Transactions on Consumer Electronics, 2011, 57(4): 1592-1597.

[39] NAH J H Y, PARTHIBAN R, JAWARD M H. Visible light communications localization using TDOA-based coherent heterodyne detection[C]// 2013 IEEE 4th International Conference on Photonics (ICP), October 28-30, 2013, Melaka, Malaysia. Piscataway: IEEE Press, 2013: 247-249.

[40] NADEEM U, HASSAN N U, PASHA M A, et al. Highly accurate 3D wireless indoor positioning system using white LED lights[J]. IET Electronics Letters, 2014, 50(11): 828-830.

[41] YANG S H, JEONG E M, KIMD R, et al. Indoor three-dimensional location estimation based on LED visible light communication[J]. IET Electronics Letters, 2013, 49(1): 54-56.

[42] SAHINA, EROGLU Y S, GUVENC I, et al. Hybrid 3-D localization for visible light communication systems[J]. Journal of Lightwave Technology, 2015, 33(22): 4589-4599.

[43] KESKIN M F, GEZICI S. Indoor three-dimensional location estimation based on LED visible light communication[J]. Journal of Lightwave Technology, 2016, 34(3): 854-865.

[44] CARRUTHERS J B, KANNAN P. Iterative site-based modeling for wireless infrared channels[J]. IEEE Transactions on Antennas and Propagation, 2002, 50(5): 759-765.

[45] BARRY J R, KAHN J M, KRAUSE W J. Simulation of multipath impulse response for indoor wireless optical channels[J]. IEEE Journal on Selected Areas in Communications, 1993, 11(3): 367-379.

[46] GU W J, AMINIKASHANI M, DENG P, et al. Impact of multipath reflections on the performance of indoor visible light positioning systems[J]. Journal of Lightwave Technology, 2016, 34(10): 2578-2587.

[47] KAY S M. Fundamentals of statistical signal processing: estimation theory[M]. Upper Saddle River: Prentice-Hau, Inc., 1993.

[48] MIRAMIRKHANI F, UYSAL M. Channel modeling and characterization for visible light communications[J]. IEEE Photonics Journal, 2015, 7(6): 7905616.

[49] KESKIN M F, SINAN G. Comparative theoretical analysis of distance estimation in visible light positioning systems[J]. Journal of Lightwave Technology, 2016, 34(3): 854-865.

[50] TAKENGA C, XI C, KYAMAKYA K. A hybrid neural network-data base correlation positioning in GSM network [C]// 2006 10th IEEE Singapore International Conference on Communication Systems, October 30- November 1, 2006, Singapore. Piscataway: IEEE Press, 2006: 1-5.

[51] FANG S H, LU B C, HSU Y T. Learning location from sequential signal strength based on GSM experimental data[J]. IEEE Transactions on Vehicular Technology, 2012, 61(2): 726-736.

[52] HUANG H Q, YANG A Y, FENG L H, et al. Artificial neural-network-based visible light positioning algorithm with a diffuse optical channel[J]. Chinese Optics Letters, 2017, 15(5): 050601.

[53] HSU C W, LIU S M, LU F, et al. Accurate indoor visible light positioning system utilizing machine learning technique with height tolerance[C]// Proceedings on Optical Fiber Communications Conference, March 11-15, 2018, San Diego, USA. Piscataway: IEEE Press, 2018.

[54] 崔佳贺. 室内可见光定位机器学习算法研究[D]. 北京: 北京理工大学, 2018.

第 3 章
可见光成像定位技术

第 3 章介绍几种基于摄像机或 CMOS 图像传感器的可见光成像定位系统和方法。3.1 节讨论一种基于 CMOS 图像传感器的条纹成像 LED-ID 信息传输系统,有效解决单帧条纹图像频率检测的问题和异步传输 LED-ID 信息的问题。3.2 节介绍一种基于磨砂图像码平板灯罩的 LED-ID 信息传输系统,3.3 节提出一种色温调制方法,并基于此设计一种采用色温调制、基于 LED 阵列的成像可见光定位系统和方法。3.4 节介绍基于摄影测量法的精确定位算法的基本原理。3.5 节叙述一种结合同色异谱光源的光源识别与成像型的可见光定位方法。

3.1　基于 CMOS 图像传感器的条纹成像 LED-ID 信息传输技术

　　采用带有 CMOS 图像传感器的终端接收 LED 光信号，可以通过检测闪烁信号所形成的明暗条纹图片携带的信息，实现低速率的数字信息传输，此类 VLP 系统称为 iVLP 系统。为使闪烁的 LED 光信号在成像平面上形成明暗条纹图片，终端设备一般采用基于卷帘式快门（Rolling Shutter，RS）模式的 CMOS 图像传感器。例如，文献[1]提出了一种可见光成像通信系统，发射机采用通断键控（OOK）调制驱动的 LED 光源，接收机采用 CMOS 图像传感器形成明暗条纹图片，通过对明暗条纹图片进行图像处理来解调 OOK 信号，其系统结构如图 3-1 所示。文献[1]所提出的系统和解码方法在短距离通信（几十厘米）和无背景环境光干扰的环境下，可以获得一定的通信性能。但是，如果将文献[1]提出的系统和方法应用在实际常见的室内照明环境中，即实现 2～6 m 的通信距离且存在环境光干扰时，其通信性能将变得很差，无法满足实际应用，这也是当前大多数基于 CMOS 图像传感器的 VLP 系统的普遍问题。

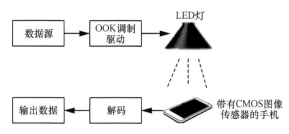

图 3-1　文献[1]提出的可见光成像通信系统

3.1.1　FSOOK 频率检测算法

文献[2-3]公开了一种可见光信号传输解码方法。其基本思想是发射端采用 LED 光源灯以不同的频率进行闪烁，接收端采用 CMOS 图像传感器获取闪烁光信号形成不同明暗条纹宽度的条纹图片。条纹图片的明暗条纹宽度取决于 LED 光源的闪烁频率。发射机通过频移通断键控（FSOOK）调制驱动 LED 灯按顺序发出闪烁频率信息，每一种频率代表若干位比特的数据。接收端的 CMOS 图像传感器采用等间隔时间拍照获取若干幅明暗条纹图片，然后对明暗条纹图片进行条纹数目检测。由于不同的条纹数目代表不同的闪烁频率，进而解码出二进制数据。

如图 3-2 所示，基于 FSOOK 调制的可见光成像通信系统实现可靠信息传输的关键是对不同宽度的明暗条纹图片进行解码，获得 LED 闪烁频率。文献[2-3]提出的检测条纹图片条纹数目方法的具体思路是：首先将有效光源区条纹图片进一步缩减为发光面矩形，对发光面矩形图片灰度值进行"灰度值二元化"，然后对二值矩形图片的每一行求和，再对和值求一阶偏导或二阶偏导，最后对每行的偏导值进行处理得到图片的条纹数目。

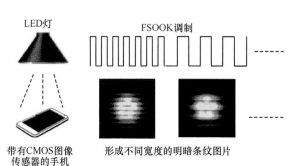

图 3-2　文献[2-3]所提出的可见光成像通信系统

然而，通过实验验证，文献[2-3]提出的这种检测图片条纹数目的方法可靠性并不理想。而且如果 CMOS 图像传感器与 LED 光源（闪烁频率保持不变）之间的距离发生变化后，有效光源区的条纹数目会发生变化，并不能得到条纹数目与 LED 闪烁频率之间的对应关系。

基于此，本章通过对此可见光通信系统进行数学建模，得到了明暗条纹图片的某个特征值与 LED 闪烁频率之间的对应关系，并介绍了几种可靠性较高、复杂度较低的 LED 闪烁频率检测方法，具有较好的实际应用价值。

1. 基于 DFT 的频率检测算法

本节介绍了一种基于 DFT 的采用 CMOS 图像传感器检测条纹图像的方法[4-6]。该方法可以实现可靠性高的 LED 闪烁频率检测，具有较好的实际应用价值。

（1）闪烁频率检测原理

对于可见光成像通信系统，LED 灯通常采用占空比为 0.5，频率周期为 $T_0 = \dfrac{1}{f_{\text{LED}}}$ 的方波发射 FSOOK 信号，其中 f_{LED} 表示 LED 闪烁频率。假定 FSOOK 信号经过一个典型的室内 VLC 场景下的视距（LOS）传播，则到达 CMOS 图像传感器上有源像素传感器（Active Pixel Sensor，APS）的入射光信号可表示为

$$P(t) = \sum_k p_0(t + kT_0)\,;\ p_0(t) = \begin{cases} p_{\text{m}},\ 0 \leqslant t \leqslant \dfrac{T_0}{2} \\ 0,\quad t > \dfrac{T_0}{2} \end{cases} \qquad (3\text{-}1)$$

其中，P_{m} 表示信号的峰值电压。假定每一张拍摄到的条纹图片由 M 行和 N 列像素值组成。根据卷帘效应的特性，针对每一行的曝光时间 T_{e} 是相同的，两个连续的行之间总有一个固定的读出时间 T_{r}，如图 3-3 所示。此外，图 3-3 中的变量 $t_{i,s}$ 和 $t_{i,e}$ 分别表示第 i 行的起始和结束时间。典型地，有 $T_{\text{r}} = t_{i+1,s} - t_{i,s} \ll T_0$ 和 $T_{\text{r}} \ll T_{\text{e}}$。

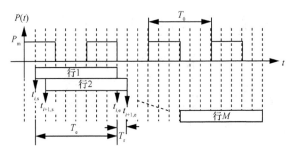

图 3-3 CIS 对闪烁 LED 灯采用卷帘式快门拍照成像过程示意

为了便于分析，我们定义

$$\begin{cases} T_0 = mT_r \\ T_e = nT_r \end{cases} \tag{3-2}$$

其中，$m, n \in R^+$，$m \gg 1$，$n \gg 1$。根据 APS 的特性和 CIS 的相关双采样（Correlated Double Sampling，CDS）机制[7-8]，APS 是一个关于时间周期为 T_e 的时间积分器件。因此，在时间周期 T_e 内，条纹图像的灰度值与 APS 输出电压的变化值成正比。在卷帘模式下，如果 LED 灯拥有一个均匀发光面，在 APS 上产生的图片的每一行中的 N 个像素值将有同样的灰度值水平。因此，图片的像素矩阵可以转换成一个简单的关于平均像素值水平的像素向量形式。接下来，我们定义 R 为 APS 的光电响应，C_{PD} 为 APS 的结电容，g_T 表示从源极跟随器到输出放大器的电压增益，K_C 表示 APS 电压到像素灰度值之间的转换系数。如果我们将 APS 模型化为一个线性时不变系统[9]，则图片第 i 行的平均灰度值可以表示为

$$v(i) = \frac{g_T R K_c}{C_{PD}} \int_{iT_r}^{iT_r + T_e} \sum_k P_0(t + kT_0)\mathrm{d}t = \frac{g_T R K_c}{C_{PD}} \int_{iT_r}^{iT_r + nT_r} \sum_k P_0(t + kmT_r)\mathrm{d}t \tag{3-3}$$

其中，$i = 0, \cdots, M-1$，$k \in Z^+$。在式（3-3）中，我们使用了式（3-1）和式（3-2）。更进一步，定义

$$\begin{cases} l = \lfloor T_e / T_0 \rfloor = \lfloor n / m \rfloor \\ b = \{T_e \bmod T_0\} = \{n \bmod m\} \end{cases} \tag{3-4}$$

则有

$$n = lm + b, \ 0 \leqslant b < m, l = 0, 1, 2, \cdots \tag{3-5}$$

将式（3-5）代入式（3-3），则有

$$v(i) = \frac{g_T R K_c}{C_{PD}} \int_{iT_r}^{iT_r + lmT_r + bT_r} \sum_k P_0(t + kmT_r)\mathrm{d}t =$$

$$\frac{g_T R K_c}{C_{PD}} \int_{iT_r}^{iT_r + lmT_r} \sum_k P_0(t + kmT_r)\mathrm{d}t + \frac{g_T R K_c}{C_{PD}} \int_{iT_r + lmT_r}^{iT_r + lmT_r + bT_r} \sum_k P_0(t + kmT_r)\mathrm{d}t =$$

$$\frac{g_T R K_c}{C_{PD}} \int_{0}^{lmT_r} \sum_k P_0(t + kmT_r)\mathrm{d}t + \frac{g_T R K_c}{C_{PD}} \int_{iT_r}^{iT_r + bT_r} \sum_k P_0(t + (k-l)mT_r)\mathrm{d}t =$$

$$\frac{g_T R K_c l T_0 P_m}{2C_{PD}} + \frac{g_T R K_c}{C_{PD}} \int_{iT_r}^{iT_r + bT_r} \sum_k P_0(t + kmT_r)\mathrm{d}t$$

$$\tag{3-6}$$

关于式（3-6）的推导，我们使用了 $P_0(t) = P_0(t + umT_r)$ 的周期性属性，其中 u 为整数。此外，FSOOK 符号的高电平和低电平会导致图片呈现高低灰度值，从而形成明暗条纹。因此，式（3-2）中的变量 m 实际上表示在一个 FSOOK 符号周期构成一对明暗条纹像素行的总数，一对明暗条纹可被称为条纹组（Stripe Group，SG）。根据式（3-5），如果令 $b = 0$ 或 $T_e = lT_0$，式（3-6）将简化为

$$v(i) = \frac{g_T R K_c l T_0 P_m}{2 C_{PD}} \tag{3-7}$$

我们发现，$v(i)$ 不依赖于行索引 i。这意味着当 T_e 是 T_0 的整数倍时，图片中每一行的平均灰度级是相同的。在这种情况下，所拍摄的图片并不包含任何条纹，因此无法解码 LED 闪烁频率。相反，当 $b \neq 0$ 时，从式（3-6）我们可知

$$v(i + km) = v(i), \ 0 \leqslant i \leqslant M - 1 \tag{3-8}$$

式（3-8）表明 $v(i)$ 是一个周期为 m 的周期性波形，根据式（3-2），其与 FSOOK 符号的周期 T_0 是一一对应的。因为 T_r 是一个与硬件相关的常量，由式（3-2）可知，如果能够获得 m 值，则可检测出 LED 闪烁频率 $f_{LED} = \dfrac{1}{T_0} = \dfrac{1}{mT_r}$。

为便于进一步阐述，我们定义

$$M = r_{SG} m \tag{3-9}$$

其中，M 表示条纹图片的像素行数，如图 3-10 所示。而 r_{SG} 表示 SG 的数量。r_{SG} 可以是一个浮点数。接下来，基于式（3-8）和式（3-9），我们可以通过求 $v(i)$ 的 M 点 DFT 去获取 $v(i)$ 的灰度值转换函数（Gray Level Transfer Function，GLTF），$v(i)$ 的 M 点 DFT 的推导过程为

$$
\begin{aligned}
V(k) &= \sum_{i=0}^{M-1} v(i) W_M^{ik} \approx \sum_{i=0}^{rm-1} v(i) W_{rm}^{ik} = \sum_{p=0}^{r-1} \sum_{i=0}^{m-1} v(i + pm) W_{rm}^{(i+pm)k} = \\
&\sum_{p=0}^{r-1} \sum_{i=0}^{m-1} v(i) W_{rm}^{ik} W_{rm}^{pkm} = \sum_{i=0}^{m-1} v(i) W_{rm}^{ik} \sum_{p=0}^{r-1} W_r^{pk} = \\
&\begin{cases} r V_m\left(\dfrac{k}{r}\right), & k = 0, r, \cdots, (m-1)r \\ 0, & \text{其他} \end{cases}
\end{aligned}
\tag{3-10}
$$

其中，$W_M^{ik} = \mathrm{e}^{-\mathrm{j}\frac{2\pi}{M}ik}$ 表示离散傅里叶系数，$V_m\left(\dfrac{k}{r}\right) = \displaystyle\sum_{i=0}^{m-1} v(i) W_{rm}^{ik}$。进一步定义

$$r = \lfloor r_{\mathrm{SG}} + 0.5 \rfloor \tag{3-11}$$

由式（3-10）可以观察到，$V(k)$ 仅在行索引是 r 的整数倍时是一个非零值。此外，在 RS 模式下，$v(i)$ 可以是一个周期为 m 的三角波、锯齿波或方波，同时含有较大的正实数直流（DC）分量。在这种情况下，$V_m\left(\dfrac{k}{r}\right)$ 是一个关于中间频率的共轭对称函数，同时 $V_m\left(\dfrac{k}{r}\right)$ 在 $k \in \left[0, \dfrac{M-1}{2}\right]$ 范围内会在 r 的整数倍位置上逐渐递减。因此，$|V(k)|$ 会在频率点 $k = 0$ 上达到最大值 $r|V_m(0)|$，而在 $k = r$ 时达到第二最大值 $r|W_m(1)|$。因此，一旦我们成功找到第二峰值的位置，对于 r 的估计值 $\hat{r}$ 就能够在第二峰值处被检测出来。

然而，在实际的系统中，DC 峰值并不会很快衰减，而它的旁瓣有可能会被误检测为目标第二峰值。因此，有必要将搜索窗口 $\left[1, \dfrac{M-1}{2}\right]$ 替换为 $\left[k_{\mathrm{LB}}, \dfrac{M-1}{2}\right]$，其中 $k_{\mathrm{LB}} \geqslant 1\ (k_{\mathrm{LB}} \in Z^+)$。显然，应合理选择 k_{LB} 的取值。如果该值太小，来自 DC 的负面效应不会得到有效抑制；而如果取值太大，目标频率有可能会被排除在搜索窗口之外。这两种情况都将引起检测错误。通过联立式（3-2）、式（3-9）和式（3-11），有

$$f_{\mathrm{LED}} = \frac{1}{T_0} = \frac{1}{mT_{\mathrm{r}}} = \frac{r_{\mathrm{SG}}}{MT_{\mathrm{r}}} \approx \frac{r}{MT_{\mathrm{r}}} \tag{3-12}$$

然后，基于检测的 $\hat{r}$ 值，LED 闪烁频率的估计值最终能够通过式（3-13）被解码。

$$\hat{f}_{\mathrm{LED}} = \frac{\hat{r}}{MT_{\mathrm{r}}} = \frac{1}{\hat{m}T_{\mathrm{r}}} \tag{3-13}$$

通过对上述分析推导进行总结，我们提出一种 RS-CIS 辅助的 FFT 频率检测算法并将其总结在算法 3-1 中。注意，因为含有条纹的图片区域通常只占整幅图片的一小部分，在算法 3-1 被调用之前，像素矩阵 $\boldsymbol{I_0}$ 应当通过图像处理算法从整幅图片中提取，在我们的测试中使用了经典的阈值分割算法[10]。

算法 3-1：条纹图片 FFT 频率检测算法

输入： T_r，k_{LB}，$M \times N \times 3$ RGB 像素矩阵 $\boldsymbol{I}_O$，$M \times N$ 灰度像素矩阵 $\boldsymbol{I}_G = rgb2gray(\boldsymbol{I}_O)$，其中 $rgb2gray(\cdot)$ 表示 RGB 灰度转换函数

输出： LED 闪烁频率 f_{LED}

1. $I_G = rgb2gray(I_O)$；

2. **for** i :=0 **to** M-1 **do**

3. $\quad v(i) = \dfrac{1}{N} \displaystyle\sum_{j=0}^{N-1} I_G(i,j)$；

4. **end for**

5. $v(k) = \mathrm{DFT}_M\big[v(i)\big]$；

6. $\hat{r} = \arg\max\big\{\big|V(k)\big|\big\}$；

$\quad k = k_{LB}, \cdots, \left\lfloor \dfrac{M-1}{2} \right\rfloor$；

7. 计算 $\hat{m} = \dfrac{M}{\hat{r}}$；

8. 计算 $\hat{f}_{LED} = \dfrac{1}{\hat{m}T_r}$；

9. **return** $\hat{f}_{LED}$

（2）条纹图片处理实例

本节评估前面介绍的条纹图片 FFT 频率检测算法的单幅图片检测性能[4-5]。我们使用了两种市面上出售的 LED 灯，品牌型号分别为雷士 E-NLED963-7 和雷士 NLED-1751，作为发射机进行测试。两台华为智能手机，型号分别为 CHE-TL00H 和 EVA-DL00，作为接收机。在实验测试中使用的主要参数总结在表 3-1 中。图 3-4 展示了本实验的典型测试环境。

(a) CHE-TL00H   (b) EVA-DL00

图 3-4　基于两种商业手机的 VLP 系统实验环境

表 3-1　实验用主要参数

LED 灯参数		接收机参数	
LED 灯型号 1	雷士 E-NLED963-7	智能电话型号 1	华为 CHE-TL00H
LED 灯类型	LED 筒灯	测试摄像头	前置
额定功率	7 W	行读取时间 T_r	1/30 720 s
LED 灯罩直径	85 mm	有效焦距长度 f	2.38 mm
LED 灯型号 2	雷士 NLED-1751	智能电话型号 2	华为 EVA-DL00
LED 灯类型	LED 射灯	测试摄像头	后置
额定功率	5 W	行读取时间 T_r	1/103 000 s
LED 灯罩直径	65 mm	有效焦距长度 f	3.83 mm

图 3-5（a）展示了两张单频条纹图片关于像素行平均灰度值向量 $v(i)$ 的 GLTF 幅度曲线 $|V(k)|$。这两张图片的像素大小均为 $M \times N = 190$ 像素 $\times 190$ 像素。它们是通过 CHE-TL00H 的前置摄像头在同样的环境下拍摄获得的，不同的是图 3-5（a）的左边子图是带有透明灯罩的 LED 射灯雷士 NLED-1751 的成像图，代表一个非均匀照明面情景；而右边子图是带有亚克力磨砂灯罩的 LED 筒灯雷士 E-NLED963-7 的成像图，代表一个均匀照明面情景。灯罩的使用有助于减少过曝的高光噪声，通常这种噪声是由过度曝光或过饱和的 APS 引起的。两种 LED 灯的闪烁频率均设置为 $f_{LED} = 2\ \text{kHz}$。LED 灯和 CIS 之间的距离设置为 $d = 800\ \text{mm}$，曝光时间设置为 $T_e = 1/9\ 930\ \text{s}$。根据算法 3-1，在这两个示例中设置像素行索引的搜索范围为 $\left[k_{LB}, \left\lfloor \dfrac{M-1}{2} \right\rfloor \right] = [4,94]$。作为示例，在图 3-5（a）仅画出了 95 个像素行索引。

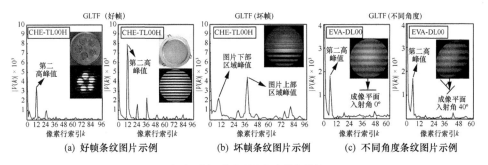

图 3-5　各种示例图片的平均灰度值向量的 GLTF

实验结果显示，所提出的算法 3-1 能够工作在非均匀照明和均匀照明两种场景

中，算法展示出针对不同照明环境下的高顽健性。具体而言，图 3-5（a）显示了针对这两张图片，$|V(k)|$ 的第二高峰值均落在 $r=k=12$ 处。通过调用算法 3-1 和表 3-1 提供的行读出时间 $T_r = 1/30\,720\ \text{s}$，能够估计出 LED 闪烁频率，$\hat{f}_{\text{LED}} = \dfrac{r}{MT_r} = 1.94\ \text{kHz} \approx 2\ \text{kHz} = f_{\text{LED}}$。注意，LED 闪烁频率的估计值和真实值存在一个小的偏差，即 $\Delta f = 2\,000 - 1940 = 60\ \text{Hz}$，引起小偏差的原因归结于式（3-11）引入的四舍五入量化误差。然而，如果不同的频率之间保持一个足够大的间隔，就可以完全消除频间干扰（Inter-Frequency Interference，IFI），避免了这种量化误差影响系统的检测性能。

根据图 3-2 描述的基于 FSOOK 调制的条纹成像通信系统，由于 UE 能够在任意的起始时刻拍摄照片，这有可能形成在一幅图片上包含两种不用条纹的宽度，这种图片我们称为坏帧。如果一幅图片仅包含一种频率，则称为好帧。坏帧图片总是发生在跨越连续的 FSOOK 符号的边界处。图 3-5（b）提供了一幅坏帧图片的检测示意。基于上文介绍的伪密勒编码和过采样机制，坏帧图片对整体的检测结果没有多大影响，因为任何重复的检测频率和不合法的检测频率将被忽略和丢弃。

进一步地，用户有可能从不同的角度对 LED 灯进行拍照。在图 3-5（c）中，我们可以看到入射角从 $0° \sim 40°$ 的改变，但这将仅影响灯罩的图片形状，并不会影响解码结果。而 $40°$ 是本实验能够拍摄到 LED 灯的最大角度。此结果显示了算法 3-1 可抵抗用户手持终端的不稳定性的高顽健性。

2. 自适应阈值差分算法

前面介绍了基于 CIS 的条纹图像检测算法，可以实现对 VLP 系统定位基站发送的 LED-ID 的检测。该算法涉及 DFT 运算，具有一定的复杂度。本节介绍一种用于 iVLP 系统的算法复杂度较低的自适应阈值差分算法[11]。

（1）曝光时间和调制频率的选取

在本系统中，发射机仍采用 FSOOK 调制方式驱动 LED 灯光源，CIS 接收信号形成条纹图片。条纹图片质量的好坏对于 LED 闪烁频率检测的性能起着至关重要的作用。条纹图片的质量可以用条纹对比度（又称迈克尔逊对比度）来评价[12]，即

$$\gamma = \frac{v_{\max} - v_{\min}}{v_{\max} + v_{\min}} \tag{3-14}$$

其中，$v_{\max}$ 和 $v_{\min}$ 分别表示 $v(i)$ 的最大值和最小值。根据式（3-14）可知，γ 的最大值为 1，最小值为 0。γ 值越大，表明明暗条纹像素差值越大，对比度越明显，形成的条纹图片质量越好。

根据式（3-4），我们有

$$T_e = lT_0 + b \qquad (3\text{-}15)$$

另一方面，式（3-6）可以进一步表示为

$$
\begin{aligned}
v(i) &= \kappa \int_{iT_r}^{iT_r+T_e} \sum_k P_0(t+kT_0)\,\mathrm{d}t = \\
&\quad \kappa \int_{iT_r}^{iT_r+lT_0+b} \sum_k P_0(t+kT_0)\,\mathrm{d}t = \\
&\quad \kappa \int_{iT_r}^{iT_r+lT_0} \sum_k P_0(t+kT_0)\,\mathrm{d}t + \kappa \int_{iT_r+lT_0}^{iT_r+lT_0+b} \sum_k P_0(t+kT_0)\,\mathrm{d}t = \\
&\quad \kappa \int_0^{lT_0} \sum_k P_0(t+kT_0)\,\mathrm{d}t + \kappa \int_{iT_r}^{iT_r+b} \sum_k P_0(t+(k+m)T_0)\,\mathrm{d}t = \\
&\quad \frac{\kappa lT_0 P_m}{2} + \kappa \int_{iT_r}^{iT_r+b} \sum_k P_0(t+kT_0)\,\mathrm{d}t
\end{aligned}
\qquad (3\text{-}16)
$$

其中，$\kappa = \dfrac{g_T R K_c}{C_{PD}}$。式（3-16）可分为两部分

$$v(i) = A + B \qquad (3\text{-}17)$$

其中，$A = \dfrac{\kappa lT_0 P_m}{2}$，$B = \kappa \int_{iT_r}^{iT_r+b} \sum_k P_0(t+kT_0)\,\mathrm{d}t$。$A$ 为一常数，而变量 B 的大小则与积分区间 $[iT_r, iT_r+b]$ 的位置和宽度有关，如图 3-6 所示。

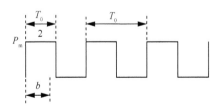

图 3-6　积分区间

当 $0 < b \leqslant \dfrac{T_0}{2}$ 时，B 的最大值为积分区间的宽度 b，均位于高电平处，B 的最小值为积分区间的宽度 b，均在低电平内，则有

$$B_{\max} = \kappa \int_0^b P_m\,\mathrm{d}t = \kappa b P_m; \quad B_{\min} = 0 \qquad (3\text{-}18)$$

根据式（3-14）、式（3-17）和式（3-18），有

$$\gamma = \frac{v_{\max} - v_{\min}}{v_{\max} + v_{\min}} = \frac{(A + B_{\max}) - A}{(A + B_{\max}) + A} = \frac{B_{\max}}{2A + B_{\max}} =$$
$$\frac{\kappa b P_{\mathrm{m}}}{\kappa l T_0 P_{\mathrm{m}} + \kappa b P_{\mathrm{m}}} = \frac{b}{T_{\mathrm{e}}} \tag{3-19}$$

当 $T_0/2 < b < T_0$ 时，B 的最大值为积分区间 b 的宽度位于高电平内，剩余宽度位于低电平内。而 B 的最小值为积分区间 b 的宽度位于低电平内，剩余宽度位于高电平，则有

$$\begin{cases} B_{\min} = \kappa \int_0^b \sum_k P_0(t + kT_0)\,\mathrm{d}t = \kappa \int_0^{\frac{T_0}{2}} 0\,\mathrm{d}t + \kappa \int_{\frac{T_0}{2}}^b P_{\mathrm{m}}\,\mathrm{d}t = \kappa d P_{\mathrm{m}} - \frac{\kappa T_0 P_{\mathrm{m}}}{2} \\ B_{\max} = \kappa \int_0^b \sum_k P_0(t + kT_0)\,\mathrm{d}t = \kappa \int_0^{\frac{T_0}{2}} P_{\mathrm{m}}\,\mathrm{d}t + \kappa \int_{\frac{T_0}{2}}^b 0\,\mathrm{d}t = \frac{\kappa T_0 P_{\mathrm{m}}}{2} \end{cases} \tag{3-20}$$

根据式（3-14）、式（3-17）和式（3-20），有

$$\gamma = \frac{v_{\max} - v_{\min}}{v_{\max} + v_{\min}} = \frac{(A + B_{\max}) - (A + B_{\min})}{(A + B_{\max}) + (A + B_{\min})} = \frac{B_{\max} - B_{\min}}{2A + B_{\max} + B_{\min}} =$$
$$\frac{\dfrac{\kappa T_0 P_{\mathrm{m}}}{2} - \left(\kappa b P_{\mathrm{m}} - \dfrac{\kappa T_0 P_{\mathrm{m}}}{2} \right)}{\dfrac{2\kappa l T_0 P_{\mathrm{m}}}{2} + \dfrac{\kappa T_0 P_{\mathrm{m}}}{2} + \kappa b P_{\mathrm{m}} - \dfrac{\kappa T_0 P_{\mathrm{m}}}{2}} = \frac{T_0 - b}{l T_0 + b} = \frac{T_0 - b}{T_{\mathrm{e}}} \tag{3-21}$$

综上所示，条纹对比度 γ 可表示为 $\{T_0, T_{\mathrm{e}}\}$ 的函数。

$$\gamma = \begin{cases} 0, & b = 0 \\ \dfrac{b}{T_{\mathrm{e}}}, & 0 < b \leqslant \dfrac{T_0}{2} \\ \dfrac{T_0 - b}{T_{\mathrm{e}}}, & \dfrac{T_0}{2} < b < T_0 \end{cases} \tag{3-22}$$

从式（3-22）可以看出，条纹对比度 γ 仅与 T_0 和 T_{e} 有关。为了能够获得质量更好的条纹图片，应该根据式（3-21）所示 3 个变量之间的关系合理设置系统的参数，增加条纹对比度，提高系统的检测性能。

（2）算法设计原理

CIS 图像传感器对闪烁的 LED 灯进行拍照，所生成的条纹图像中的条纹是呈周期性变化的。因此，如果能够找到明暗条纹变化的边界处，即从暗条纹到明条纹过渡的边界或者从明条纹到暗条纹过渡的边界，就可计算一对明暗条纹的行数。

在理想情况下，明条纹（或暗条纹）内每行像素值比较接近，明暗条纹的边界处像素值变化非常明显，即暗条纹的灰度值与明条纹的灰度值差值较大。如果找到某处两行像素值的差值特别大，超过规定的阈值，则可认为找到了明暗条纹的边界处。本算法根据这个原理寻找明暗条纹的边界处。具体地，可将相邻的灰度平均值进行差分运算，如大于给定的"灰度阈值"的行值赋值为"1"，否则赋值为"0"。然后，将差分结果为"1"的所有元素的索引号依次取出，对索引号进行差分运算，并将计算后的结果进行筛选，将大于 1 的结果保留。此时，结果中的每个数值对应一对明暗条纹所对应的总像素行数。该信息对应 LED 灯发射的 FSOOK 信号的频率值，因此可恢复出原 FSOOK 信号的频率信息。

根据上述自适应阈值算法的设计原理，我们将算法流程总结在算法 3-2 中。

算法 3-2：自适应阈值频率检测算法

1. 将采集的条纹图片转换为灰度图片，获取有效的条纹图片区域；

2. 求每行像素灰度值的平均值；

3. 计算相邻两行像素的差值，然后将差值与所选的阈值 α_{T} 进行比较，差值大于 α_{T}，将此行值赋为"1"，否则将此行值赋为"0"，将结果保存数组 D 中；

4. 将 D 中值为"1"的所有元素的索引号取出，保存到数组 E 中；

5. 根据数组 E，可按照图 3-9 的流程得到数组 H 的取值，即每对明暗条纹所对应的总像素行数；

6. 将数组 H 中的每一个取值与该系统合法频率值对应的 $\tilde{R}_w$ 进行比较，并找出统计匹配次数的最大值，则其所对应的 $\tilde{R}_{w,\max}$ 关联的真实行数值 $R_{\mathrm{T,max}}$，即可视为最终的估计行数值 $\hat{m}=R_{\mathrm{T,max}}$，其中 $\hat{m}$ 表示一对明暗条纹像素行的总数；

7. 根据上述得到 $\hat{m}$，由行数和频率关系式（3-13）可以计算出 FSOOK 信号估计频率值 $\hat{f}_{\mathrm{LED}}$。

首先，将 CIS 采集到的图片转换为灰度图片，得到的灰度图片的像素灰度值分布为 0~255。然后进行图像分割获取有效条纹区域。由于图片的条纹区域和背景区域占据不同灰度级范围，可采用经典图像阈值化分割方法，其实现简单、计算量小、性能较稳定，在图像分割中应用最广泛。具体的做法为，计算整幅图片灰度的平均

值并将其作为阈值，表示为

$$T_{\mathrm{H}} = \frac{1}{RC} \sum_{r=1}^{R} \sum_{c=1}^{C} g(r,c) \tag{3-23}$$

其中，T_{H} 表示阈值，$g(r,c)$ 表示每个像素的灰度值，R 表示整幅图的总行数，C 表示整幅图的总列数。然后，将整幅图片的灰度值与阈值比较，进行二值化处理，大于阈值则赋值为"1"，小于阈值则赋值为"0"，即

$$b(r,c) = \begin{cases} 1, & g(r,c) \geqslant T_{\mathrm{H}} \\ 0, & g(r,c) < T_{\mathrm{H}} \end{cases} \tag{3-24}$$

其中，$b(r,c)$ 为二值化后的数值。接着分别计算二值化后每行及每列的数值和。

$$R(r) = \sum_{c=1}^{C} b(r,c) \tag{3-25}$$

$$C(c) = \sum_{r=1}^{R} b(r,c) \tag{3-26}$$

其中，$R(r)$ 表示二值化后第 r 行的数值和，$C(c)$ 表示二值化后第 c 列的数值和。

在低曝光时间、无信号干扰的情况下采集图像，获得的应该是只包含黑色背景和明暗条纹的图像。在理想情况下，黑色背景经过二值化后应该全部为 0，那么背景区域的每行或每列的数值和应该为 0。条纹区域有明暗条纹，二值化后每行或每列的数值和必然大于 0，为了将条纹区域分割出来，选取一个阈值 ST_B，然后分为两步进行分割操作：第一步是从首行开始将每个 $R(r)$ 与 ST_B 比较，寻找有效行上边界，记录这个行号为 $r_{\min}$；第二步是尾行开始搜索，寻找有效行下边界，记录这个行号为 $r_{\max}$。同理，找出 $c_{\min}$ 和 $c_{\max}$。寻找有效行边界区域如图 3-7 所示。

按此方法分别获取有效行和有效列的边界，将边界内区域的灰度像素值分割出来就可获取有效条纹的区域。本流程仅考虑了单灯的情况。对于多灯的场景，可以采用图像识别算法将多灯分别切割出来后再采用上述流程操作。该区域内的条纹行数 r_e 可表示为

$$r_e = r_{\max} - r_{\min} + 1 \tag{3-27}$$

列数 c_e 表示为

$$c_e = c_{\max} - c_{\min} + 1 \tag{3-28}$$

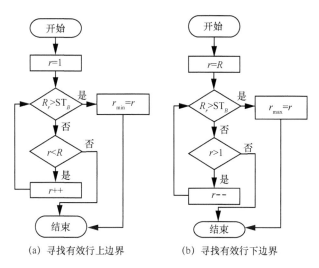

(a) 寻找有效行上边界　　　　　(b) 寻找有效行下边界

图 3-7　寻找有效行边界的流程

获取到有效条纹区域后，对这个区域的灰度像素值作进一步处理。首先求每行像素的灰度值的平均值 M_r。此处为了能够清晰地表示计算过程，简单地用数学公式表示为

$$M_r = \frac{1}{c_e}\sum_{c=1}^{c_e} g(r,c), r = 1, 2, \cdots, r_e \qquad （3\text{-}29）$$

然后，为了寻找明暗条纹的边界处，计算相邻两行像素的差值，即当前行像素值减去上一行的像素值，然后将差值与所选的灰度阈值进行比较。如差值大于 α_T，将此行值赋为 "1"，否则将此行值赋为 "0"。为了通过像素值之间的差值区分明暗条纹，需要选取合适的阈值 α_T。明暗条纹的像素差值与图片的迈克尔对比度相关，可计算出一定数量的实验图片的 γ 来获取统计经验值，从而确定阈值的选取。

根据大量图片实验处理统计结果确定 α_T 选取和 γ 的关系时，可采用以下选取规则，即图片中至少有 3 条连续的明暗条纹（其中两条是明条纹，第 3 条是暗条纹；或其中两条是暗条纹，第 3 条是明条纹）；α_T 可在阈值置信区间上选取任意值。阈值置信区间的定义是遍历的全部灰度值，逐个作为 α_T 的测试阈值 i 来观察目标图片的解码结果（$i = 0, 1, \cdots, 255$，即图片中一对明暗条纹包含的像素行数），当所得结果在有效行数 $\tilde{R}$ 范围内的重复率大于某个重复门限（例如，最低为 50%）时，该测试阈值 i 即视为一个有效阈值，而全部有效阈值就组成了阈值置信区间。上述有效

行数 $\tilde{R}$ 定义为行数的真值 R_T 的浮动范围，即

$$\tilde{R} = R_T \pm \Delta R \qquad (3\text{-}30)$$

其中，ΔR 为给定的行数保护间隔。

在实际应用中，选取 FSOOK 信号频率时，应使不同的频率之间的间隔大于 $2\Delta R$。图 3-8 给出了一个选取阈值置信区间的示意。在该例中，重复门限设定为 50%。

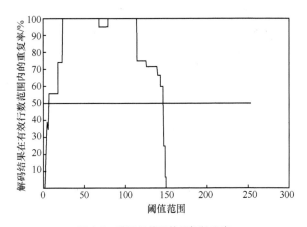

图 3-8　选取阈值置信区间的示意

通过采用上述方法处理大量实验图片并选定阈值置信区间后，即可根据实验结果确定对比度 γ 和灰度阈值 α_T 的关系。由于该结果是根据若干次实验解码统计结果而得出的，如果实验次数不同，结果可能会存在差别；但无论如何，总可以求出 γ 跟 α_T 的一个对应关系。下述是此关系的一个例子。

$$\begin{cases} \alpha_T \in (10,120) & 0.99 < \gamma \leqslant 1 \\ \alpha_T \in (20,110) & 0.98 < \gamma \leqslant 0.99 \\ \alpha_T \in (60,120) & 0.87 < \gamma \leqslant 0.98 \\ \alpha_T \in (70,90) & 0.56 < \gamma \leqslant 0.87 \end{cases} \qquad (3\text{-}31)$$

在式（3-31）的例子中，当 $\gamma < \gamma_{min} < 0.56$ 时，图片明暗像素之间的差值太小，可能无法取到合适的阈值，该图片将不能正确解码，应换用其他图片来辅助上述的阈值选择过程。根据图片的对比度选取合适的阈值作为灰度阈值 α_T。

确定 α_T 后，首先初始化第 1 行为 0，然后对其他行进行差值运算并与阈值比较后再进行赋值，即

$$D_r = \begin{cases} 1, & M_r - M_{r-1} \geqslant \alpha_{\mathrm{T}} \\ 0, & \text{其他} \end{cases} \tag{3-32}$$

或

$$D_r = \begin{cases} 1, & M_{r-1} - M_r \geqslant \alpha_{\mathrm{T}} \\ 0, & \text{其他} \end{cases} \tag{3-33}$$

经过式（3-32）的运算后，可以将所有 D_r 值为 "1" 的所有元素的索引号取出，保存在数组 E 中，其中 M 为 "1" 的个数。

根据数组 E 可按图 3-9 的流程对索引号进行差分运算，并将筛选后的结果保存在数组 H，H 中各元素的取值，即每对明暗条纹所对应的总像素行数。

由上述步骤可得到目标图片所包含全部 L 对明暗条纹所对应的行数 $H(l), l = 1, 2, \cdots, L$。由于每个合法的 FSOOK 调制频率是已知的，它们所对应的真实行数可根据式（3-12）计算，每个真实行数对应的有效行数 $\tilde{R}_w (w = 1, 2, \cdots, W)$ 可由式（3-30）得到，其中 W 为该系统合法频率值的总数。因此，将前述 L 个行数值 $H(l), l = 1, 2, \cdots, L$ 中的每一个数值与 $\tilde{R}_w (w = 1, 2, \cdots, W)$ 进行比较，并统计 $H(l)$ 匹配 $\tilde{R}_w$ 的次数，得到表 3-2。

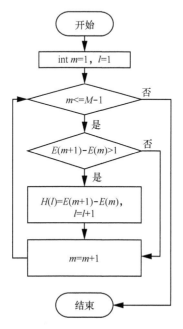

图 3-9　计算数组 H 中元素取值的算法流程

表 3-2　明暗条纹对应行数与有效行数的对比示例

$\tilde{R}_w$	$H(l)$		
	$H(1)$	$\cdots$	$H(L)$
$\tilde{R}_1$	S_{11}	$\cdots$	S_{1L}
$\vdots$	$\vdots$	$\vdots$	$\vdots$
$\tilde{R}_w$	S_{W1}	$\cdots$	S_{WL}

由表 3-2 找出 S_{wl} $(l=1,2,\cdots,L, w=1,2,\cdots,W)$ 的最大值为

$$S_{\max} = \max_{w,l}\{S_{wl}\}, \quad w=1,\cdots,W,\ l=1,\cdots,L \tag{3-34}$$

根据简单多数或平均数的原则，找到最匹配的 $\tilde{R}_{w_{\max}}$，其所对应的 $\tilde{R}_{w_{\max}}$ 关联的真实行数值 $R_{\mathrm{T,max}}$，即可视为最终的估计行数值 $\hat{m} = R_{\mathrm{T,max}}$。根据上述得到的 $\hat{m}$ 数值，可由式（3-13）计算出估计的 FSOOK 信号频率 $\hat{f}_{\mathrm{LED}}$。

（3）算法复杂度分析

本算法的关键部分是根据阈值进行差值运算，如式（3-32）所示，当有 N 个点时，需要进行 $N-1$ 次差分运算，然后将赋值为 "1" 的索引号取出。假设这里有 M 个 "1"，则需要进行 $M-1$ 次。因此，采用自适应阈值差分算法的计算复杂度约为 $O(N)$。

（4）条纹图片处理实例

我们设置 LED 筒灯发射机调制频率为 500 Hz 的 FSOOK 信号，采用型号为 CHE-TL00H 的手机前置摄像头，设置固定的曝光时间后采集图片。采集的图片示例如图 3-10 所示。然后用 MATLAB 实现自适应阈值算法来处理图片获取条纹频率信息，验证算法的正确性。

由表 3-1 可知，CHE-TL00H 手机的前置摄像头的行读出时间为 1/30 720 s，根据式（3-13）计算一对明暗条纹的像素行数为

$$m = \frac{1}{f_{\mathrm{LED}}T_{\mathrm{r}}} = \frac{30\,720}{500} \approx 61 \tag{3-35}$$

从式（3-35）可知，接收 FSOOK 信号后形成的条纹图像的一对明暗条纹的像素行数的理论值为 61。

我们按照算法 3-2 所示的自适应阈值算法的流程，将采集到的图 3-10 所示的图片转换成灰度图片，然后根据式（3-23）~式（3-26）进行数学运算，即选取整幅

图的平均灰度值作为阈值进行二值化处理,然后选取 ST_B 为 10 进行图像分割获取有效的条纹区域。接下来,根据式(3-29)计算出每行像素的平均灰度值,将每行的灰度平均值进行统计如图 3-11 所示。

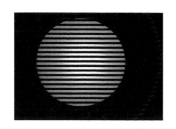

图 3-10　500 Hz 的条纹图片

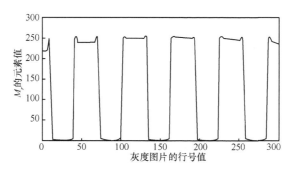

图 3-11　每行像素的平均灰度值

根据式(3-14)计算条纹的对比度为

$$\gamma = \frac{243.228\,4 - 0.809\,2}{243.228\,4 + 0.809\,2} = 0.993\,3 \tag{3-36}$$

根据式(3-31)选取阈值 $\alpha_{\text{T}} = 50$,采用式(3-32)来做差分运算,得到明暗条纹的边界值,差分运算结果如图 3-12 所示。

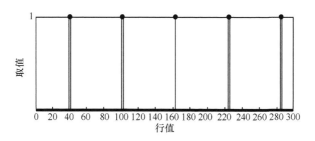

图 3-12　差分运算结果分布

将结果中取值为"1"的所有元素的索引号取出放在数组中见表 3-3。

表 3-3 取值为"1"的元素索引

数组索引号	1	2	3	4	5	6	7	8	9	10
元素值	40	41	101	102	163	224	225	285	286	287

根据图 3-9 的算法流程计算一对明暗条纹的像素值，得到结果为 $H = 61\ 62\ 62\ 61$。

由简单多数法可知，式（3-34）得出 S_{wl} 的最大值 $S_{max} = 4$，其所对应的 $\tilde{R}_{w_{max}}$ 关联的真实行数值 $R_{T,max} = 61$。因此，可判定估计行数值为 $\hat{m} = R_{T,max} = 61$。最后，由式（3-13）计算出估计的 FSOOK 信号频率 $\hat{f}_{LED} = 500\,Hz$。由此，我们验证了经过算法处理后得到估计频率结果和发射的 FSOOK 信号的频率相等。

3. 自相关差分算法

本节提出一种用于条纹图像频率检测的自相关差分算法，具有较好的条纹频率检测性能，可增加正确解调可见光信号的距离，同时还支持更宽的 LED 闪烁频率范围[13]。

（1）算法设计原理

相关函数的输出是一串数值序列，它以一段信号为标准，与另一个信号逐段比较，每次比较都能得到一个数值，这些数值之间的关系能反映被比较信号的特征[14]。例如，在时序 $n = a \sim b$ 的数字信号 $x(n)$ 与另一个数字信号 $y(n)$ 逐段比较，其相关函数写为

$$R_{xy}(n) = \sum_{p=a}^{b} x(p)y^*(p+n) \qquad (3\text{-}37)$$

其中，a 和 b 都是整数，操作符"*"表示共轭复数。相关函数的绝对值 $|R_{xy}(n)|$ 没有确定的最大值，但它可通过数字之间的相对大小提供隐藏在信号中的信息。

相关函数又分为自相关函数和互相关函数。当参与比较的信号是同一个信号时，相关函数称为自相关函数；当参与比较的信号是不同的信号时，相关函数称为互相关函数。

当信号为周期性信号时，自相关函数可以表示函数本身的相关性。因此可以利用相关函数来表示灰度平均值的相关性，从而求出周期。因此，对灰度平均值进行自相关运算，观察自相关运算结果的图形，连续相邻的波峰之间间隔的行数就是一对明暗条纹所包含的像素行数。由于该信息对应于 LED 灯发射的 FSOOK 信号的频

率值，因此可以恢复出原 FSOOK 信号的频率信息。

（2）自相关差分算法

自相关差分算法处理流程为：CIS 采集图片后，将图片转为灰度图片，然后经过式（3-23）～式（3-28）的运算后获得有效条纹区域。接着，利用式（3-29）求每行像素的灰度平均值，再存储在数组 $G_{\text{average}}(n)(n=1,2,\cdots,N)$ 中，其中，N 表示分割后图像的总行数。然后，对 $G_{\text{average}}(n)(n=1,2,\cdots,N)$ 进行自相关运算。

计算自相关运算常用的方法有两种，第一种是直接法，可表示为

$$A_{\text{GG}}(i)=\frac{1}{N}\sum_{n=0}^{N-i-1}G_{\text{average}}(n)G_{\text{average}}(n+i),\quad 0\leqslant i\leqslant N-1 \qquad (3\text{-}38)$$

其中，$A_{\text{GG}}(i)$ 为 G_{average} 的第 i 个元素的自相关函数值。自相关差分算法处理流程如算法 3-3 所示。

算法 3-3：自相关差分频率检测算法

1. 将采集的条纹图片转为灰度图片，获取有效的条纹图片区域；

2. 求每行像素灰度值的平均值；

3. 对平均值进行自相关运算；

4. 将自相关结果的峰值索引号进行差分运算，结果即为每对明暗条纹所对应的总像素行数；

5. 将结果的元素与该系统合法频率值对应的 $\widetilde{R}_w$ 进行比较，并找出统计匹配的次数的最大值，则其所对应的 $\widetilde{R}_{w,\max}$ 关联的真实行数值 $R_{\text{T,max}}$，即可视为最终的估计行数值 $\hat{m}=R_{\text{T,max}}$；

6. 根据上述得到 $\hat{m}$，由行数和频率关系计算出 FSOOK 信号估计频率值 $\hat{f}_{\text{LED}}$。

第二种方法是间接法。因为 FSOOK 信号为周期性功率信号，CIS 对接收到的 FSOOK 信号所形成的条纹图像信号也为周期性功率信号。根据维纳—辛钦定理，周期性功率信号的自相关函数和功率谱密度函数是一对傅里叶变换对，因此可利用 DFT 计算出 G_{average} 功率谱密度函数的估计值，然后再计算其傅里叶反变换，即可得到自相关函数，可用公式表示为[15]

$$A_{\text{GG}}(i)=\frac{1}{N}\sum_{k=0}^{N-1}\frac{1}{N}\left|\phi_{\text{average}}(k)\right|^2 \text{e}^{\text{j}\frac{2\pi}{N}ki},\quad i=0,1,2,\cdots,N-1 \qquad (3\text{-}39)$$

其中，$\phi_{\text{average}}(k)$ 为 $G_{\text{average}}(n)$ 的离散傅里叶变换。利用式（3-39）计算时，需要将 $G_{\text{average}}(n)$ 补零扩展到 $2N-1$ 之后再计算其自相关函数。数组 A 的取值呈现周期性变

化。检查数组 A 中的每一个元素，如果该元素比其相邻的两个元素的值大，则将该元素定义为一个"波峰"。将数组 A 中所有"波峰"的索引号取出，并保存在数组 $B(i)$（$i=1,2,\cdots,M$），其中 M 为上述元素的总数，然后对数组 B 中的元素进行差分运算得到数组 C，即

$$C(i) = B(i+1) - B(i) \tag{3-40}$$

数组 C 中的每个元素对应一对明暗条纹所包含的像素行数。根据式（3-34）找到其所对应的 $\tilde{R}_{w_{\max}}$ 关联的真实行数值 $R_{\mathrm{T,max}}$，根据简单多数或平均数的原则，找到最匹配的 $\tilde{R}_{w_{\max}}$，即可视为最终的估计行数值 $\hat{m} = R_{\mathrm{T,max}}$。利用上述得到的 $\hat{m}$ 数值，由式（3-13）可计算出 FSOOK 信号频率的估计值 $\hat{f}_{\mathrm{LED}}$。

（3）算法复杂度分析

自相关差分算法最关键的运算步骤就是自相关函数的计算。自相关函数直接法的计算如式（3-38）所示。可以看出，当 m 为 $0\sim N-1$ 的某个值时，加法的复杂度为 $O(N)$，乘法的复杂度为 $O(N)$，每个自相关元素值的复杂度为 $O(N) + O(N) = O(N)$。因此计算 m 个元素的自相关函数值，当 m 取遍 $0\sim N-1$ 的每个值时，整个自相关函数的直接计算法的复杂度为 $O(N^2)$。

自相关函数的间接计算方法是利用维纳—辛钦定理，周期性功率信号的自相关函数和功率谱密度函数是一对傅里叶变换对，因此可利用 DFT 计算出 G_{average} 功率谱密度函数的估计值，然后再计算其傅里叶反变换，即可得到自相关函数。根据 DFT 计算给定 k 的离散傅里叶变换 $X[k]$，可表示为

$$\phi[k] = \sum_{n=0}^{N-1} G_{\mathrm{average}}[n]\, W_N^{-nk},\ W_N^{-nk} = \mathrm{e}^{-\mathrm{j}\frac{2\pi}{N}nk} \tag{3-41}$$

从式（3-39）可以看出，对于某个 k，加法的复杂度为 $O(N)$，乘法的复杂度为 $O(N)$，每个元素的计算复杂度为 $O(N) + O(N) = O(N)$。对于整个 DFT 运算，N 个元素的复杂度运算为 $O(N^2)$。可采用快速傅里叶变换代替 DFT 计算 G_{average} 功率谱密度函数的估计值。输入采样序列 $G_{\mathrm{average}}(n)$ 长度为 N，则计算得到 N 点频谱分量 $\phi(k), k=0,1,\cdots,N-1$。计算 G_{average} 功率谱密度函数的估计值的计算复杂度为 $O(N\mathrm{lb}^N)$。因此，采用自相关间接法的复杂度为 $O(N\mathrm{lb}^N) + O(N\mathrm{lb}^N) = O(N\mathrm{lb}^N)$。

（4）条纹图片处理实例

本节对自相关差分算法进行仿真，仍以图 3-10 的采集图像为例，按照算法 3-3 所示的算法流程进行处理。算法中的几个步骤，如处理流程中转换为灰度图

片、进行图像分割截取到有效条纹区域、计算每行像素的平均灰度值等，均与自适应阈值算法相同，每个步骤得到的结果相同，此处不再赘述。按照式（3-38）或式（3-39）进行自相关运算，并按式（3-40）计算后，将结果放在数组 A 中，如图 3-13 所示。

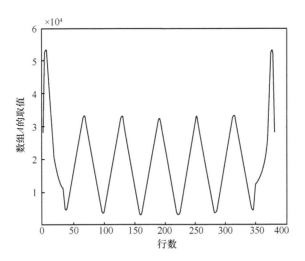

图 3-13　自相关运算结果分布

从图 3-13 可以看出，自相关运算后得到的图形在周期的整数倍位置处将出现波峰。将图中所有波峰的索引号取出，并保存在数组 $B(i)$ $(i = 1, 2, \cdots, M)$ 中，其中 M 为上述元素的总数。其结果在表 3-4 中给出。

表 3-4　数组 B 中的元素

元素索引 i	1	2	3	4	5	6	7	8	9	10	11
$B(i)$	9	55	116	177	239	300	361	423	484	545	591

数组 B 进行差分运算，即当前元素值减去上一个元素值，将结果保存在 $C(i)$ $(i = 1, 2, \cdots, M-1)$ 中，得到表 3-5。

表 3-5　数组 C 的元素

元素索引 i	1	2	3	4	5	6	7	8	9	10
$C(i)$	46	61	61	62	61	61	62	61	61	46

此时根据简单多数法可知，由式（3-33）得出 S_{wl} 的最大值 $S_{\max} = 8$，其所对应

的 $\tilde{R}_{w_{\max}}$ 关联的真实行数值 $R_{\mathrm{T,max}} = 61$。因此，可判定估计行数值为 $\hat{m} = R_{\mathrm{T,max}} = 61$。最后，由式（3-34）算出估计的 FSOOK 信号频率 $\hat{f}_{\mathrm{LED}} = 500$ Hz。根据以上结果，验证了经过自相关差分算法处理后得到估计频率结果和发射的 FSOOK 信号的频率相等。

3.1.2 伪密勒编码辅助的 LED-ID 多帧图像传输技术

本节介绍一种基于伪密勒编码辅助的 LED-ID 多帧图像传输技术，能够有效地解决 LED-ID 的异步传输问题，具有高顽健性[4-5,16]。

1. 基于过采样机制的 iVLP 系统模型

图 3-14 展示了基于多帧图片传输 LED-ID 信息的 iVLP 系统模型。发射机嵌入装有灯罩的灯中，通过 FSOOK 调制器并使用 $U+1$ 个不同的频率调制驱动二进制 LED 信息的发送。具体而言，我们使用一个特殊的频率 f_{FH} 来调制 FSOOK 符号，使之成为帧头（FH）标识符。帧头会被添加到 LED-ID 负载的最前面，而 LED-ID 负载会被其他 U 种不同的频率所调制。假定一帧 LED-ID 包含 I 比特信息，它可被 K_{ID} 个 FSOOK 符号完全表示，每个 FSOOK 符号可携带 A 比特信息，则有

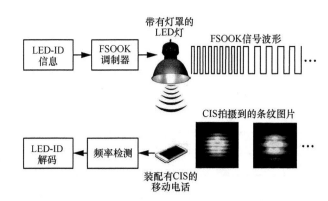

图 3-14 基于多帧图片传输 LED-ID 信息的 iVLP 系统模型

$$A = \mathrm{lb}\,U \tag{3-42}$$

进一步地，有 $I = K_{\mathrm{ID}} A = K_{\mathrm{ID}} \mathrm{lb}\,U$。为便于描述，我们定义一个带有 FH 的 LED-ID 为一个 LED-ID 帧。

在图 3-14 所示的系统模型中，LED 灯循环广播 LED 信号，而接收机使用 CIS

进行 FSOOK 符号检测。在接收端，CIS 的 RS 机制能够帮助在成像平面上产生一张条纹图片，其中一对明暗条纹的宽度与 LED 的闪烁频率成正比。因为每一幅条纹图片代表着一个 FSOOK 符号，我们能够从中解码出 A 比特信息如式（3-42）所示。通过等时间间隔拍摄，多幅条纹图片或 FSOOK 符号能够被检测和解码，再将估计出来的信息比特组装形成一帧 LED-ID 信息。该系统允许 UE 在一个任意的时间点开始拍照。

多帧图像组成 LED-ID 进行传输，其机制主要受 3 个参数影响，分别为 FSOOK 符号持续时间 T_S、拍照间隔时间 T_I 和产生对应于 LED 灯罩区域的条纹图片所需要的时间 T_{IF}，如图 3-15 所示。一般地，为了消除 FSOOK 符号间的干扰，我们应保证 $T_{IF} < T_S$。在随机拍照的过程中，当一幅图片完全在一个 FSOOK 符号时间周期内产生时，所形成的条纹图片将只包含一个单一的条纹宽度，此幅图片定义为"好帧"。相反，若图片跨越了相邻两个 FSOOK 符号的界限，条纹图片会包含两种不同的条纹宽度，定义为"坏帧"。如图 3-15 所示，空白方块和网格方块分别代表好帧和坏帧。

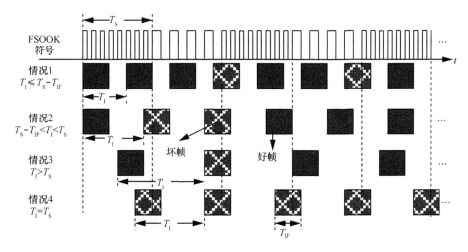

图 3-15 多帧图片检测模型

图 3-15 展示了 4 种示例情况。情况 1 假设式（3-43）成立。

$$T_I \leq T_S - T_{IF} \tag{3-43}$$

它表示一个严格的过采样方案。在该方案中，可以确保得到至少一个好帧。在这种情况下，如果每个好帧总是能够被正确地解码，那么代表一帧 LED-ID 信息的多个

FSOOK 符号，无论其在任意的起始时刻拍照，均不会带来信息损失，可以通过帧头找到信息序列的起始位置，从而恢复出原始 LED-ID。然而，在图 3-15 所展示的其他 3 种情况中，在一个 FSOOK 符号时间周期内都有可能出现坏帧。如果这种现象发生，则恢复 FSOOK 符号的机会将取决于坏帧能够被正确解码的概率，这种概率在一定的条件下能够接近 100%。因此，在本系统设计中，为了避免在其他 3 种情况下少数 FSOOK 符号丢失，需要严格执行式（3-43）所示的过采样方案。

此外，假设 CIS 接收机能够使用等时间间隔拍照的连续拍照模式，则有

$$T_{IF} \leqslant T_I \tag{3-44}$$

其中，当 CIS 处于录像或连续拍照模式下近距离拍摄 LED 灯时，所产生的条纹图片能够覆盖整张图片，则其等号成立。联立式（3-43）和式（3-44），可以得到

$$T_{IF} \leqslant T_I \leqslant T_S - T_{IF} \tag{3-45}$$

在式（3-45）的约束下，T_S、T_{IF} 和 T_I 值依赖使用的 CIS 和 LED 灯，3 个参数值均能够在硬件设备参数的典型范围内进行调整。进一步地，定义

$$\begin{cases} T_S = \alpha T_{IF} \\ T_I = \beta T_{IF} \end{cases}, \quad \alpha, \beta \in R^+ \tag{3-46}$$

则基于式（3-46）定义，可将式（3-45）重写为 $1 \leqslant \beta \leqslant \alpha - 1$。假定拍摄的起始时间是随机的，从给定的持续观察周期中恢复一帧 LED-ID 所需的最少图片数量为

$$N_{IF} = \left\lceil \frac{T_S K}{T_I} \right\rceil = \left\lceil \frac{\alpha K}{\beta} \right\rceil \tag{3-47}$$

其中，$\lceil x \rceil$ 表示大于或等于 x 的最小整数值，$K = K_{ID} + 1$ 表示形成一帧 LED-ID 所需要的 FSOOK 符号的数量。

接下来，我们讨论如何决定 α 和 β 值。具体而言，当出现连续发送的相同 FSOOK 符号的情形下，如果 $\{\alpha, \beta\}$ 的选择不当，解码符号有可能出现必然的错误，即所谓"判决模糊"问题。图 3-16 展示了一些描述该问题的示例。为了简化分析，我们假设任何好帧都能被正确解码，而任何坏帧有可能被正确解码，也有可能被错误解码。定义 $N_{CI}(f, K_{CI})$ 为针对 K_{CI} 个连续相同的 FSOOK 符号被解码成 LED 闪烁频率 f 所对应的可能的图片数量。

在图 3-16 的示例 1 和示例 2 中，我们设定 $\alpha = 3.5$ 和 $\beta = 1.75$。因为拍照是在

任意的起始时间点上，对于示例 1 的情况，有可能在一个 FSOOK 符号周期内有一个好帧和 2 个坏帧。假设一个坏帧有可能被正确解码成 f_i 或者被解码成其他错误的频率值，则有 $N_{CI}(f, K_{CI})|_{K_{CI}=1} \in \{1,2,3\}$，它是依赖于这 3 张图片解码出的频率值的所有可能的融合。类似地，我们在示例 2 中观察到 $N_{CI}(f, K_{CI})|_{K_{CI}=2} \in \{3,4,5\}$。因此，假设在接收端解码出 $N_{CI}(f, K_{CI}) = 3$ 幅图片，这是一个对于 $N_{CI}(f, K_{CI})|_{K_{CI}=1}$ 和 $N_{CI}(f, K_{CI})|_{K_{CI}=2}$ 来说都是合法的值。此时会在 $K_{CI}=1$ 和 $K_{CI}=2$ 之间存在一个无法解决的判决模糊状态。推广到一般情况，如果 $\{\alpha, \beta\}$ 融合值选择不当，K_{CI} 和 $K_{CI}+1$ 之间均有可能会出现判决模糊。

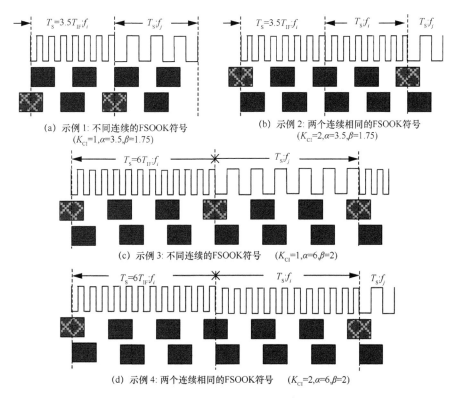

(a) 示例 1: 不同连续的 FSOOK 符号
($K_{CI}=1, \alpha=3.5, \beta=1.75$)

(b) 示例 2: 两个连续相同的 FSOOK 符号
($K_{CI}=2, \alpha=3.5, \beta=1.75$)

(c) 示例 3: 不同连续的 FSOOK 符号　($K_{CI}=1, \alpha=6, \beta=2$)

(d) 示例 4: 两个连续相同的 FSOOK 符号　($K_{CI}=2, \alpha=6, \beta=2$)

图 3-16　在连续发送相同 FSOOK 符号时可能形成的拍摄图片数量示例

与上述情形相反，在图 3-16 的示例 3 和示例 4 中，若假定 $\alpha=6$ 和 $\beta=2$，则有 $N_{CI}(f, K_{CI})|_{K_{CI}=1} \in \{2,3,4\}$ 和 $N_{CI}(f, K_{CI})|_{K_{CI}=2} = \{5,6,7\}$，这些值并无重叠区域。因此，对于任意关于 $N_{CI}(f, K_{CI})$ 的检测值均可对应一个独一无二的 K_{CI} 值，将不会出

现前述的模糊判决问题。经过穷举分析，$N_{CI}(f,K_{CI})$ 和 K_{CI} 个连续相同的 FSOOK 符号之间的关系可表示为

$$N_{CI}(f,K_{CI}) \in \begin{cases} \{l-1,l,l+1\}, & 0 \leqslant \varepsilon \leqslant \beta-1 \\ \{l-1,l,l+1,l+2\}, & \beta-1 < \varepsilon < 1 \\ \{l,l+1,l+2\}, & 1 \leqslant \varepsilon < \beta \end{cases} \quad (3\text{-}48)$$

当 $\beta < 2$ 时，有

$$N_{CI}(f,K_{CI}) \in \begin{cases} \{l-1,l,l+1\}, & 0 \leqslant \varepsilon < 1 \\ \{l,l+1\}, & 1 \leqslant \varepsilon \leqslant \beta-1 \\ \{l,l+1,l+2\}, & \beta-1 < \varepsilon < \beta \end{cases} \quad (3\text{-}49)$$

当 $\beta \geqslant 2$ 时，其中 $l = \left\lfloor \dfrac{\alpha K_{CI}}{\beta} \right\rfloor$，$0 \leqslant \varepsilon = \alpha K_{CI} - l\beta < \beta$，$K_{CI} \in [1, K_{ID}]$。

从上面的例子可以推断，大比值的 α/β 有助于帮助消除关于 K_{CI} 的模糊判决问题，从而提升 LED-ID 的检测性能。然而，大比值的 α/β 意味着需要拍摄大量的图片。例如，在图 3-16 的示例 3 和示例 4 中，有 $\alpha/\beta = 6/2 = 3$，则根据式（3-47），我们需要产生 $N_{IF} = 3K+1$ 帧图片去传输 K 个 FSOOK 符号。这意味着传输一帧 LED-ID 需要拍摄 3 倍于 FSOOK 符号数量的冗余图片。对于给定的 K 值，为尽量减少冗余图片的数量，可根据式（3-47）将此问题转化为一个优化目标函数，即

$$\hat{\alpha}_{min} = \min\{\hat{\alpha}\} = \min\{\arg\min_{\alpha}(N_{IF})\}$$

$$\text{s.t.} \begin{cases} N_{CI}(f,K_{CI}) \bigcap N_{CI}(f,K_{CI}+1) = \phi \\ 1 \leqslant \beta \leqslant \alpha-1, \ \alpha,\beta \in R^+ \\ K_{CI} \in Z^+, \ K_{CI} \in [1, K_{ID}] \end{cases} \quad (3\text{-}50)$$

其中，$N_{CI}(\cdot)$ 表示不同的 $N_{CI}(\cdot)$ 数值的集合，ϕ 表示空集。式（3-50）的解通过对 $\{\alpha,\beta\}$ 进行二维穷尽离线搜索获取。然后，N_{IF} 的最小值通过式（3-46）在给定的 K 值和优化的 $\{\hat{\alpha}_{min}, \hat{\beta}\}$ 中确定。例如，如果设置 $K=9$，估计参数的一个局部最优解为 $\{\hat{\alpha}_{min}, \hat{\beta}\} = \{9.7, 4.6\}$，此时则有 $N_{IF,min} = 19$。在实际应用中，为了最小化冗余图片的数量，降低接收机处理图片的时延，更希望通过减小 K、α 和 β 来限制 N_{IF} 值。

尽管式（3-50）展示了一种为了检测 K 个 FSOOK 符号而减少所需的条纹图

片的优化方法，但是在实际系统中，有可能并不能直接将该方法用于典型的移动终端中，因为 T_I 有可能随着时间的变化而发生变化。这种时间抖动有可能导致检测性能的显著下降。此外，因为在一个抖动的 T_I 中，β 值将不再是一个常数，式（3-50）的应用也面临挑战。即使不考虑上述问题，该系统的效率仍然较低。例如，在上述例子中，其效率仅为 $K / N_{\mathrm{IF,min}} = 9/19 \approx 47\%$。在下节中，我们设计了一种新的机制，有望大幅缓解这些问题。

2. 基于伪密勒编码的 iVLP 系统

为了解决移动终端常见的 CIS 时间抖动问题，并进一步减少上一节所提及的图片冗余或系统效率问题，我们在该 iVLP 系统设计中引入了一个简单的编码机制，称之为伪密勒编码 iVLP（pseudo-Miller-Coded iVLP，MC-iVLP）系统，该机制基于传统密勒编码[17-18]的原理。具体而言，经典的密勒编码是采用两个不同的电压状态交替表示连续相同的比特信息（"0"或"1"），而我们的方法采用两种不同的频率交替表示连续相同的 FSOOK 调制符号。和经典的密勒编码不同的是，我们的方法是一种基于符号而不是基于比特的方法。针对 iVLP 系统所提出的编码规则如下。

① 每一个独一无二的信息比特集合被分配两种不同的、独一无二的频率。

② 使用预先安排的两种不同的频率交替调制连续相同的信息比特集合，形成不同的 FSOOK 符号。这种机制保证了连续发送的 FSOOK 符号总是不同的，因此规避了上一节所述的判决模糊问题。此外，该机制还可提供丰富的定时信息，有利于接收机进行信号检测。

③ 表示相同信息比特集合的两种备选频率应在频带范围内充分分隔。

④ 在 LED-ID 编码过程中，对任意前后连续信息比特集合进行频率编码时，所使用的两种频率应当在频段上被充分分隔。

上述规则③和④能够增加连续 FSOOK 符号所对应拍摄图片条纹宽度的区分度，这将有利于提高坏帧的检测性能。

在新的 MC-iVLP 机制下，关于式（3-50）的优化目标函数可被简化为

$$\hat{\alpha}_{\min} = \min\{\hat{\alpha}\} = \min\{\arg\min_{\alpha}(N_{\mathrm{IF}})\}$$
$$\text{s.t. } 1 \leqslant \beta \leqslant \alpha - 1,\ \alpha, \beta \in R^+ \tag{3-51}$$

式（3-51）是式（3-50）的一个放松了约束的版本，因此能够提供更

好的解。例如，当 $K=9$ 时，通过使用穷尽搜索求解式（3-51），能够获得一个局部最优解：$\{\hat{\alpha}_{\min},\hat{\beta}\}=\{5.5,4.5\}$，此时 $N_{\text{IF,min}}=11$。可见，系统的效率被提升至 $K/N_{\text{IF,min}}=9/11\approx 82\%$，这是通过式（3-50）获得的效率值的近似两倍。

表 3-6 提供了 MC-iVLP 机制的一种示例配置。每个 FSOOK 符号携带一组 $A=2\ \text{bit}$ 的信息集合，该信息集合被两种预先选定的频率中的一个所调制。唯一的例外是表示 LED-ID 的 FH 的 FSOOK 符号将被一个固定的频率 f_{FH} 所调制。不失一般性，我们用升序排列的下标集合 $i=\{1,\cdots,9\}$ 来表示频率 f_i 按照逐渐增大的下标顺序依次增大。

表 3-6 MC-iVLP 机制的示例配置

FSOOK 符号	LED 频率	图片条纹宽度
00	f_1, f_5	W_1, W_5
01	f_2, f_6	W_2, W_6
10	f_3, f_7	W_3, W_7
11	f_4, f_8	W_4, W_8
FH	$f_9 = f_{\text{FH}}$	$W_9 = W_{\text{FH}}$

为了做进一步阐述，图 3-17 展示了一个关于 MC-iVLP 系统的多帧图像检测（Multi-Image Detection，MID）示例，其中我们选择了 $\alpha=3$ 和 $\beta=2$。LED 灯循环广播一个长度为 12 bit 的 LED-ID，即 $\{000010110011\}$。配有 FH 的调制后的 FSOOK 符号序列可表示为 $\{f_{\text{FH}}f_1f_5f_3f_8f_1f_4\}$，表明该 LED-ID 帧由 7 个符号组成。根据式（3-47），CIS 接收机在 7 个符号的 LED-ID 帧传输周期内需要 $N_{\text{IF}}=11$ 帧图片才能有效恢复 LED-ID 信息，其中 4 帧图片是冗余的。紧接着，11 帧图片中的每一幅图片的条纹宽度会被算法 3-1 检测并转换成一个频率。在正常情况下，一个好帧总是能够被解码出一个固定的频率，而一个跨越两个 FSOOK 符号的坏帧可能被解码成前一个符号所对应的频率，也有可能被解码成后一个符号所对应的频率。

为了说明 MID 解码的全过程，图 3-17 展示了几种情况示例。我们假设 CIS 随机开始拍照，例如从频率为 f_8 的 FSOOK 符号开始拍照。情况 1 假设一个理想的 CIS

接收机，图片的获取在无时间抖动的等时间间隔拍照环境下进行。典型地，条纹宽度序列为 $\{W_8(W_8\mid W_1)W_1W_4(W_4\mid W_{FH})W_{FH}W_1(W_1\mid W_5)W_5W_3(W_3\mid W_8)\}$，其中 $(W_i\mid W_j)$ 表示坏帧，包含了两种条纹宽度。如果存在两个连续相同的条纹宽度，可将其中一个丢弃。留意到，一幅图片有可能被解码成一个不合法的值，或者其他合法的、但不正确的值，这两种情况都会引起错误。然而，如果合理选择系统参数，这种错误概率会非常低。经过冗余去除后，可以得到 7 个符号序列 $\{W_8W_1W_4W_{FH}W_1W_5W_3\}$。借助于表 3-6 和广播 LED-ID 帧的循环性，条纹宽度序列能够转换成原始的 FSOOK 信号序列 $\{f_{FH}f_1f_5f_3f_8f_1f_4\}$。

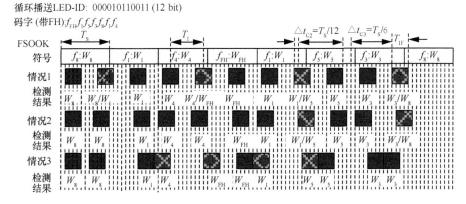

图 3-17　MC-iVLP 系统多帧图像检测示例

如图 3-17 所示的情况 2 和情况 3，图片的获取是在有时间抖动的情形下进行的。情况 2 和情况 3 的最大的采样时间偏移分别为 $\Delta t_{C2}=\dfrac{T_S}{12}$ 和 $\Delta t_{C3}=\dfrac{T_S}{6}$。类似于情况 1 的检测流程，从图 3-17 中可以看出情况 2 和 3 检测出的 FSOOK 信号和情况 1 是一致的。

从上述讨论中可知，采用了伪密勒编码机制后，MC-iVLP 系统能够有效地解决多帧图像的传输问题，支持随机起始时间拍照，并能容忍一定的时间抖动。这些优点有助于提升真实 VLP 场景下的传输可靠性和检测顽健性。

3.1.3　基于空时复用的 LED-ID 多帧图像传输技术

在 VLP 系统中，LED-ID 的数据传输速率比典型的针对宽带数据服务的 VLC 系统要低很多。受到 CIS 硬件参数以及可用于 FSOOK 调制的频率范围等因素限制，

FSOOK 符号能够携带的比特数 A 较为有限。因此，LED-ID 能够携带的比特位数 I 也不能太多。尽管我们可以使用更多的 FSOOK 符号去形成更长的 LED-ID 帧，但这会导致接收机需要拍摄更多的图片，增加移动 UE 端的存储要求及处理时延。

由于 CIS 自带的透镜系统具有天然的空分复用能力，因此，为了提高数据传输速率，我们提出将上述提及的 MC-iVLP 机制扩展至空时复用的多帧伪密勒编码的 iVLP（Space-Time Multi-Image pseudo-Miller-Coded iVLP，ST-MIMC-iVLP）系统[4-5,19]，如图 3-18 所示。作为一个特例，我们使用了一个 $H \times L = 2 \times 2$ LED 阵列。为了消除潜在的多输入单输出（MISO）干扰，每一个被独立 FSOOK 调制器驱动的 LED 光源应当装配一个反射罩或亚克力磨砂灯罩。相邻 LED 灯的间隔 d_1 应保持在若干厘米的距离。

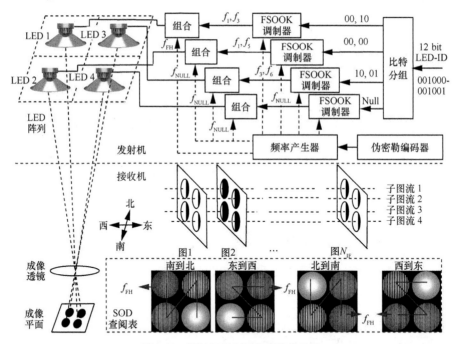

图 3-18　STM-MIMC-iVLP 系统的示例

图 3-18 展示了一种 2×2 的 MIMC-iVLP 系统。假设二进制 LED-ID 的长度 $I = 12$ bit，它被等分成 $K_{ID} = I / A = 6$ 组，其中每一组包含 $A = 2$ bit 信息。然后，每一组比特集合按照表 3-6 的伪密勒编码准则被调制成对应频率的 FSOOK 符号。6 个调制符号可用一组频率序列表示为 $\{f_1 f_3 f_1 f_5 f_3 f_6\}$，被分为 $H \times L = 4$ 路支流。对于每

一个支流的传输方法仍然采用在 3.1.2 节中提出的单灯场景下的传输机制,唯一不同的是, STM-MIMC-iVLP 系统需要使用两种不同类型的 FH 符号。具体地, 第一种 FH 类型表示为 f_{FH} ,它和单灯 MIMC-iVLP 系统的定义相同。另一种 FH 类型定义为 f_{NULL} ,它表示一个持续时间为 T_S 的 DC 信号。当传输 f_{FH} 符号时, 我们应保证它总是出现在预先选择的固定主支流上,例如图 3-18 所示选定了 LED1 为主支流。剩余的副支流均采用 f_{NULL} 符号作为 FH, 该符号携带 DC 分量, 因此将产生一个没有条纹的图像。因此,不管 K_{ID} 能否被 $H \times L$ 整除,总是需要 $K_{STM} = \left\lceil \dfrac{K_{ID}}{HL} \right\rceil + 1$ 个 FSOOK 符号周期时间去传输被分成 $H \times L$ 路支流的一个 LED-ID 帧。在图 3-18 所示的例子中, 对于每一路支流, 传输一个完整的 LED-ID 信息需要 $3T_S$ 的 FSOOK 符号周期的时间。更确切地说,支流1、2、3和4所传输的3个符号周期的频率分别为 $\{f_{FH}, f_1, f_3\}$ 、 $\{f_{NULL}, f_1, f_5\}$ 、 $\{f_{NULL}, f_3, f_6\}$ 和 $\{f_{NULL}, f_{NULL}, f_{NULL}\}$ 。注意到, 每路支流的 FSOOK 符号通过其对应的 LED 灯被周期性地循环播送, 而相邻 LED 之间并不需要同步。这是本方案的一个重要优点,因为它解决了不同信号多路复用的同步问题,使得各 LED 灯不需采用复杂的时间同步机制即可协同工作。

而在 CIS 接收端, 根据式(3-47), 采用 3.1.2 节中的过采样机制产生 $N_{IF} = \left\lceil \dfrac{\alpha K_{STM}}{\beta} \right\rceil$ 幅图像。通过对 LED 阵列进行拍照, CIS 成像平面上的每幅图像会生成与 4 个 LED 光源相对应的 4 个子图, 其中每个子图包含一种特定的条纹宽度 $m_{x,y}(x, y \in \{0,1\})$,如图 3-18 所示。在使用一些经典图像分割算法[20]提取出 4 个子图后, 系统调用算法 3-1 对每一张子图进行独立解码。在 4 路支流的所有频率被解码后, 这些频率将通过支流顺序检测器(Stream Order Detector, SOD)重新组装成原始的顺序,从而恢复出原始的 LED-ID 帧。更确切地说,针对主支流的检测位置和各支流不同的分配符号顺序,可以在终端预先存储一个包含若干既定规则的 SOD 查阅表。图 3-18 给出了几种查阅表的顺序定义,其中包括镜像 "N" 和镜像 "Z" 两种顺序,可用于重组 LED-ID 帧中的一维频率顺序。我们指出, SOD 机制并不依赖于从副支流解码出来的频率。

进一步地, SOD 机制还用于解决 UE 的行进方向检测(Moving Direction Detection, MDD)问题。如果照片是通过移动终端的前置摄像头拍摄的, 图片的镜像效应当被考虑在内。作为图 3-18 的一个示例,如果主支流代表 FH 的子图出现在主图的东南角,我们能够推测 UE 是从北往南移动。不过,运行在智能终端上的 iVLP

应用程序应提醒用户保持终端不要发生剧烈的旋转（例如要避免 180°旋转），以免导致对移动方向的误判。

|3.2 基于磨砂图形码的平板灯 LED-ID 信息传输技术 |

3.2.1 系统基本原理

1. 设计原理

LED 平板灯是一种面状光源，与传统照明点光源瓦数相同的情况下，平板灯有节能、发光均匀和高显色指数的特点。LED 平板灯有嵌装和吊装两种安装形式，目前已在机场、火车站、大型商超、室内体育馆、高级酒店等大型公共建筑内被广泛使用。图 3-19（a）和（b）分别展示了一种带有磨砂灯罩的平板灯及其应用场景。加装磨砂灯罩后，平板灯可近似看成是一种具有均匀发光面的面状光源。

(a)一种平板灯　　　　(b)平板灯应用场景（图书馆）

图 3-19　平板灯及其应用场景

本节介绍一种基于图形码的平板灯 LED-ID 信息传输技术，其基本原理为：在平板灯的亚克力透明或磨砂灯罩上用激光雕刻机雕刻出磨砂条形码或二维码，或者将半透明的磨砂贴膜纸裁剪成条形码或二维码粘贴在平板灯的灯罩上，即成为一个磨砂图形码。每一盏平板灯对应一个唯一的图形码，进而对应一个唯一的 LED-ID。当用户需要获取自己所在的区域信息时，通过移动设备（智能手机、计算机等）的摄像头采集平板灯灯罩上的磨砂码图像，通过数字图像处理算法和机器视觉方法获取该平板灯的 LED-ID 号，然后通过离线位置数据库和建筑物的室内地图，可以完成定位。

本方案只需要在已部署的 LED 平板灯罩上粘贴磨砂图形码，即可将该灯升级为 VLP 基站，具有很低的硬件成本和系统部署成本。特别地，采用灯罩作为位置信息的物理载体，相比直接将图形码粘贴在物体上（如用于定位，则在建筑物的天花板上）的常规二维码等识别方式要更加美观。以条形码为例，需要在 15 cm 以内的距离才能较好地识别边长 2 cm 以上的条形码，因此为了提高识别的准确度，如果需要识别贴于天花板高度（一般大于 2 m）的条形码，那么条形码的边长需要在 25 cm 以上，贴在天花板上会严重影响建筑物的美观。而采取磨砂条形码灯罩作为信息载体，可以最大限度地减少对建筑物美观的影响。此外，采用本方案也不会影响照明效果。且由于图形码是附着在透明或磨砂灯罩上，磨砂效果可将图形码形成的亮暗区域均匀化；而且在灯提供照明服务时，用户不会盯视强光源，因此图形码对用户是无感的，不会影响正常的照明体验。

以下通过条形码为例，对本方案的设计与实施进行介绍。

2. 磨砂条形码的编码码制选定

目前在各个领域广泛应用的条形码有一维条形码和二维条形码。其中常用的一维条形码的码制有 UPC、Code3、Code128 等，常用的二维条形码的码制有 PDF417、QR Code、Data Matrix 等。根据上一节定位系统设计的要求，条形码磨砂贴膜需要尽量不影响灯的正常照明功能，并且移动设备需要在灯照明状态下采集图像，这有可能导致摄像头采集的图像中，存在一定的条形码信息失真。为了避免这种情况，我们应当尽可能选用简单的条形码编码方式，保证在图像失真的情况下，仍然能够解码出条形码编码信息，增强系统的抗干扰性。

基于上述讨论，本系统选用的是一维条形码中的 Code128 码制。Code128 码是一种高密度条码[21]，可表示从 ASCII0 到 ASCII127 共 128 个字符，因此称为 128 码，其中包含了数字、字母和符号字符。Code128 码制包括 A、B、C 3 个字符集，具体每个字符集包含的码字类型如下。

① Code128A：准数字和大写字母、控制符、特殊字符。

② Code128B：标准数字和大写字母、小写字母、特殊字符。

③ Code128C：00～99 的数字集合，共 100 个。

Code128 条形码使用 4 种宽度不同的黑条（简称条）和白条（简称空）分别表示码元"1""2""3"和"4"，将条与空相互间隔排成的平行线图案，按照一定的编码规则排列，用来编码信息。

3. 具体编码方案和磨砂灯罩设计

在一般的公共建筑内，根据占地面积的不同，大约有 2～4 个数量级不等的照明灯。根据确定编码的码制 Code128，采用纯数字 6 位编码，最多可以编码 6 个数量级的灯，形成 000000～999999 的编码序列。

为了便于说明，我们随机选取了一个 Code128 编码码字"052066"进行实物磨砂灯罩的设计。Code128 码字"052066"具体的编码见表 3-7。

表 3-7　Code128 码字"052066"编码的示例配置

编码信息	Start Code128C	05	20	66	校验位（39）	Stop
具体编码	211232	131222	221231	121421	211313	2331112

根据表 3-7 中的编码方式编码的条形码以及平板灯实物如图 3-20 所示。

(a)"052066"条形码　　　　　　　(b) 实物灯

图 3-20　条形码图像与平板灯实物

3.2.2　图像采集与磨砂条形码目标区域的提取

1. 图像采集

本系统采用了在平板灯的磨砂灯罩上贴附磨砂条形码实现。由于环境光照、物体反光等多种因素影响，对处于照明工作状态下的灯拍照，图像的清晰度和对比度较低。因此，在采集图像的过程中，需要控制终端 CIS 的曝光补偿参数，提高采集图像的质量。曝光补偿是一种曝光控制方式，EV 值（Exposure Values）每减小 1.0，相当于摄入的光线量减小一半。经过实测，曝光补偿参数控制在 −3～−1 EV 之间时，拍摄采集的在工作状态下的灯图像质量较高。部分采集到的图像如图 3-21 所示。

(a) 曝光补偿-1 EV　　(b) 曝光补偿-2 EV　　(c) 曝光补偿-3 EV

图 3-21　不同曝光补偿条件下的采集图像

2. 条形码目标区域提取

提取条形码区域的主要目的是缩小待处理的图像，并且在后续的图像优化中，减少环境光源、发光等背景噪声的干扰。图 3-22 所示为目标区域提取的算法流程，当采集一张新图像以后，通过图像阈值分割，将灯和环境分割，然后通过连通域特性，选取图像中的条形码区域。

图 3-22　目标区域提取流程

3. 图像阈值分割

图像分割技术是指根据图像的一种或几种性质，将图像分成不同区域的技术。它是数字图像处理中重要的技术，其分割的图像质量如何，将会对后续图像处理的效果产生十分重要的影响，甚至决定最终的图像处理效果是否满足期望。目前，图像分割技术已在现实生活中的多个领域里得到广泛的应用。例如，医学中磁共振图像的分割、遥感应用中合成孔径雷达图像的目标分割、机器视觉运用于产品质量检测等[22]。在不同的图像分割算法中，阈值分割由于简单而有效，是应用最广泛的图像分割解决方案之一。

（1）经典 Otsu 算法原理

在阈值分割算法中，日本大津展之提出的最大类方差法（Otsu 算法）是一种自适应阈值分割算法，因其分割效果好、实现简单、适用多种类型的图像等特点，成为图像阈值分割的研究热点之一。以下对经典 Otsu 算法[22]的原理进行简述。

设原始图像的总灰度级为 M ，总像素个数为 N ，其中灰度级为 i 的像素个数为 n_i ，则灰度级为 i 的概率 P_i 为

$$P_i = \frac{n_i}{N} \tag{3-52}$$

假设原始图像的像素可根据灰度级大小分为两种，目标像素 C_0 与背景像素 C_1 ，若阈值分割的灰度级为 t ，则每一类像素出现的概率为

$$w_0 = P_r(C_0) = \sum_{i=0}^{t} P_i \tag{3-53}$$

$$w_1 = P_r(C_1) = \sum_{i=t+1}^{M-1} P_i \tag{3-54}$$

其中， $w_0 + w_1 = 1$ 。这两类像素的平均灰度值为

$$\mu_0 = \sum_{i=0}^{t} i P_r(i \mid C_0) = \frac{\sum_{i=0}^{t} i P_i}{\sum_{i=0}^{t} P_i} = \frac{\mu(t)}{w_0} \tag{3-55}$$

$$\mu_1 = \sum_{i=t+1}^{M} i P_r(i \mid C_1) = \frac{\sum_{i=t+1}^{M-1} i P_i}{\sum_{i=t+1}^{M-1} P_i} = \frac{\mu_{\mathrm{T}} - \mu(t)}{w_1} \tag{3-56}$$

其中， μ_{T} 是在范围 $[0, M-1]$ 内的累计灰度值， $\mu(t)$ 是灰度级为 t 的累计灰度值，定义为

$$\mu_{\mathrm{T}} = \sum_{i=0}^{M-1} i P_i \tag{3-57}$$

$$\mu(t) = \sum_{i=0}^{t} i P_i \tag{3-58}$$

由上述定义，可以得到以下关系。

$$w_0 \mu_0 + w_1 \mu_1 = \mu_{\mathrm{T}} \tag{3-59}$$

因此，对于目标像素 C_0 与背景像素 C_1 ，其内部方差为

$$\sigma_0^2 = \frac{\sum\limits_{i=0}^{t}(i-\mu_0)^2 P_i}{w_0} \tag{3-60}$$

$$\sigma_1^2 = \frac{\sum\limits_{i=t+1}^{M}(i-\mu_1)^2 P_i}{w_1} \tag{3-61}$$

为了衡量灰度级 t 的类间方差，有以下定义和性质。

$$\lambda = \frac{\sigma_B^2}{\sigma_W^2}, \eta = \frac{\sigma_B^2}{\sigma_T^2} \tag{3-62}$$

$$\sigma_W^2 = w_0 \sigma_0^2 + w_1 \sigma_1^2 \tag{3-63}$$

$$\sigma_B^2 = w_0 (\mu_0 - \mu_T)^2 + w_1 (\mu_1 - \mu_T)^2 = w_0 w_1 (\mu_0 - \mu_1)^2 \tag{3-64}$$

$$\sigma_T^2 = \sum_{i=0}^{M-1}(i-\mu_T)^2 P_i \tag{3-65}$$

$$\sigma_W^2 + \sigma_B^2 = \sigma_T^2 \tag{3-66}$$

其中，σ_T^2 为图像特征因子，它与灰度级 t 选取无关；σ_W^2 是类方差，为二阶统计值；σ_B^2 是类均值，为一阶统计值。为了获得最优图像分割阈值，需要选择一个灰度级 t，使 λ 或 η 值最大。例如，选择运算较简单的一阶统计类均值 σ_B^2 进行求解，即求灰度级 t，使 η 最大。根据上述式子，不难得到以下推导结果。

$$
\begin{aligned}
\sigma_B^2 &= w_0 w_1 (\mu_0 - \mu_1)^2 = \\
&w_0 w_1 \left[\frac{\mu(t)}{w_0} - \frac{\mu_T - \mu(t)}{1 - w_0} \right]^2 = \\
&\frac{\left[\mu_T w_0 - \mu(t) \right]^2}{w_0 w_1} = \\
&\frac{\left(\sum\limits_{i=0}^{t} P_i \sum\limits_{i=0}^{M-1} i P_i - \sum\limits_{i=0}^{t} i P_i \right)^2}{\sum\limits_{i=0}^{t} P_i (1 - \sum\limits_{i=0}^{t} P_i)}
\end{aligned}
\tag{3-67}
$$

经典 Otsu 算法就是通过遍历灰度级范围 $t \in [0, M-1]$，选取一个灰度级 t 使式（3-68）为最大值，该灰度级 t 即为最佳的图像分割阈值。

（2）基于混沌微粒群算法的改良 Otsu 算法

基于前面的经典 Otsu 算法分析，当 Otsu 算法扩展到二维时，遍历 $M \times M$ 空间

寻找最优阈值需要耗费较长时间和大量的运算资源，导致实时应用的困难。为了针对实际应用场景中可能出现的彩色光源与彩色图像，本方案中采用的是基于混沌微粒群和二维 Otsu 算法的快速图像阈值分割[23]。

标准微粒群优化（Particle Swarm Optimizer，PSO）算法的原理为：对一群粒子初始化，粒子群中的每个粒子都具有两种属性，即位置和速度。粒子 i 在目标空间 $M \times M$ 中以一定的速度飞行。粒子 i 每次迭代的速度与位置的更新表达式为

$$v_i(t+1) = wv_i(t) + c_1 r_1(t)(P_i - x_i(t)) + c_2 r_2(t)(P_g - x_i(t)) \tag{3-68}$$

$$x_i(t+1) = x_i(t) + v_i(t+1) \tag{3-69}$$

其中，t 为迭代次数，w 为惯性权，c_1 和 c_2 为加速系数，r_1 和 r_2 为在 $[0,1]$ 内均匀分布的随机数，P_i 为粒子 i 所有的最优个体位置，P_g 为粒子 i 所有邻域的全局最优个体位置。

PSO 算法后期容易陷入早熟收敛状态，选取的阈值为局部阈值可能性较大，导致图像分割不能达到预期目标。混沌微粒群算法的基本思想是把混沌变量从混沌空间映射到解空间，然后利用混沌变量具有遍历性、随机性和规律性的特点进行搜索，算法具有不对初值敏感、易跳出、局部极小、搜索速度快、计算精度高、全局渐近收敛的优点[24]。

混沌微粒群算法主要是在 PSO 算法的基础上加入了混沌搜索的机制，提高全局搜索能力的同时，减少 PSO 算法中容易选取局部阈值作为全局阈值的情况，同时保留 PSO 算法收敛速度快和搜索精度高的优点。混沌微粒群算法主要分为以下两步。

① 执行 PSO 算法，将搜索粒子的位置更新到目标空间 $M \times M$ 中较佳的位置。

② 在上一步中获得的较佳位置的邻域内进行混沌搜索，获得最优解，再使用 PSO 算法将最优解作为新的最优位置继续求解。

4. 标记连通域和选取目标区域

对采集的图像进行阈值分割以后，其中面积最大的连通域应为条形码目标区域，可以通过标记连通域的相关算法对其进行标记。常见的连通域标记算法有四邻域标记算法和八邻域标记算法。

四连通区域，又称四邻域，是指对应像素位置的上、下、左、右 4 个紧邻的位置。八连通区域或八邻域，是指对应位置的上、下、左、右、左上、右上、左下、

右下 8 个紧邻的位置和斜向相邻的位置。两种连通域如图 3-23 所示，其中阴影部分表示该像素点的对应连通域。

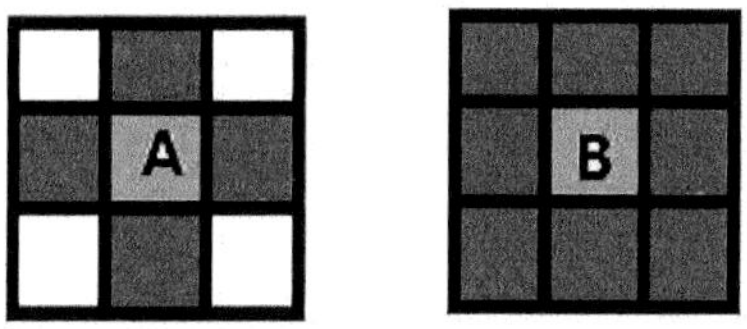

(a) 像素A的四邻域　　　　(b) 像素B的八邻域

图 3-23　两种连通域

四邻域标记算法的流程如下。

① 判断此点四邻域中的最左、最上有没有点，如果都没有点，则表示一个新区域开始。

② 如果此点四邻域中的最左有点，最上没有点，则标记此点为最左点的值；如果此点四邻域中的最左没有点，最上有点，则标记此点为最上点的值。

③ 如果此点四邻域中的最左、最上都有点，则标记此点为这两个中最小的标记点，并修改大标记为小标记。

八邻域标记算法的流程如下。

① 判断此点八邻域中的最左、左上、最上、右上点的情况。如果都没有点，则表示一个新区域开始。

② 如果此点八邻域中的最左、右上都有点，则标记此点为这两个点中最小的标记点，并修改大标记为小标记。

③ 如果此点八邻域中的左上、右上都有点，则标记此点为这两个点中最小的标记点，并修改大标记为小标记。

④ 否则按照最左、左上、最上、右上的顺序，标记此点为 4 个点中的一个。

本书主要采用八邻域标记算法对目标区域进行标记。

5. 实验结果

用 MATLAB 编程实现本章的算法后，部分不同拍摄角度、目标区域形变程度不同的实验图像如图 3-24、图 3-25 和图 3-26 所示。可以看出，对不同拍摄角度、不同目标区域的形变程度的例图 A、例图 B 和例图 C，本章中的阈值分割算法以及目标区域的提取算法都能对其进行有效处理。

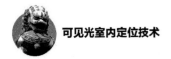

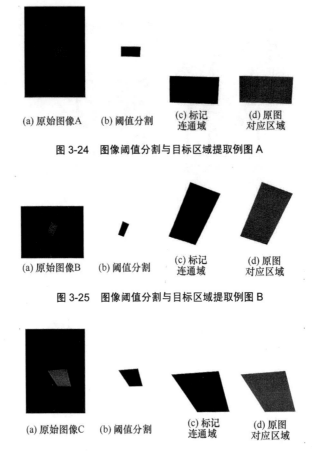

(a) 原始图像A　(b) 阈值分割　(c) 标记连通域　(d) 原图对应区域

图 3-24　图像阈值分割与目标区域提取例图 A

(a) 原始图像B　(b) 阈值分割　(c) 标记连通域　(d) 原图对应区域

图 3-25　图像阈值分割与目标区域提取例图 B

(a) 原始图像C　(b) 阈值分割　(c) 标记连通域　(d) 原图对应区域

图 3-26　图像阈值分割与目标区域提取例图 C

3.2.3　条形码图像倾斜校正

1．图像倾斜校正算法

由于用户终端拍摄 LED 灯的角度、倾斜度等因素的影响，直接识别图像中的条形码信息较为困难，需要先对图像进行倾斜校正，提高后续图像处理的效率与识别译码的准确率。

在现有的图像倾斜校正方案中，常用的图像校正算法主要有投影法[25]、近邻法[26]和霍夫变换法[27]。

投影法：对投影图的形状进行分析并完成校正。由于需要计算每个倾斜角度的投影形状，需要耗费较多的运算资源。

近邻法：通过找出所有连通区的中心点，选中每个中心点与其最近邻域的中心点计算其向量方向，将以此生成的直方图的峰值作为整个页面的倾角。当需要处理连通域较多的图像时，需要耗费较多的运算资源。

霍夫变换法：对图像进行霍夫变换，通过图像空间目标像素的坐标去计算参数空间中参考点的可能轨迹。该算法对直线目标区域的十分有效，但是顽健性较差。

本方案采用的主要是基于投影法思路的角点识别投影插值法的图像校正算法[28]。使用角点识别来确定目标区域的特征点可以减少对每个倾斜角度的投影形状的计算，提高算法的效率。该算法的基本流程为：首先对图像进行角点识别，基于已知目标区域为矩形的特征，根据识别出的 4 个矩形角点和目标形状的矩形角点，计算出投影插值算法的特征矩阵，然后再对图像进行倾斜校正。主要算法流程如图 3-27 所示。

图 3-27 图像校正流程

2. Harris 角点识别

角点检测的算法主要分为 3 类：基于灰度图像的角点检测、基于二值图像的角点检测、基于轮廓曲线的角点检测。基于灰度图像的角点检测可进一步分为 3 种：基于梯度的角点检测、基于模板的角点检测和基于模板梯度的角点检测。其中，基于模板的角点检测算法的主要原理是比较像素临近领域像素点的灰度变化情况，即图像亮度的变化。一般将与邻点亮度对比足够大的点定义为角点。

Hariss 角点检测算法是由 Hariss 提出的角点特征提取算子，它是一种基于模板的角点检测算法[28]。其基本原理是用一个以检测像素点为中心的固定窗口在图像上进行滑动，通过比较滑动的灰度值变化来确定检测像素点是否为角点。此过程可以用式（3-71）来描述。

$$E(x,y) = \sum w_{x,y} \left(I_{x+u,y+v} - I_{x,y} \right)^2 \tag{3-70}$$

式（3-70）表示的是以 (x,y) 为中心的小窗口在 X 方向上移动距离 u，在 Y 方向上移动距离 v。其中，$E(x,y)$ 表示的是滑动窗口内的灰度变化量，$w_{x,y}$ 是窗口函

数，最简单的情形就是将窗口内的所有像素所对应的权重系数均设为 1。但一般情况下，$w_{x,y}$ 函数设定为以窗口中心为原点的二元正态分布，定义为 $w_{x,y} = \mathrm{e}^{-(x^2+y^2)/a^2}$。式（3-71）中的变量 I 为图像灰度函数，$I_{x,y}$ 表示的是在 (x,y) 处的图像灰度值，$I_{x+u,y+v}$ 表示的是偏移二维距离 (u,v) 后在 $(x+u,y+v)$ 处的图像灰度值。

式（3-70）化简并省略无穷小项后，可得到下述表达式。

$$
\begin{aligned}
E(x,y) &= \sum w_{x,y}\left(u\frac{\partial I}{\partial X} + v\frac{\partial I}{\partial X} + o(\sqrt{u^2+v^2})\right)^2 = \\
&\quad \sum w_{x,y}\left[u^2(I_x)^2 + v^2(I_y)^2 + 2uvI_xI_y\right] = \\
&\quad Au^2 + 2Cuv + Bv^2
\end{aligned}
\tag{3-71}
$$

其中，$A = (I_x)^2 \otimes w_{x,y}$，$B = (I_y)^2 \otimes w_{x,y}$，$C = (I_xI_y)^2 \otimes w_{x,y}$，$\otimes$ 表示卷积运算符。

将 $E(x,y)$ 化为二次型，将会得到以下表达式。

$$
E(x,y) = [u,v]\,U\begin{bmatrix} u \\ v \end{bmatrix}
\tag{3-72}
$$

其中，实对称矩阵 U 定义为

$$
U = w_{x,y}\begin{bmatrix} I_x^2 & I_xI_y \\ I_xI_y & I_y^2 \end{bmatrix}
\tag{3-73}
$$

在式（3-73）中，图像沿着 x 方向的梯度为 I_x，图像沿着 y 方向的梯度为 I_y。从式（3-73）中不难看出，实对称矩阵 M 的特征值是自相关函数的一阶曲率。如果两个曲率值都高，可判断该点符合角点特征。

在上述表达式的基础上，可以推出角点响应函数（Corner Response Function，CRF）的定义式为

$$
\mathrm{CRF} = \det(U) - k\mathrm{tr}^2(U)
\tag{3-74}
$$

在式（3-74）中，实对称矩阵 U 的行列式为 $\det(U)$，迹为 $\mathrm{tr}(U)$，k 为常数，一般可取 $k = 0.04$。式（3-75）中 CRF 的极大值点为角点。

3．**倾斜校正**

由于系统在实际应用中，需要定位的移动设备的摄像头与灯的角度是不可预测的，采集的原始图像中的条形码信息可能发生各种不同的形变，造成后续识别与译码工作的困难。因此，有必要通过投影插值等方法，对目标区域进行倾斜校

正，使目标区域尽可能还原为平板灯的矩形形状区域，从而提高后续识别与译码
的准确率。

（1）投影变换

经过前面的讨论，通过 Hariss 角点识别算法可以得到目标区域矩形的 4 个角点
坐标。采用以下的倾斜校正算法，根据识别出的 4 个矩形角点和目标形状的矩形角
点，可计算出投影插值算法的特征矩阵，然后对图像进行倾斜校正。

假设投影矩阵 $\boldsymbol{M}$ 为

$$\boldsymbol{M} = \begin{bmatrix} a & b & c \\ d & e & f \\ g & h & l \end{bmatrix} \tag{3-75}$$

则变换方程为

$$X_i = \frac{ax_i + by_i + c}{gx_i + hy_i + l} \tag{3-76}$$

$$Y_i = \frac{dx_i + ey_i + f}{gx_i + hy_i + l} \tag{3-77}$$

其中，$\{x, y\}$ 为原图像的像素坐标，$\{X, Y\}$ 为校正图像的像素坐标，$i = \{1,2,3,4\}$ 为
角点的索引。原像素坐标通过 Hariss 角点识别获得。根据 Hariss 角点识别出的不规
则四边形角点，可以获得原像素坐标的四边形边长，通过取对边的平均值的方法得
到目标矩形的近似边长，即可计算出目标矩形的像素坐标。根据式（3-75）、式（3-25）
和式（3-77），通过解线性方程组的方法可以解出投影矩阵 $\boldsymbol{M}$。

（2）插值算法

利用投影矩阵 $\boldsymbol{M}$，可以将原图像素和目标像素的坐标进行投影变换，但是生
成的目标图像会产生缺失，出现空洞。因此，完成投影变换后，还需要采用插值
算法，对目标图像缺失的部分进行插值补充，及对目标图像中的其他部分进行再
处理。

从本质上来说，插值算法是对原图像进行重采样的过程。常用的插值算法有线
性插值算法、二次样条插值算法、三次样条插值算法等。

插值算法的一般原理是根据已知的离散序列，利用插值函数生成一个连续函
数，对新函数重采样得到新的离散序列，表示为

$$i(x,y)=\sum_{m}\sum_{n}i(m,n)\varphi_{\text{int}}(x-m,y-n) \tag{3-78}$$

其中，$i(m,n)$ 是二维离散序列，$i(x,y)$ 是二维连续函数，$\varphi_{\text{int}}(x,y)$ 为插值函数。插值函数 $\varphi_{\text{int}}(x,y)$ 的不同，会对插值效果产生不同的影响。

如果 $\varphi_{\text{int}}(x,y)$ 满足以下性质，即

$$\varphi_{\text{int}}(x,y)=\phi_1(x)\phi_2(y) \tag{3-79}$$

$$\phi_1(x)=\phi_2(y) \tag{3-80}$$

则称此插值算法为对称插值，否则称为非对称插值。本系统主要采用线性插值算法，属于对称插值。其算法的原理如下。

设原始图像为 I_a，目标图像为 I_b，原始图像位置 (x,y) 对应目标像素位置为 (X,Y)。首先求出原始图像位置 (x,y) 与邻域 C 的 4 个像素点的距离比，根据该比率，由这 4 个坐标位置的像素值进行双线性插值，如图 3-28 所示。

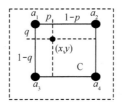

图 3-28　邻域插值

上述过程可以用以下表达式表示，即

$$I_b(X,Y)=\begin{bmatrix} \phi_1(p)\phi_2(q) & \phi_1(1-p)\phi_2(q) \\ \phi_1(p)\phi_2(1-q) & \phi_1(1-p)\phi_2(1-q) \end{bmatrix}\begin{bmatrix} a_1 & a_2 \\ a_3 & a_4 \end{bmatrix}=$$
$$\begin{bmatrix} \phi_2(q) & \phi_2(1-q) \end{bmatrix}\begin{bmatrix} a_1 & a_2 \\ a_3 & a_4 \end{bmatrix}\begin{bmatrix} \phi_1(p) \\ \phi_1(1-p) \end{bmatrix} \tag{3-81}$$

其中函数 $\phi_1(x)$ 和 $\phi_2(x)$ 为

$$\phi_1(x)=\phi_2(x)=\begin{cases} 1-|x|, & 0\leqslant|x|<1 \\ 0, & \text{其他} \end{cases} \tag{3-82}$$

经过上述插值算法对图像的处理并保留目标区域后，可以得到一个倾斜校正完成的目标条形码区域。

4. 实验结果

用 MATLAB 编程实现上述算法，图 3-24、图 3-25 和图 3-26 中的示例 1、示例

2 和示例 3 的角点识别与倾斜校正结果图像分别如图 3-29、图 3-30 和图 3-31 所示。

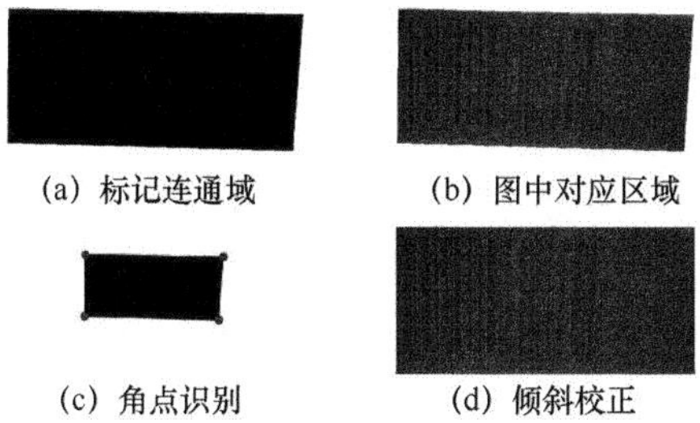

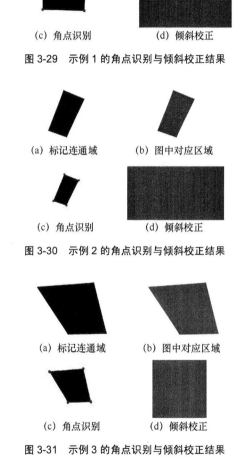

(a) 标记连通域　　　　　(b) 图中对应区域

(c) 角点识别　　　　　(d) 倾斜校正

图 3-29　示例 1 的角点识别与倾斜校正结果

(a) 标记连通域　　　　　(b) 图中对应区域

(c) 角点识别　　　　　(d) 倾斜校正

图 3-30　示例 2 的角点识别与倾斜校正结果

(a) 标记连通域　　　　　(b) 图中对应区域

(c) 角点识别　　　　　(d) 倾斜校正

图 3-31　示例 3 的角点识别与倾斜校正结果

3.2.4　图像优化、识别与译码

本节主要介绍如何通过数字图像处理方法对成功提取的目标区域图像进行优化，然后进行识别与译码，还原出图像中的位置编码信息。

1. 图像优化

本定位系统中的原始图像是在 LED 灯工作状态下进行拍摄的，条形码信息是以磨砂贴膜的形式存在。在拍摄过程中，受到环境光照、反光物体等复杂因素的影响，这些复杂的因素不仅破坏了图像的真实信息，还严重影响了图像的视觉效果，对后续的边缘检测、模式识别等工作也会造成较大影响。为了提高识别与译码的准确率，在提取出目标区域后，有必要进行图像优化处理。

数字图像优化包含很多技术，根据采集到的图像特点，我们主要采用滤波、自适应光照补偿和直方图均衡等技术对图片进行优化。

（1）滤波

数字图像滤波主要是为了减少图像噪声对图像内有效信息的干扰。图像噪声为一种不可预测，只能用概率统计方法来认识的随机误差[29]。因此一般将图像噪声看成是多维随机过程，可通过概率分布函数和概率密度分布函数对其进行描述。

假设原始图像为 I_a，生成图像为 I_b，图像大小为 $M \times N$ 个像素，采用 $m \times n$ 的滤波器 w 进行滤波，有

$$I_b(x,y) = \sum_{s=-a}^{a}\sum_{t=-b}^{b} w(s,t)I_a(x+s,y+t) \qquad (3\text{-}83)$$

其中，$I_a(x,y)$ 是图像 I_a 在点 (x,y) 处的灰度值，$I_b(x,y)$ 是图像 I_b 在点 (x,y) 处的灰度值，$w(x,y)$ 是滤波器 w 在点 (x,y) 处的权重系数，$m=2a+1$，$n=2b+1$。

本系统采用自适应中值滤波器[30]来滤除图像噪声。传统的中值滤波器是一种非线性滤波器，属于统计排序滤波器，其基本原理为：使用每个像素点邻域灰度值的中值来代替该像素点的灰度值。中值滤波器不是取邻域中所有像素点的均值，不会受到邻域内的极大值和极小值的影响。因此它在去除噪声的同时，可以较好地保留图像内边缘的锐度和图像的细节。自适应中值滤波器在中值滤波器的基础上，处理平滑非冲激噪声时能保留图像细节，可提升图像优化的性能。

自适应中值滤波器的算法流程如下。

① 首先计算 $A_1 = Z_{med} - Z_{min}$ 与 $A_2 = Z_{med} - Z_{max}$。

② 如果 $A_1 > 0$ 且 $A_2 < 0$，即 $Z_{min} < Z_{med} < Z_{max}$，说明目前点灰度值 Z_{xy} 不是脉冲噪声，转到步骤④；否则增大窗口尺寸 S_{xy}。

③ 如果 $S_{xy} \leqslant S_{max}$，则转到步骤①；否则输出 Z_{xy} 作为该点的灰度值。

④ 计算 $B_1 = Z_{xy} - Z_{min}$ 与 $B_2 = Z_{xy} - Z_{max}$。

⑤ 如果 $B_1 > 0$ 且 $B_2 < 0$，即 $Z_{\min} < Z_{xy} < Z_{\max}$，说明目前点灰度值 Z_{xy} 不是脉冲噪声，输出 Z_{xy} 作为该点的灰度值；否则输出 Z_{med} 作为该点灰度值。

上述算法描述中：S_{xy} 表示中心在 (x, y)，尺寸为 $m \times n$ 的矩形窗口区域；$S_{\max}$ 表示 S_{xy} 区域允许的最大尺寸；$Z_{\min}$ 表示 S_{xy} 区域中灰度级的最小值；$Z_{\max}$ 表示 S_{xy} 区域中灰度级的最大值；Z_{med} 表示 S_{xy} 区域中灰度级的中值；Z_{xy} 表示坐标 (x, y) 初始灰度级的值。

（2）自适应光照补偿

数字图像的自适应光照补偿，也可以称为数字图像的光照不均匀校正，本质上是对图像灰度值的一种不等值拉伸，其算法原理是先对光照不均匀背景进行提取，然后通过图像减运算去除光照不均匀的影响[31]，其中经典的光照补偿算法有 Top-Hat 算法[32]等。提取数字图像背景时，Top-Hat 算法是取图像灰度级最小值来实现的。如果图像被脉冲噪声污染，在一个区域中的灰度级最小值可能是噪声值，该灰度值并不能代表区域图像背景亮度，导致算法处理结果不尽人意。

本系统采用的算法是利用数学统计的方法提取区域中的图像背景灰度级，具体的过程为：计算区域中像素灰度级的标准差与均值，根据统计值计算该区域的图像背景灰度。这种计算方法虽然增加了系统复杂度，但是减少了噪声点的干扰，可以增强顽健性。其具体流程如下。

① 将图像分割为 $m \times n$ 块区域，对每一块区域的图像背景灰度级进行估算：计算区域内的像素灰度级的标准差 σ 与均值 μ，将 $\max(v_{\min}, \mu - 3\sigma)$ 作为该区域的图像背景灰度；其中 $v_{\min}$ 是该区域像素的最小灰度级。

② 将上一步中估算的背景灰度级扩展成该区域同样大小的区域背景灰度值矩阵，对每一个区域都进行同样的处理，然后合并矩阵，从而获得整个图像的背景灰度矩阵。例如一个 2×2 区域的背景灰度级为 v，则区域背景灰度值矩阵为

$$v = \begin{bmatrix} v & v \\ v & v \end{bmatrix} \tag{3-84}$$

③ 原始图像矩阵减去图像背景灰度矩阵，生成一个新的图像矩阵，即完成了一次图像自适应光照补偿。

（3）直方图均衡

在经过上述图像亮度校正以后，图像可能会偏暗或偏亮，这时可以通过直方图均

衡化来解决这种像素灰度级分布不均的情况。

灰度直方图表示图像中具有每种灰度级的像素的个数,反映图像中每种灰度出现的频率,是最基本的图像统计特征。一个灰度级在$[0, L-1]$内的数字图像的直方图可以表示为

$$p(r_k) = \frac{n_k}{n} \qquad (3\text{-}85)$$

其中,n是图像的像素总数,n_k是图像中灰度级为r_k的像素个数,r_k是第k个灰度级,$k \in [0, L-1]$。

直方图均衡化是通过灰度变换将一幅图像转换为另一幅具有均衡的直方图,即在每个灰度级上都均衡相同的像素点数的过程。基本思想是把原始图的直方图变换为均匀分布的形式,这样就增加了像素灰度值的动态范围,从而达到增强图像整体对比度的效果。直方图均衡化的理想效果是一幅图像的像素占有全部可能的灰度级且分布均匀,能够具有高对比度。其数学过程可用式(3-87)表达。

$$s_k = \sum_{i=0}^{k} p(r_i) = \sum_{i=0}^{k} \frac{n_i}{n} \qquad (3\text{-}86)$$

其中,r_k是原图像中第k个灰度级;s_k是输出的图像中第k个灰度级,是原图像灰度级r_k的映射;n是图像的像素总数;n_i是图像中灰度级为r_i的像素个数;$k \in [0, L-1]$。

2. **识别与译码**

当一幅初始图像完成上述处理以后,提取出了条形码的目标区域,并且完成了图形的倾斜校正和对比度增强,接下来可以对其进行最后的识别与译码。

(1)图像边缘识别

图像的边缘一般是指邻域内像素灰度值有阶跃变化或屋顶变化的那些像素点的集合,是图像分割所依赖的重要特征。而本书中的边缘是指磨砂贴膜的边缘。边缘检测主要是使用微分算子。

本系统采用一种常见的微分算子,即 Canny 算子[33-34]进行边缘检测,其基本原理是:先使用高斯滤波器平滑图像来抑制噪声,然后用一阶微分算子来计算图像的梯度幅值和方向,接着对幅值进行非极大值抑制,最后通过双阈值的方法提取图像的边缘。

Canny 算子[33]的算法流程如下。

① 对输入图像用高斯滤波器抑制噪声。高斯滤波器为

$$G(x,y,\sigma) = \frac{1}{2\pi\sigma^2}\exp\left(-\frac{x^2+y^2}{2\sigma^2}\right) \qquad (3\text{-}87)$$

② 使用一阶差分算子计算水平方向和垂直方向的梯度幅值分量，计算得到图像的梯度幅值和梯度方向。

③ 根据得到的梯度幅值图像，计算像素梯度方向上相邻两个像素的梯度幅值 a 与 b。如果当前像素的梯度幅值大于 a 与 b，则当前像素有可能为图像的边缘点；否则当前像素不是边缘点。从而得到边缘图像。

④ 双阈值检测和边缘连接。分别使用高阈值和低阈值遍历步骤③中得到的边缘图像，获得新的边缘图像 I_a 与 I_b，以 I_a 为基础，当检测到断点时，通过搜索 I_b 来进行边缘连接，得到最后的结果边缘图像。

（2）译码

根据 3.2.1 节中的讨论可知，Code128 条形码使用 4 种宽度不同的黑条和白条分别表示编码元 "1" "2" "3" "4"。由于每一个黑条或白条的长度 l 是相同的，其宽度 h 与面积 s 为等效变量（$s = lh$）。在实际的译码过程中，面积 s 是通过统计宽度 h 在长度 l 方向上的累积值得到的。为了增强系统的顽健性，本系统使用面积 s 进行译码计算。

识别译码的过程为：先计算每一个边缘间隔的面积 s_i，得到绝对边缘间隔面积序列 $\{s_1 s_2 s_3 \cdots\}$，然后根据此序列可以得到相对宽度序列，即条形码的编码码字，然后查 Code128C 码字表进行译码得到位置编号。译码流程如图 3-32 所示。

图 3-32　译码流程

3. 实验结果

用 MATLAB 编程实现本系统的算法，对图 3-24、图 3-25 和图 3-26 中的例图 A、例图 B 和例图 C 的图像进行优化与边缘识别，其结果分别如图 3-33、图 3-34 和图 3-35 所示。

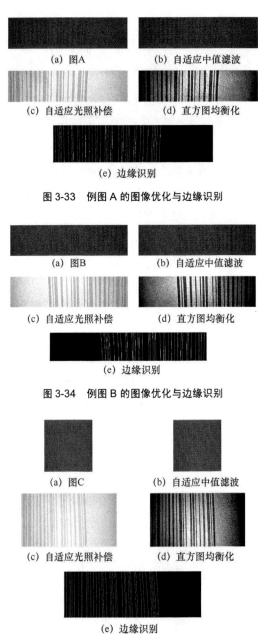

(a) 图A　　　　　　　　(b) 自适应中值滤波

(c) 自适应光照补偿　　　(d) 直方图均衡化

(e) 边缘识别

图 3-33　例图 A 的图像优化与边缘识别

(a) 图B　　　　　　　　(b) 自适应中值滤波

(c) 自适应光照补偿　　　(d) 直方图均衡化

(e) 边缘识别

图 3-34　例图 B 的图像优化与边缘识别

(a) 图C　　　　　　　　(b) 自适应中值滤波

(c) 自适应光照补偿　　　(d) 直方图均衡化

(e) 边缘识别

图 3-35　例图 C 的图像优化与边缘识别

最后，我们对实验过程中采集的 100 幅图像进行测试，正确译码的成功率约为 99%，说明本系统方案具有可行性。部分测试结果见表 3-8。

表 3-8 部分例图的译码结果

图像编号	图像	原码	识别译码结果
1		052066	052066
2		052066	052066
3		052066	052066
4		052066	052066
5		052066	052066
6		052066	052066
7		052066	052066
8		052066	052066
9		052066	052066
10		052066	052066

|3.3 基于色温调制的 LED 阵列成像定位系统 |

3.3.1 RGB 三基色 LED 色温调制原理

2002 年，Berson 等[35]在哺乳动物的视网膜上发现了第三种感光细胞，它主要在调节人体内分泌、控制生理节律等非视觉生物效应方面发挥功能，打破了以往人们对于眼睛只是人类的视觉器官这一概念。研究发现，照明环境的色温不仅对人体昼夜节律和体温调节起着一定的作用，同时还会影响人们的睡眠和情绪[36-37]，使用适当的高色温光源还可以提高办公室员工的工作效率[38]。根据季节、情绪、昼夜对照明光源的色温进行动态控制，可以使照明环境更舒适、更健康。

色温是光源非常重要的特征之一，其单位为开尔文。LED 芯片根据照明色温可以分为 3 种类型：暖白、正白和冷白。暖白 LED 芯片色温值一般在 2 500～3 500 K 范围内，视觉上呈现微泛红色、淡黄色，相当于夕阳颜色，能够营造出一种轻松、温暖和平静的氛围。正白 LED 芯片的色温值一般在 4 000～6 000 K 范围内，视觉上呈现白色，相当于正午阳光颜色；冷白 LED 芯片色温值一般在 6 000～8 000 K 范围内，视觉上呈现蓝白色，相当于天气放晴时的蓝天颜色，冷白光能够营造出一种凉爽和清新的氛围，通常用在工厂车间和办公场所，有利于提高工作效率[39-41]。

目前市面上已有可以调节色温的 LED 智能灯泡，可以根据温度和各种情景调节灯泡的色温。例如，天气热时调光到冷白，而天气冷时调光到暖白。这种 LED 智能灯泡通常采用三基色 RGB 集成 LED 芯片，通过脉冲宽度调制（Pulse Width Modulation，PWM）调光或模拟调光调节 RGB 3 颗 LED 芯片的发光强度，混合成指定的色温坐标值，从而实现色温调制（Color Temperature Modulation，CTM）。

色移键控（Color Shift Keying，CSK）调制技术是 VLC 中常见的采用 RGB 三色 LED 的调制技术。在基于 CSK 的 VLC 系统中，RGB 三色 LED 形成了在彩色空间中的多输入及多输出通道，进而大大提高了系统的信道容量，显著提升了传输速率。目前，CSK 调制技术在 IEEE 802.15.7 标准中得到了支持，其星座点映射是基于国际照明委员会在 CIE1931 色彩空间中所定义的 x-y 色度坐标[42]。图 3-36 展示了 CIE1931 色彩空间的色度，它展示了人眼可见的所有颜色，图中深色的区域代表了人类视觉范围，其中曲线边缘以纳米为单位列出了波长长度，称之为光谱轨迹。CSK 技术基于色度图上颜色的深浅来表征星座点符号。从图 3-36 中可以观察到，有一条黑色的带有刻度的曲线，此曲线为色温线，它起始于波长大约为 600 nm 的泛红色度点，终止于浅蓝色度点。色温线表征了目前自然界的可见光源的色度区域范围。

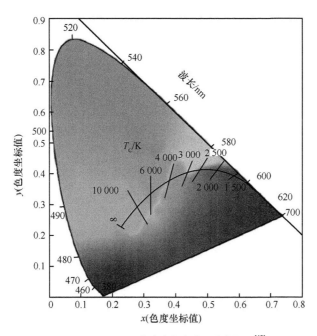

图 3-36　CIE1931 色彩空间色度图和色温图[42]

借鉴经典 CSK 调制技术，同时考虑到日常照明需求，本节介绍一种基于 RGB 三基色 LED 的 CTM 技术[43]。其基本原理为调制映射星座点选取在图 3-36 中的黑色曲线上，每颗 RGB 型 LED 灯芯都配置一个独立的 CTM 驱动器，通过 CTM 驱动器将色度星座点的 $\{x,y\}$ 色度坐标值转换成 RGB 三基色强度分量比值 $\{I_r,I_g,I_b\}$，以驱动 LED 灯芯按照指定的色温进行工作。色度坐标值到三基色强度分量值的转换方程为

$$\begin{cases} x = I_r x_r + I_g x_g + I_b x_b \\ y = I_r y_r + I_g y_g + I_b y_b \\ I_r + I_g + I_b = 1 \end{cases} \tag{3-88}$$

其中，(x_r, y_r)、(x_g, y_g)、(x_b, y_b) 分别为红色、绿色、蓝色 LED 的色度坐标值；(x, y)

为已知的需要进行转化的色度坐标值（即色度星座点的坐标值）；I_r、I_g 和 I_b 分别为红、绿、蓝光信号的归一化强度分量。

图 3-37 展示了一种 CTM 星座点选取的示例。该方案根据 CIE1931 色度坐标图和 LED 光源照明色温标准，在色图坐标图的色温照明区域选取了 3 个色度坐标值，分别代表 LED-ID 信息的 "1" "0" 和帧头标识符。具体地，我们在 CIE1931 色度坐标图冷白光色温区域选择 8 000 K 色温的色度坐标值（0.293, 0.31）代表 "1"，在正白光色温区域选择 4 000 K 色温的色度坐标值（0.378, 0.37）代表帧头标识符，在暖白光色温区域选择 2 700 K 色温的色度坐标值（0.47, 0.43）代表 "0"。

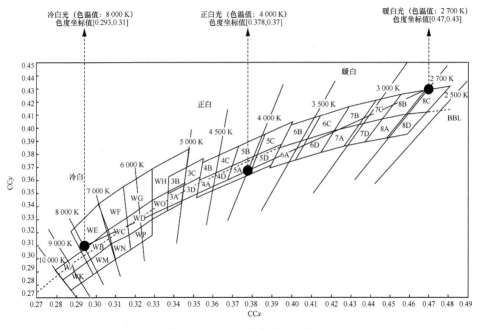

图 3-37　CTM 星座点选取示例

3.3.2　基于 LED 阵列和图像色温识别的 LED-ID 信息传输技术

在 VLP 系统中，LED-ID 信息的有效可靠传输是实施定位服务的关键。本节提出了一种采用 CTM 的基于 LED 阵列的 iVLP 系统和方法。系统发射机采用 LED 阵列结构，LED 灯芯采用 RGB 三基色型的 LED 芯片，相邻的 LED 灯芯相隔一定的距离，避免形成相邻 LED 灯芯的光强干扰。每颗 RGB 型 LED 灯芯都配置一个独立的 CTM 驱动器与 LED 灯芯相连，发射机配置一个 LED-ID 数据 CTM 映射器与多个 CTM 驱动器相连。LED-ID 数据色温映射器内部预置有一个信息映射表，可根据该表的规则将串行二进制 LED-ID 数据调制成并行的多个二维色度数据信息 (x_i, y_i)，再通过 CTM 驱动器将多个二维色度数据信息 (x_i, y_i) 转换成 RGB 三基色强度比值 (I_r^i, I_g^i, I_b^i)，驱动每颗灯芯按照不同的色温条件发送信号。

　　另外，关于二进制 LED-ID 数据的设计方面，从概率统计的角度，应确保总比特数的一半设置为 "1"，一半设置为 "0"，这样可以保证 LED 阵列光源一半的 LED 灯芯为暖白光，一半的 LED 灯芯为冷白光，刚好可以中和成为正白光的色温，使得 LED 阵列光源的平均色温和普通的 LED 光源相差不大，不会影响照明体验。

　　系统接收机采用 CMOS 图像传感器（CIS）对 LED 阵列光源进行拍照，获取不同色温颜色差的 LED 灯芯阵列图片，再对图片进行光源区域分割，然后根据 CTM 调制机制对各个子图片进行 LED-ID 信息解码处理，从而实现定位。为了获得效果更好的 LED 阵列图片，CIS 前端可以加装一片中性密度滤光镜，用于对 LED 阵列结构光源发出的强光进行适当衰减，减少光晕效应及高光干扰的影响。

　　该系统结构简单，解码算法直观明了，可以有效地传输 LED-ID 信息。同时由于 LED 阵列采用 CTM，输出光强恒定，无闪烁感，增加了用户的照明体验。此外，本系统还可有效地解决定位对象的运动方向检测问题。以下通过一个具体的实施例进行详细说明。

　　在该例中，系统发射机采用了一个 3×3 阵列结构的 RGB 型 LED 阵列光源，如图 3-38 所示。相邻 LED 灯之间的距离设置为 3 cm 左右，9 颗 LED 灯芯构成了一个整体的 LED 阵列平板灯。每颗 RGB 型 LED 灯芯都配置一个与灯芯相连的独立的 CTM 驱动器如图 3-38 虚线所示。CTM 驱动器的作用是将色度星座点的色度坐标值 (x_i, y_i) 通过式（3-89）转换成 RGB 三基色强度分量比值 (I_r^i, I_g^i, I_b^i)，以驱动 LED 灯芯按照指定的色温进行工作。

　　此外，发射机还配置有一个内部预置信息映射表的 LED-ID 数据 CTM 映射器，与 9 个 CTM 驱动器相连。该映射器的作用是根据信息映射表，将串行二进制 LED-ID 数据转换成并行的 9 个二维色度坐标值，并将其输入至 9 个独立的 CTM 驱动器，以实现色温调制。其中一种信息映射表的格式见表 3-9。

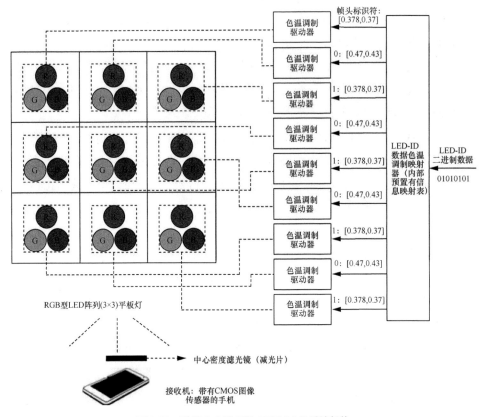

图 3-38　采用 3×3 阵列的 CTM-iVLP 系统架构

表 3-9　CTM 信息映射

二进制数据	(x, y)色度坐标值	色温/K
"0"	[0.47,0.43]	暖白：2 700
"1"	[0.293,0.31]	冷白：8 000
帧起始标识符	[0.378,0,37]	正白：4 000

　　接收机采用 CIS 对 LED 阵列光源进行拍照。经过 CIS 前端的中性密度滤光镜（减光片），可以适当降低 LED 阵列光源发出的光强，有助于形成清晰的图像。为在成像平面上形成不同颜色色差的 LED 灯芯图片，可以将 CIS 的曝光值设置为较低值。接收机获取了不同色差的 LED 芯片阵列图片后，需要对图片进行 LED-ID 信息解码处理。LED 色温阵列图片解码算法流程如图 3-39 所示，其具体实施步骤如下。

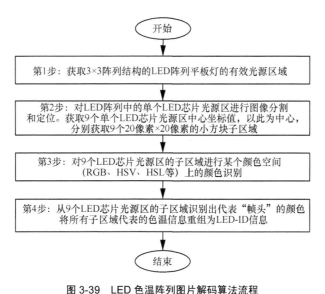

图 3-39　LED 色温阵列图片解码算法流程

第 1 步：获取 LED 阵列（本例为 3×3 阵列）平板灯的有效光源区域，如图 3-40 所示。图 3-40 中的左图为 CIS 拍摄到的 LED 阵列平板灯图片，右图为截取有效光源区域后的图片。

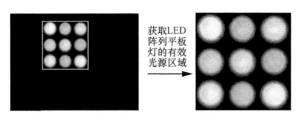

图 3-40　获取 LED 阵列平板灯的有效光源区域的处理

第 2 步：对 LED 阵列中的单个 LED 灯芯光源区进行图像分割和定位，获取多个单 LED 灯芯光源区的中心坐标值，并以此为中心，分别获取多个 M 像素 × M 像素的小方块区域。在本例中，需要获取 9 个单 LED 灯芯光源区中心的坐标值，以此为中心分别获取 9 个 20 像素 × 20 像素的小方块形状的子区域如图 3-41 所示。

第 3 步：对上一步中获得的子区域进行颜色识别。具体方法是将每一个子区域的像素值由 RGB 空间转化到 HSV 空间，通过比较该子区域的平均像素值是否在 HSV 阈值范围内，来识别是否为暖白、冷白或正白颜色。

第 4 步：从多个 LED 灯芯光源区的小方块区域识别出代表"帧头"的颜色，

重组由多个小方块区域所代表的色温信息，进而形成一组完整的 LED-ID 信息。在图 3-41 所示的例子中，最后通过图片解码得到的 LED-ID 信息为"01010101"。

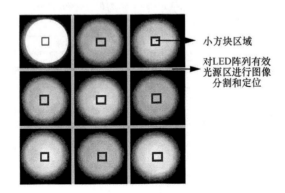

图 3-41　对 LED 阵列有效光源区进行图像分割并获取子区域的处理

在上述流程的第 1 步中，首先需要获取如图 3-40 所示的 LED 阵列的有效光源区。我们提出一种获取 LED 阵列有效光源区域的算法解决此问题，其具体流程如图 3-42 所示，简述如下。

第 1 步：将拍照形成的 RGB 彩色图片转换成 255 级灰度图像。

第 2 步：将灰度图像转换成二值图像，阈值采用 Otsu 算法、平均阈值法或迭代式平均阈值法等。

第 3 步：对二值图片中每一行的像素值求和，将每行像素值之和大于某个阈值的行的序号保存到一个数组 REC，再对数组 REC 求最小值和最大值。最小值 REC_min 就是有效光源区的最小行值，最大值 REC_max 就是光源有效区的最大行值。

第 4 步：对二值图片中每一列的像素值求和，将每列像素值之和大于某个阈值的列的序号保存到一个数组 CEC，再对数组 CEC 求最小值和最大值。最小值 CEC_min 就是有效光源区的最小列值，最大值 CEC_max 就是有效光源区的最大列值。

第 5 步：矩形区域[CEC_min,REC_min,CEC_max,REC_max]确定后，即可截取出原始 RGB 彩色图像的有效光源区。该区域包含完整的 3×3 LED 阵列图像。

完成上述操作后，还需要对已获取的 LED 阵列有效光源区进一步分割，获取每个 LED 灯对应的单光源区域，并从每个单光源区域中提取出相应的色温信息。要实现该目的，仅需要将上述有效光源区等分切割为 9 个单光源区域，然后再从每个区域的中心截取出一个较小面积（例如 20 像素×20 像素）的子区域。通过对这些代表每个 LED 单光源的子区域进行色温解码及重组信息，就可以恢复出原始的 LED-ID。

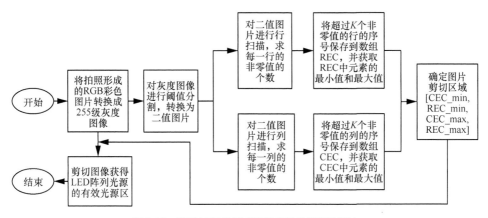

图 3-42　获取 LED 阵列光源的有效光源区的算法

　　色温信息的解码可在各种类型的色度空间完成。在图 3-41 给出的 LED 阵列图片解码方法的一个实施例中，我们以 HSV 颜色空间为例对颜色识别的过程进行说明。具体地，我们在图 3-39 所示的 LED 色温阵列图片解码算法中的第 3 步计算色温 HSV 阈值。这首先要求将代表信息的归一化 RGB 分量转换成 HSV 分量。$\{I_r, I_g, I_b\}$ 转换成 $\{H, S, V\}$ 可采用如下式子[44]。

$$V = \max(I_r, I_g, I_b) \tag{3-89}$$

$$S = \begin{cases} \dfrac{V - \min(I_r, I_g, I_b)}{V}, & V \neq 0 \\ 0, V = 0 \end{cases} \tag{3-90}$$

$$H = \begin{cases} 0 + \dfrac{60(I_g - I_b)}{S}, & V = r \\ 120 + \dfrac{60(I_b - I_r)}{S}, & V = g \\ 240 + \dfrac{60(I_r - I_g)}{S}, & V = b \end{cases} \tag{3-91}$$

其中，$0 \leqslant \{I_r, I_g, I_b\} \leqslant 1$。如果在 RGB、HSV 等其他颜色空间进行识别，则需要将上述表达式进行变换，计算对应的 RGB、HSV 阈值。相应地，色温星座映射表也需要进行相匹配的定义修改见表 3-10。

表 3-10　LED 色温星座图的 RGB-HSV 分量映射表

二进制数据	归一化 RGB 强度分量	HSV 分量 *H*、*S*、*V*
0	[0.632 8, 0.357 8, 0.009 4]	[21.22, 0.985 1, 0.632 8]
1	[0.305 8, 0.308 7, 0.385 5]	[239.16, 0.206 7, 0.385 5]
帧头	[0.463 7, 0.335 2, 0.201 1]	[14.21, 0.566 3, 0.463 7]

从表 3-10 中可看出，本实施例选择的 3 个色温颜色的亮度 *V* 区分间隔很小，因此不宜用亮度作为阈值判决。帧头的判定可采用饱和度 *S* 进行阈值判决，而二进制数据"0"和"1"的判定则可采用色调 *H* 进行阈值判决。

除可提供 LED-ID 定位信息的高性能解码外，本系统还可有效解决定位对象的 MDD 问题。例如，在本实施例中，可以规定图 3-43 所示的 LED 阵列平板灯的西北角（或者其他特殊位置）的 LED 灯芯发送"正白光"（即帧头），则根据 CIS 拍摄的帧头在图片中的具体位置，可以判定定位对象的移动方向。

① 帧头位于图片的西北角，表示定位对象从南向北移动。

② 帧头位于图片的东南角，表示定位对象从北向南移动。

③ 帧头位于图片的西南角，表示定位对象从西向东移动。

④ 帧头位于图片的东北角，表示定位对象从东向西移动。

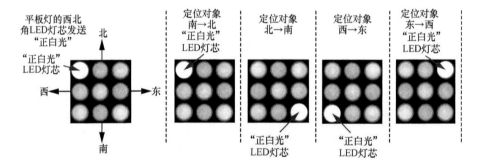

图 3-43　本系统用于判断定位对象运动方向的处理

3.4　基于摄影测量法的成像精准定位技术

基于摄影测量法的 VLP 系统属于 iVLP 技术的一个重要分支。此类系统的基本设计思路是：利用 CIS 的成像原理，对携带 VLC/VLP 信息的 LED 灯进行实时或近似实时摄影，根据采集所得的影像数据，基于图像信号处理与优化理论等完成数字信息的检测和提取，最终实现对目标设备的定位。

　　本节将介绍基于摄影测量法的单摄像机和多摄像机 iVLP 系统的基本原理和设计方法。

3.4.1　摄影测量法的基本原理

　　典型的，摄像机成像模型是将三维场景中的坐标与摄像机得到的图像二维坐标联系起来的模型。摄像机成像模型可建模为小孔成像模型，下面着重介绍小孔成像模型[35]。

　　如图 3-44 所示，在小孔成像模型中，将透镜中心当作小孔。小孔成像模型主要由透镜中心、光轴和成像平面 3 个部分组成。在三维场景中的 p 点，经过透镜中心在成像平面上投影成 p 点。该摄像机成像模型涉及 3 种坐标之间的转换关系，即世界坐标系（World Coordinate System，WCS）、摄像机坐标系（Camera Coordinate System，CCS）和成像平面坐标系（Image Coordinate System，ICS）。

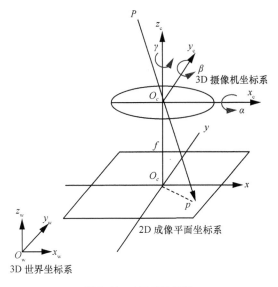

图 3-44　小孔成像模型

1. 从 WCS 到 CCS 的坐标转化

由于摄像机与被摄物体可以放置在环境中任意位置，这样就需要在环境中建立一个坐标系，表示摄像机和被摄物体的位置，这个坐标系就称为世界坐标系，如图 3-44 所示的（$O_w\text{-}x_w\,y_w\,z_w$）。另一方面，如以摄像机透镜中心为原点 O_c，光轴为 z_c 轴，建立的直角坐标系称为 CCS，如图 3-44 所示的（$O_c\text{-}x_c\,y_c\,z_c$）。摄像机坐标与世界坐标的转换可以通过旋转矩阵 $\boldsymbol{R}$ 和一个平移向量 $\boldsymbol{t}$ 完成，具体为

$$
\begin{bmatrix} x_c \\ y_c \\ z_c \end{bmatrix} = \boldsymbol{R} \begin{bmatrix} x_w \\ y_w \\ z_w \end{bmatrix} + \boldsymbol{t} = \begin{bmatrix} r_{11} & r_{12} & r_{13} \\ r_{21} & r_{22} & r_{23} \\ r_{31} & r_{32} & r_{33} \end{bmatrix} \begin{bmatrix} x_w \\ y_w \\ z_w \end{bmatrix} + \boldsymbol{t}
\tag{3-92}
$$

其齐次坐标表示为

$$
\begin{bmatrix} x_c \\ y_c \\ z_c \\ 1 \end{bmatrix} = \begin{bmatrix} \boldsymbol{R} & \boldsymbol{t} \\ \boldsymbol{0}^T & 1 \end{bmatrix} \begin{bmatrix} x_w \\ y_w \\ z_w \\ 1 \end{bmatrix} = \boldsymbol{M}_2 \begin{bmatrix} x_w \\ y_w \\ z_w \\ 1 \end{bmatrix}
\tag{3-93}
$$

$$
\boldsymbol{M}_2 = \begin{bmatrix} \boldsymbol{R} & \boldsymbol{t} \\ \boldsymbol{0}^T & 1 \end{bmatrix}
\tag{3-94}
$$

其中，$\boldsymbol{M}_2$ 为外参数矩阵，它由旋转矩阵 $\boldsymbol{R}$ 和平移向量 $\boldsymbol{t}$ 决定，它们描述的是摄像机相对于 WCS 的位置和方向。此外，式（3-94）中的 $\boldsymbol{t} = \begin{bmatrix} t_x & t_y & t_z \end{bmatrix}^T$ 为三维平移向量，t_x、t_y、t_z 分别为 3 个坐标轴的平移量；旋转矩阵 $\boldsymbol{R}$ 为 3×3 的单位正交矩阵，可表示为

$$
\boldsymbol{R} = \boldsymbol{R}_x(\alpha)\boldsymbol{R}_y(\beta)\boldsymbol{R}_z(\gamma)
\tag{3-95}
$$

$$
\boldsymbol{R}_x(\alpha) = \begin{bmatrix} 1 & 0 & 0 \\ 0 & \cos\alpha & \sin\alpha \\ 0 & -\sin\alpha & \cos\alpha \end{bmatrix}
\tag{3-96}
$$

$$
\boldsymbol{R}_y(\beta) = \begin{bmatrix} \cos\beta & 0 & -\sin\beta \\ 0 & 1 & 0 \\ \sin\beta & 0 & \cos\beta \end{bmatrix}
\tag{3-97}
$$

$$
\boldsymbol{R}_z(\gamma) = \begin{bmatrix} \cos\gamma & \sin\gamma & 0 \\ -\sin\gamma & \cos\gamma & 0 \\ 0 & 0 & 1 \end{bmatrix}
\tag{3-98}
$$

如图 3-44 所示，WCS 先绕 x_w 轴旋转角度 α ，接着绕 y_w 轴旋转角度 β ，再绕 z_w 轴旋转角度 γ ，便可令 WCS 的各轴与 CCS 的各对应轴相重合。其中 $\boldsymbol{R}$ 和 $\boldsymbol{t}$ 之间的关系为

$$\boldsymbol{t} = -\boldsymbol{R}\begin{bmatrix} x_{o_c} \\ y_{o_c} \\ z_{o_c} \end{bmatrix} \tag{3-99}$$

其中，$\begin{bmatrix} x_{o_c} & y_{o_c} & z_{o_c} \end{bmatrix}^{\mathrm{T}}$ 表示透镜中心 O_c 在 WCS 的位置坐标。

2. 摄像机坐标到图像物理坐标的转换

在摄像机成像模型中，三维场景中任意一点 P 在摄像机成像平面上的投影为 p ，它是摄像机透镜中心 O_c 与场景中物点 P 的连线与摄像机成像平面的交点。成像平面的物理坐标是一个二维坐标，它的原点 O_1 是摄像机光轴与成像平面的交点，即光点，x 轴与 x_c 轴平行，y 轴与 y_c 轴平行。在图 3-44 中，O_cO_1 为摄像机的焦距 f ，根据相似三角形的原理，可以得到摄像机坐标投影到图像物理坐标的转换表达式为

$$\begin{cases} x_u = -\dfrac{x_c}{z_c}f \\ y_u = -\dfrac{y_c}{z_c}f \end{cases} \tag{3-100}$$

用齐次坐标与矩阵形式表示为

$$z_c \begin{bmatrix} x_u \\ y_u \\ 1 \end{bmatrix} = \begin{bmatrix} -f & 0 & 0 & 0 \\ 0 & -f & 0 & 0 \\ 0 & 0 & 1 & 0 \end{bmatrix} \begin{bmatrix} x_c \\ y_c \\ z_c \\ 1 \end{bmatrix} \tag{3-101}$$

3. 图像像素坐标与图像物理坐标的转化

摄像机拍摄的图像在计算机中的存储是以矩阵形式进行的，存储以像素为单元。在图像中定义的图像像素坐标系是一个二维直角坐标系，它可以看成是将 ICS 的原点设置在左上角而形成的如图 3-45 所示。此外，由于像素是离散的物理量，图像像素坐标系中的坐标应取整数。假设每个像素在 u 和 v 的方向物理长度为 k 和 l ，图像像素坐标系的原点 O_0 取图像左上角，u 轴与图像物理坐标系的 x 轴平行，v 轴与图像物理坐标系 y 轴平行。图像物理坐标的原点 O_1 在图像像素坐标系中的坐标为 (u_0, v_0) 。因此得到图像像素坐标与图像物理坐标之

间的转换关系为

$$\begin{cases} u = \left\langle \dfrac{x_u}{k} \right\rangle + u_0 \\ v = \left\langle \dfrac{y_u}{l} \right\rangle + v_0 \end{cases}$$

（3-102）

其中，$\langle a \rangle$ 表示四舍五入运算。式（3-103）的齐次坐标与矩阵形式可以表示为

$$\begin{bmatrix} u \\ v \\ 1 \end{bmatrix} = \begin{bmatrix} \dfrac{1}{k} & 0 & u_0 \\ 0 & \dfrac{1}{l} & v_0 \\ 0 & 0 & 0 \end{bmatrix} \begin{bmatrix} x_u \\ y_u \\ 1 \end{bmatrix}$$

（3-103）

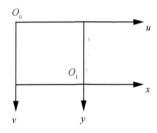

图 3-45   图像像素坐标与图像物理坐标的关系

综合以上所有的坐标系定义及表达式，经过推导，可以得到图像坐标 (u,v) 与世界坐标的 (x_w, y_w, z_w) 之间的转换关系为

$$z_C \begin{bmatrix} u \\ v \\ 1 \end{bmatrix} = \begin{bmatrix} \dfrac{1}{k} & 0 & u_0 \\ 0 & \dfrac{1}{l} & v_0 \\ 0 & 0 & 0 \end{bmatrix} \begin{bmatrix} -f & 0 & 0 & 0 \\ 0 & -f & 0 & 0 \\ 0 & 0 & 1 & 0 \end{bmatrix} \begin{bmatrix} \boldsymbol{R} & \boldsymbol{t} \\ \boldsymbol{0}^{\mathrm{T}} & 1 \end{bmatrix} \begin{bmatrix} x_w \\ y_w \\ z_w \\ 1 \end{bmatrix} = \boldsymbol{M}_1 \boldsymbol{M}_2 \begin{bmatrix} x_w \\ y_w \\ z_w \\ 1 \end{bmatrix} = \boldsymbol{P} \begin{bmatrix} x_w \\ y_w \\ z_w \\ 1 \end{bmatrix}$$

（3-104）

$$\boldsymbol{M}_1 = \begin{bmatrix} \dfrac{1}{k} & 0 & u_0 \\ 0 & \dfrac{1}{l} & v_0 \\ 0 & 0 & 0 \end{bmatrix} \begin{bmatrix} -f & 0 & 0 & 0 \\ 0 & -f & 0 & 0 \\ 0 & 0 & 1 & 0 \end{bmatrix} = \begin{bmatrix} f_x & 0 & u_0 \\ 0 & f_y & v_0 \\ 0 & 0 & 0 \end{bmatrix}$$

（3-105）

其中，$P = M_1 M_2$ 为投影矩阵；M_1 为内参数矩阵，它是由像素焦距 f_x、f_y 和主点坐标 (u_0, v_0) 这些摄像机内部参数决定的，因此可视为一个常数矩阵，像素焦距定义为物理焦距在图像像素坐标系中的像素长度。

　　基于摄影测量法的成像精准定位实质就是通过三维场景中的坐标与摄像机得到的图像二维坐标之间的关系建立式（3-104）所示的等式方程，来获取外参数矩阵 M_2，即包括旋转矩阵 R 和平移向量 t，以获得摄像机在 WCS 的坐标 O_c，从而实现移动终端的定位。

3.4.2　可见光成像定位方法介绍

　　根据摄像机的数量不同，基于摄影测量法的成像定位可以分为单摄像机和多摄像机成像定位。基于单摄像机的 iVLP 系统中，根据定位系统所需的 LED 灯数量，可分类为多灯定位算法、双灯定位算法以及单灯定位算法。本节着重介绍单摄像机的多灯定位算法、双灯定位算法以及基于多 LED 和双摄像头的成像定位法。

1. 基于单摄像机的多灯定位算法

　　基于单摄像机的成像定位算法也称为单视图几何定位算法。如图 3-46 所示，该方法仅利用一个摄像头捕获多个 LED 灯的图像。由前面可知，通过三维场景中的坐标和摄像机得到的图像二维坐标之间的关系便可建立方程，从而获得摄像机在 WCS 的坐标。

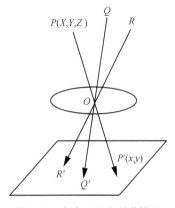

图 3-46　多个 LED 灯捕获情况

如图 3-46 所示，假设 LED 灯 P 在 GCS 的坐标为 (X,Y,Z)，透镜中心 O 在 GCS 的坐标为 (X_O,Y_O,Z_O)，灯 P 在成像平面上的投影点为 $P'(x,y)$。根据前面的式（3-92）～式（3-100），可得

$$
\begin{cases}
x = -f\dfrac{r_{11}(X-X_O)+r_{12}(Y-Y_O)+r_{13}(Z-Z_O)}{r_{31}(X-X_O)+r_{32}(Y-Y_O)+r_{33}(Z-Z_O)} \\[4mm]
y = -f\dfrac{r_{21}(X-X_O)+r_{22}(Y-Y_O)+r_{23}(Z-Z_O)}{r_{31}(X-X_O)+r_{32}(Y-Y_O)+r_{33}(Z-Z_O)}
\end{cases}
\tag{3-106}
$$

其中，(x_w,y_w,z_w) 与 (x,y) 可通过本章前面各小节介绍的成像通信以及图像处理方式来获取，因此可认为是已知的；$r_{ij}(i=1,2,3,\ j=1,2,3)$ 是关于旋转角 α,β,γ 的矩阵，由式（3-92）给出。因此，可知式（3-106）共包含 6 个未知数，$(x_{O_c},y_{O_c},z_{O_c},\alpha,\beta,\gamma)$。为求解 $O_c(x_{O_c},y_{O_c},z_{O_c})$，至少需要 3 组和式（3-106）类似的方程组。因此，摄影机所获取的图像中，应至少包含 3 个 LED 灯的图像。

式（3-106）所示的方程组是非线性的，可以利用非线性最小二乘算法进行求解[45-48]。如可获得 α、β、γ 中部分参数的先验信息，则式（3-106）可进一步简化求解，该方法将在下面介绍。

2. 基于单摄像机的双灯定位算法

由于移动终端的摄像机视场角（Field-of-View，FOV）所限以及 LED 灯的布局情况，在实际场景中有可能无法同时获取 3 个或 3 个以上 LED 所成像，因此并不能很好地将基于单摄像机的多灯定位算法应用于目前的移动终端。本节介绍基于单摄像机的双灯定位算法，相比上文算法，它可以减少一个 LED 灯的需求。

式（3-100）可以改写为

$$
(x_u,y_u,-f)=s(x_c,y_c,z_c)
\tag{3-107}
$$

其中，s 表示缩放因子，可近似为 LED 灯所成像的尺寸与 LED 灯所形成的发光面的实际尺寸的比值。假设 LED 灯形成的发光面是一个半径为 L 的圆形，所形成的 LED 像是一个半长轴长为 r 的椭圆，那么缩放因子 s 可由下式近似获得[49]。

$$
s=\frac{r}{L}
\tag{3-108}
$$

并且，目前的移动终端一般都配备了倾斜传感器，用于获得关于摄像机的姿态信息，如滚转角和俯仰角等，二者分别等效于如图 3-44 所示的 α 和 β 角。这两个角度的取值可以通过倾斜传感器获取，作为先验信息辅助求解式（3-106）。此时，联立式（3-107）和式（3-108）可知，式（3-107）共有 4 个未知数，即 $(x_{O_e}, y_{O_e}, z_{O_e}, \gamma)$。而基于式（3-92）的定义，一个 LED 灯所对应的式（3-107）将形成 3 个方程，所以仅需两个 LED 灯就可以求解出 $O_e(x_{O_e}, y_{O_e}, z_{O_e})$。

相对于上文介绍的多灯定位算法，本部分的双灯定位算法只需要获取两个 LED 的成像便可实现定位，具有更低的计算复杂度。此外，由于需要求解的参数只有 4 个，使用非线性最小二乘算法进行求解时性能更优，收敛速率更快。不过，双灯定位算法的定位精度受限于终端设备中倾斜传感器所能获取的滚转角和俯仰角的角度精度以及式（3-108）定义的缩放因子 s 的精度。如果不依赖于这两个角度数据而仅利用 s，那么根据式（3-107），系统仍可仅用 2 个 LED 灯形成 6 个方程，其计算复杂度与三灯定位法类似；但此时双灯定位法的精度性能受限于 s。

3. 基于多 LED 和双摄像头的成像定位

基于多摄像头的成像定位法也称为视觉三角测量法。如图 3-47 所示，接收终端有两个（或两个以上）摄像头，通过这些摄像头共同拍摄 LED 灯形成相应图像来实现定位[50]。在文献[51-52]中，移动终端同样利用双摄像机进行定位，然而并没有直接使用式（3-109），而是通过几何学的方法估计移动终端分别到 4 盏 LED 灯的距离，接着通过三边测量法[53]来求解移动终端在 WCS 的位置。

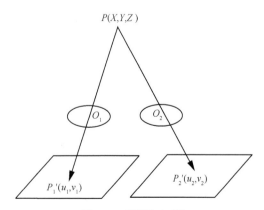

图 3-47　双摄像头成像

假设 P_1' 和 P_2' 分别是世界坐标系的点 P 在两个摄像机的投影点，根据式（3-104）给出的单摄像头方程，针对图 3-47 所示的双摄像头模型可以构建下述方程组。

$$
\begin{cases}
[u_1 \quad v_1 \quad 1]^{\mathrm{T}} = \boldsymbol{P}_1 \dfrac{[x_{\mathrm{w}} \quad y_{\mathrm{w}} \quad z_{\mathrm{w}}]^{\mathrm{T}}}{z_{c_1}} \\[4mm]
[u_2 \quad v_2 \quad 1]^{\mathrm{T}} = \boldsymbol{P}_2 \dfrac{[x_{\mathrm{w}} \quad y_{\mathrm{w}} \quad z_{\mathrm{w}}]^{\mathrm{T}}}{z_{c_2}}
\end{cases}
\tag{3-109}
$$

其中，$\boldsymbol{P}_i(i=1,2)$ 表示第 i 个摄像机的投影矩阵，$z_{c_i}(i=1,2)$ 表示点 P 在第 i 个摄像机坐标系（$O_{c_i}-x_{c_i}y_{c_i}z_{c_i}$）的 z_c 轴的坐标值。

由式（3-104）可知，投影矩阵 $\boldsymbol{P}$ 是由内参数矩阵 $\boldsymbol{M}_1$ 和外参数矩阵 $\boldsymbol{M}_2$ 相乘得到的。一般情况下，在同一 iVLP 系统中，可以配置相同且已知的内参数矩阵的摄像机，且获取不同摄像机之间的相对位置和方向等先验信息。因此，所有摄像机的外参数矩阵可由其中一个摄像机的外参数矩阵表示，故式（3-109）中的投影矩阵 $\boldsymbol{P}_2$ 可由 $\boldsymbol{P}_1$ 表示。和前面的讨论类似，式（3-109）包含的位置参数也有 6 个，而一个 LED 灯在两个摄像头所成的像可以形成 4 个方程，所以双摄像机 iVLP 系统至少拍摄两个 LED 灯才能够求解出定位信息。如果终端设备使用 3 个摄像机，则仅需要 1 个 LED 灯即可完成定位。

| 3.5 结合同色异谱光源的光源识别与成像型可见光定位 |

在 3.3 节中，我们介绍了基于色温调制的阵列成像定位系统。基于 3 种颜色的 LED 融合实现 CTM，在实际应用中会出现色温差异的问题，为了减小照明上的差异，通过对二进制 LED-ID 数据进行编码，总比特数的一半设置为"1"，一半设置为"0"。利用一半是冷光源，另一半是暖光源，中和近似白光，减小了视觉差异。本节介绍一种基于同色异谱参考光源和接收端图像传感器子像素强度比分析的 iVLP 的参考光源识别方法。LED 识别方法的主要原理是利用多种不同中心光谱的单色可见光 LED 融合成多个亮度、色度相同但光谱分布不同的同色异谱参考光源。之后，在接收端分析计算彩色图像传感器所采集图像上各个光源投影中各像素点子像素的强度比例，并由此从光谱角度对各个参考光源进行区分，并保证理论上光源无色温差异。

3.5.1 可见光定位系统对照明的要求及同色异谱原理分析

室内定位系统发射端发射的可见光信号不仅需要满足定位算法要求，也需要满足室内照明要求。对成像型定位系统，其参考光源（发射端）需要满足的照明要求主要有 3 点，即光源闪烁频率、光源亮度和光源色度。首先，由于人眼对闪烁频率在 200 Hz 以下的光源十分敏感[54]，为防止光源闪烁对人眼造成不良影响，定位系统中各个参考光源光信号调制频率都需要大于 200 Hz。其次，为实现室内定位的同时兼顾照明，各个参考光源所发出可见光信号的照度都需要满足当前场景的照明需求。最后，在大部分定位场景中，都需要实现基于白光的照明。因此，在可见光定位系统的设计过程中，也需要对各个参考光源的色度进行控制，以保证它们发射色度相同，且符合特定场景要求的可见光信号。

根据颜色理论，我们可以知道人眼对颜色的感知是由光源光谱分布以及人眼颜色响应函数对其的响应形成。根据格拉斯曼定律[55]，发射光谱分布不同的多个可见光源，也可产生相同的颜色，并刺激出相同的人眼视觉（又称为同色异谱现象）。设在一个室内可见光定位系统中，每个参考光源均由 N 种光谱分布不同的 LED 芯片组成，其中第 i 种 LED 芯片的归一化发射光谱分布为 $S_i(\lambda)$，其光信号强度为 $I_{i,\mathrm{T}}$；并设参考光源所发射的可见光信号经过了良好的混光，其发射光信号的总体光谱分布为各 LED 芯片发射光信号光谱分布的和。这样，根据颜色混合理论，对某一个特定的参考光源来说，其色度值（色坐标）$(x_\mathrm{C}, y_\mathrm{C})$ 和亮度 l_C 可由式（3-110）来表示。

$$
\left\{
\begin{aligned}
x_\mathrm{C} &= \frac{\displaystyle\sum_{i=1}^{N}\int_{380}^{780} I_{i,\mathrm{T}} S_i(\lambda)\overline{x}(\lambda)\mathrm{d}\lambda}{\displaystyle\sum_{i=1}^{N}\int_{380}^{780} I_{i,\mathrm{T}} S_i(\lambda)[\overline{x}(\lambda)+\overline{y}(\lambda)+\overline{z}(\lambda)]\mathrm{d}\lambda} \\
y_\mathrm{C} &= \frac{\displaystyle\sum_{i=1}^{N}\int_{380}^{780} I_{i,\mathrm{T}} S_i(\lambda)\overline{y}(\lambda)\mathrm{d}\lambda}{\displaystyle\sum_{i=1}^{N}\int_{380}^{780} I_{i,\mathrm{T}} S_i(\lambda)[\overline{x}(\lambda)+\overline{y}(\lambda)+\overline{z}(\lambda)]\mathrm{d}\lambda} \\
l_\mathrm{C} &= \sum_{i=1}^{N}\int_{380}^{780} I_{i,\mathrm{T}} S_i(\lambda)V(\lambda)\mathrm{d}\lambda
\end{aligned}
\right.
\tag{3-110}
$$

其中，$\overline{x}(\lambda)$、$\overline{y}(\lambda)$ 和 $\overline{z}(\lambda)$ 分别代表国际照明委员会在照明标准 CIE1931 中所定义的三刺激值，$V(\lambda)$ 则代表人眼的视见函数。

由式（3-110）可知，一个参考光源的亮度和色度是由其内部多种 LED 芯片各自的强度和发射光谱乘积的线性融合所决定。当 N 种 LED 芯片各自的发射光谱已知，且参考光源的目标亮度和色度确定后，式（3-110）的实质就是一个以 N 种 LED 芯片各自的发射强度为未知数的 N 元一次线性方程组。由于式（3-110）中共有 3

个方程，当各个参考光源中不同 LED 芯片的数量 $N > 3$ 时，式（3-110）将成为一个超定方程组，并拥有无穷多组解。在这种情况下，对于方程的每一组解来说，它们所合成的参考光源光谱分布不同，但是亮度和色度相同（具有完全相同的照明效果），也就构成了无穷多种同色异谱的参考光源。这个和 3.3 节中的 CTM 差异在于，3.3 节中的 LED 芯片的种类采用 N=3。

3.5.2　同色异谱光源识别原理

在发射端配置了多个总体发射光谱不同的同色异谱参考光源之后，我们还需要在可见光定位系统的接收端对这些光源进行识别。在本节中，将从成像型接收端的角度出发，对同色异谱光源的识别原理进行分析。

设在成像型定位系统中，发射端共包含有 M 个满足同色异谱条件的参考光源。根据光谱信号叠加原理，第 m 个参考光源的总体发射光谱可表示为

$$S_m(\lambda) = \sum_{i=1}^{N} I_{im,\mathrm{T}} S_i(\lambda) \tag{3-111}$$

其中，$I_{im,\mathrm{T}}$ 表示第 m 个参考光源中，第 i 种 LED 芯片所发射光信号的强度。

定位系统接收端采用彩色成像探测器，彩色图像传感器通常由成像光学系统、微滤光片阵列和图像传感器 3 部分组成。在彩色图像的拍摄过程中，光信号首先通过成像光学系统，并在微滤光片阵列上产生各个光源的投影；随后，透过微滤光片阵列的光信号在图像传感器上产生与各个光源形状相关的响应，最终通过电路将所生成的图像读出。彩色图像传感器的每个像素点都可以分为 4 个子像素；每个子像素上方都对应有一个微滤光片阵列中的滤光片，4 个子像素各自对应滤光片的光谱透过率曲线不同，因此来自同一光源的光信号在这 4 个不同的子像素上产生的强度响应也不尽相同。通过对每个子像素中的强度响应进行颜色插值运算，就可得到由这 4 个子像素所组成像素点处光信号的强度及颜色。以此类推，在图像传感器的每个像素点处进行相同的操作，就可以得到最终的彩色图像。

可以进一步得到对于第 m 个同色异谱参考光源照射的像素点，其 4 个子像素所输出信号强度的比例为

$$
\begin{aligned}
I_{\mathrm{R}} : I_{\mathrm{G}} : I_{\mathrm{B}} = &\int_{380}^{780} S_m(\lambda) T_{\mathrm{R}}(\lambda) \eta_{\mathrm{R}}(\lambda) \mathrm{d}\lambda : \\
&\int_{380}^{780} S_m(\lambda) T_{\mathrm{G}}(\lambda) \eta_{\mathrm{G}}(\lambda) \mathrm{d}\lambda : \int_{380}^{780} S_m(\lambda) T_{\mathrm{B}}(\lambda) \eta_{\mathrm{B}}(\lambda) \mathrm{d}\lambda
\end{aligned}
\tag{3-112}
$$

由式（3-112）可发现，在基于同色异谱参考光源的成像型定位系统中，如果图像传感器中的某个像素点被参考光源所照射到，其 4 个子像素所输出信号强度的比例将仅与参考光源的发射光谱分布、微滤光片阵列中各滤光片的透过率以及各子像素的光谱响应率有关，而与图片拍摄参数、接收端所处位置无关。因此，对于光谱分布不同的同色异谱参考光源来说，无论接收端位于何处，它们在接收端图像传感器上产生投影之后，投影内部各个像素的 4 个子像素的信号强度比不会改变。因此，可以将这个信号强度比当作每个参考光源独一无二的"身份码"，并利用其识别不同的同色异谱参考光源。

在实际中，商用图像传感器通常会对每个子像素输出一个 8 bit 的数字信号，即在参考光源发射光谱可自由调节的情况下，每个像素的子像素输出信号强度比共有 $256×256×256$ 种可能。之前已经提到，式（3-110）是一个超定线性方程组。如果我们设定一个特定的子像素输出信号强度比，并将其转化为 2 个线性方程与式（3-110）联立，当参考光源中 LED 芯片的种类 $N \geqslant 5$ 时，联立的线性方程组将存在解，并对应一个特定发射光谱分布的同色异谱参考光源。从理论上来说，对于所提出的成像型定位系统，有足够多的发射光谱分布不同的同色异谱光源可用作定位系统的参考光源，且能够在不影响人眼视觉的情况下被接收端所识别。因此，所提出的参考光源识别方法在理论上是有效的。

3.5.3　定位算法原理分析与定位流程

1. 算法原理分析

本节将讨论在对参考光源进行识别的基础上，系统的定位原理和相关算法。为方便讨论，设一个包含有 3 个可分辨的同色异谱参考光源的定位微小区，并针对该定位微小区介绍所提出成像型定位算法的基本原理和步骤。具体分析过程如下。

首先，在室内场景中建立一个三维直角坐标系，3 个参考光源位于天花板上并竖直向下，它们几何中心的空间坐标分别为 $A(x_1, y_1, z)$、$B(x_2, y_2, z)$ 和 $C(x_3, y_3, z)$。设竖直向上放置的含有图像传感器的接收端位于天花板下方、高度差为 h（未知）的接收面上。设图像传感器中心在三维直角坐标系中的坐标为 $(x, y, z-h)$，成像系统焦距为 f，如图 3-48 所示。3 个参考光源 A、B、C 在图像传感器上对应的投影光斑为 A′、B′、C′。

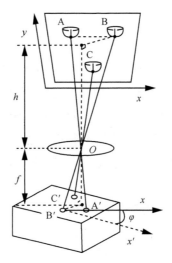

图 3-48　成像定位算法原理

　　类似地，在图像传感器表面建立一个以其中心为原点、其长边和宽边分别为 x' 轴和 y' 轴的二维直角坐标系，并设 3 个投影光斑几何中心在该直角坐标系 $x'y'$ 中的坐标分别为 (x_1', y_1')、(x_2', y_2') 和 (x_3', y_3')，进而得到 3 个投影光斑几何中心在该直角坐标系中的坐标分别为 A$'(x+x_1', y+y_1', z-h-f)$、B$'(x+x_2', y+y_2', z-h-f)$ 和 C$'(x+x_3', y+y_3', z-h-f)$。

　　根据几何光学和相似三角形原理可知，参考光源 A 及其投影光斑 A$'$ 的空间坐标应当满足

$$\frac{h^2}{f^2} = \frac{(x-x_1)^2 + (y-y_1)^2}{x_1'^2 + y_1'^2} \tag{3-113}$$

　　由于实际定位过程中，投影光斑 A$'$ 的几何中心在探测器坐标系中的坐标 (x_1', y_1') 可以测得，成像系统焦距 f 可以通过读取所拍摄图像的可交换图像文件（Exchangeable Image File，EXIF）的信息获得。由此可定义一个常数为

$$C_1 = f^2 / (x_1'^2 + y_1'^2) \tag{3-114}$$

联立式（3-113）和式（3-114），可得

$$C_1(x-x_1)^2 + C_1(y-y_1)^2 - h^2 = 0 \tag{3-115}$$

　　以此类推，对于参考光源 B、C 和它们的投影光斑 B$'$、C$'$ 来说，也满足类似于式（3-115）的关系。类似地，可以得到如下方程组。

$$\begin{cases} C_1(x-x_1)^2 + C_1(y-y_1)^2 - h^2 = 0 \\ C_2(x-x_2)^2 + C_2(y-y_2)^2 - h^2 = 0 \\ C_3(x-x_3)^2 + C_3(y-y_3)^2 - h^2 = 0 \end{cases} \tag{3-116}$$

其中，

$$\begin{cases} C_2 = f^2/(x_2'^2 + y_2'^2) \\ C_3 = f^2/(x_3'^2 + y_3'^2) \end{cases} \tag{3-117}$$

定位时，利用所采集到的图像相关信息，通过求解式（3-116），就可得到接收端的空间坐标 $(x, y, z-h)$，从而完成定位。

观察式（3-116），可以发现它是一个二次方程组，其求解会出现多组解，即对应多个空间坐标。为了解决这个问题，去除接收端空间坐标的错误解，在本设计中，采用如图 3-49 所示的接收端高度估计算法，以对式（3-116）的解进行筛选。

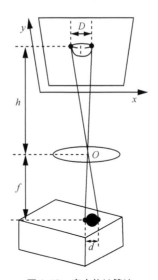

图 3-49　高度估计算法

由图 3-49 可知，设直径为 D 的参考光源在图像传感器上产生光斑直径为 d 的投影。设各个同色异谱参考光源的直径相同，均为 D，它们都在图像传感器上产生投影光斑，投影光斑的平均直径为 $\overline{d}$。利用 D 和 $\overline{d}$ 的比例关系以及式（3-117），就可以对接收端与天花板的高度距离进行估计，得到其估计值 h'。

$$h' = (f \times D)/\overline{d} \tag{3-118}$$

将其与方程组所解得的多组解进行比较，就可以筛选出方程组唯一的正确解，从而得到接收端的三维空间坐标。

值得一提的是，由于需要利用场景内现有的照明光源，因此实际定位系统中各参考光源的大小可能并不相同，形状也可能并不规则，从而导致无法利用式（3-117）对接收端离天花板的高度距离进行估计。此时，可利用不同参考光源几何中心的连线长度（例如 AB）取代 D，利用图像传感器上获得的不同投影光斑几何中心之间的连线长度（例如 A'B'）取代 $\bar{d}$，最后利用式（3-119）代替式（3-117）对定位系统接收端的高度进行估计，即

$$h' = (f \times L_{AB})/L_{A'B'} \tag{3-119}$$

其中，L_{AB} 为 A、B 之间的距离，$L_{A'B'}$ 为 A'、B' 之间的距离。

综上所述，利用成像型定位系统接收端采集的图像、定位方程组（3-115）和高度估计表达式（3-117）和式（3-119），就可以完成接收端的三维定位。值得注意的是，实际上，室内可见光定位技术也可用于室内导航。因此，如何获取接收端的方向信息同样十分重要。本节也将提出一种与上述成像定位算法相关的接收端方向测量算法，并阐述其原理。

由图 3-48 可知，设参考光源 AB 之间的连线平行于三维空间直角坐标系的 x 轴。根据几何光学原理，其在图像传感器上投影光斑的连线 A'B' 也应平行于 x 轴，进而对光斑连线 A'B' 计算得到其与图像传感器上二维直角坐标系 x' 轴的夹角（如式（3-120）所示），即可得到接收端的方向信息（如图 3-50 所示）。

$$\varphi = \arctan((y_1' - y_2')/(x_1' - x_2')) \tag{3-120}$$

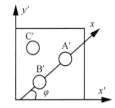

图 3-50　接收端方向测量原理

综上所述，当接收端识别了不同的同色异谱光源后，结合本节中提出的成像定位算法和高度估计算法，可解出成像型定位系统接收端的三维空间坐标，即完成对接收端的三维定位。此外，利用所提出的角度估计算法，还可在获取接收端位置的

同时得到接收端的方向，为基于该算法的室内可见光定位导航系统提供更多信息。

2. 定位流程介绍

本节将给出基于同色异谱参考光源的成像型定位算法与接收端方向计算方法在实际定位系统中的应用流程和细节，定位流程如图 3-51 所示。

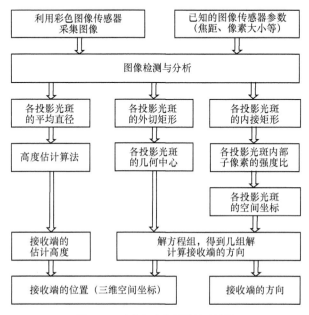

图 3-51　定位与方向测量算法流程

3.5.4　定位系统设计及实验

为了对所提出的基于同色异谱光源和图像传感器子像素强度比分析的成像型定位系统的定位效果进行评估，这里从发射端和接收端的硬件设计出发，设计与制作一套验证定位系统，搭建室内定位场景，模拟实际定位应用。为了在简化系统结构的同时保证实验结果的有效性，将仅搭建一个定位微小区，并在其中完成定位实验。根据前面所述算法的要求，在该定位微小区中，发射端将包含有 3 个同色异谱的可见光光源。

1. 发射端设计

在发射端设计中，发射端需要同时完成室内照明和可见光定位功能，并满足同

色异谱条件。发射端由 3 个满足同色异谱条件的 LED 灯及其相关硬件电路组成，具体结构如图 3-52 所示。

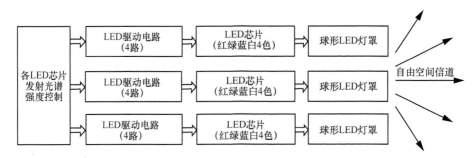

图 3-52　成像型定位系统的发射端结构

由图 3-52 可知，系统发射端可分为发射光谱强度控制模块、LED 驱动电路、LED 芯片和 LED 灯罩 4 个部分。

发射光谱强度控制模块的主要功能是分别控制不同参考光源内部多种单色 LED 芯片的光信号强度，使发射端中 3 个参考光源所发射可见光信号的亮度和色度满足照明要求。采用多路占空比受控的脉宽调制信号，作为 LED 驱动电路的输入信号，从而实现对各个参考光源中每种单色 LED 芯片光信号强度的分别控制，并最终使得每个参考光源输出的混合可见光信号的亮度和色度可控。

这里为满足各光源同色异谱的条件，每个参考光源内部均包含有红、绿、蓝、白 4 种不同的单色 LED 芯片，即 LED 芯片数量 $N>3$，其发射光谱分布分别如图 3-53 所示。

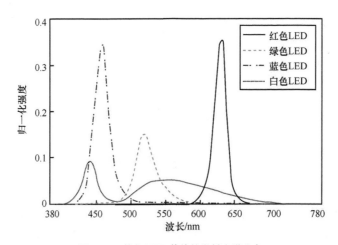

图 3-53　单色 LED 芯片的发射光谱分布

根据图 3-53 中各单色 LED 芯片的发射光谱分布和前面提出的同色异谱条件，可计算出各同色异谱参考光源中每种 LED 芯片的光信号强度，并通过发射光谱强度控制模块进行相应控制。实验中各参考光源中每种 LED 芯片所发射光信号的强度比见表 3-11。

表 3-11　各参考光源中每种 LED 芯片的光信号强度比

参考光源编号	光信号强度比
参考光源 A	$R{:}G{:}B{:}W=21.3{:}30.6{:}11.5{:}50.0$
参考光源 B	$R{:}G{:}B{:}W=0{:}0{:}0{:}100$
参考光源 C	$R{:}G{:}B{:}W=42.6{:}61.2{:}22.9{:}0.0$

此外，对于每个参考光源，要使得发射端 4 种单色 LED 芯片的光信号完全混合为同色异谱可见光信号，需要将芯片封装在同一个微透镜之内（如图 3-54（a）所示），此外，在每个参考光源外部，采用一个灯罩充当发射光学天线，对各个 LED 芯片发射的光信号充分进行混合（如图 3-54（b）所示），各参考光源外部的灯罩均为圆形，直径为 62 mm。

(a) 4 种单色 LED 芯片及微透镜　　　(b) 用于混光的灯罩

图 3-54　4 种单色 LED 芯片及微透镜和用于混光的灯罩

发射端 4 种 LED 芯片的色坐标如图 3-55 所示。值得一提的是，为了在不影响定位原理的前提下简化系统设计，在本设计中，直接使用白光 LED 芯片的色坐标作为 3 个同色异谱光源所发射光信号的目标色坐标，并完成同色异谱的白光照明。

综上所述，所设计的成像定位系统的发射端硬件的控制原理是利用基于 FPGA 的光谱控制模块分别控制 3 个参考光源中的 4 种单色 LED 芯片，在经过微透镜和灯罩的混光之后，完成发射端 3 个同色异谱光源可见光信号的输出。

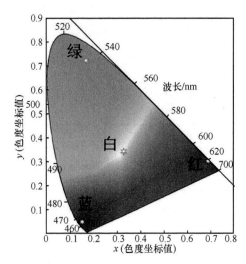

图 3-55　各 LED 芯片色坐标及目标白光色坐标

2. 接收端设计

根据前面提出的定位算法，系统接收端采用彩色图像传感器，以完成接收端的定位和方向测量。其硬件组成结构如图 3-56 所示。

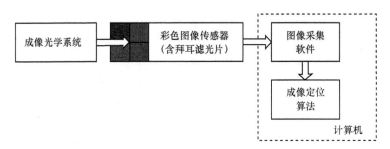

图 3-56　成像型定位系统接收端结构

由图 3-56 可知，接收端由成像光学系统、彩色图像传感器、图像采集软件和成像定位算法 4 部分组成。为了使定位系统更贴近实际，接收端成像光学系统和彩色图像传感器都选择使用了符合定位算法要求的商用器件：Computar 公司的 H0514-MP2 广角成像镜头，Sony 公司的 ICX445 彩色图像传感器。它们的关键参数见表 3-12。

表 3-12　接收端成像系统及图像传感器主要参数

参数	数值
成像系统焦距	5 mm
成像系统视场角	51.4°×39.5°
图像传感器型号	Sony ICX445
图像传感器分辨率	1 292×964
图像传感器像素大小	3.75 μm×3.75 μm

　　实际上，如果图像传感器中某个子像素的输出强度信息饱和，各子像素输出信号的平均强度比将发生变化，并导致对不同参考光源的分辨失败。为了避免这一情况的发生，接收端的彩色图像传感器将直接与计算机相连接，并通过专用图像采集软件对其增益和曝光时间进行控制。当输出图像中有子像素点的强度信息等于 255（即饱和）时，降低其增益和曝光时间，以确保各参考光源投影光斑中子像素输出信号的平均强度比稳定，实现各个同色异谱参考光源的识别。

　　完成用于定位的图像采集之后，在 MATLAB 环境下使用所提出的定位算法对所采集的图像进行离线处理，并最终输出接收端的三维坐标和方向。

　　3.　**实验场景搭建**

　　本节在完成系统硬件设计与研制的基础上，搭建相应的室内定位场景，对所提出的参考光源识别算法和可见光定位/方向测量算法的有效性进行评估。与第 4 章类似，为在简化系统结构的同时保证实验结果的有效性，同样搭建一个定位微小区，其中包含 3 个同色异谱参考光源和一个接收端。实际中，定位系统是由多个定位微小区融合而成，可以认为定位系统在该定位微小区中的定位性能将代表所提出成像定位算法在实际中的总体性能。本设计所搭建的定位微小区及相关定位系统硬件的实际效果如图 3-57 所示。

　　根据定位微小区的实际情况，为方便实验器材放置，该定位微小区在不影响实验原理的前提下被放倒（原垂直传输变为水平传输），为了模拟通常定位应用中天花板到定位终端间的距离，该定位微小区中发射端平面与接收端平面的距离设定为1.8 m，且发射平面和接收平面的大小均为 0.9 m×0.9 m。设发射平面左下方顶点的坐标为（0，0，1.8），3 个参考光源的空间坐标分别为（0.3，0.3，1.8）、（0.45，0.6，1.8）和（0.6，0.3，1.8）。

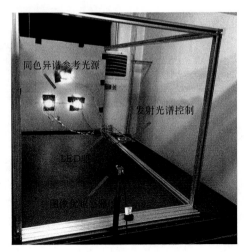

图 3-57　定位微小区

在实验时，接收端在接收平面内部采用 10 cm×10 cm 网格测量的形式进行定位实验。为确保接收端所处位置的准确，使用导轨对接收端的位置进行控制。在该场景中，定位微小区的一面紧贴桌面，以突出模拟实际定位场景中可见光信号的多径信道。

4. 成像定位实验

本节将对所提出的定位算法进行全面评估，实验过程分为同色异谱光源色度测量、同色异谱光源识别、二维与三维成像定位实验和角度测量 4 个部分。

（1）同色异谱光源色度测量实验

各个同色异谱光源能够符合照明要求是该定位算法能够兼容于室内照明场景的前提。因此，首先对各个参考光源的色度进行测量和评估。

为获取各个参考光源的色坐标，将由发射光谱控制模块所控制的 3 个参考光源分别放置于暗室中，并利用光谱扫描色度计分别对它们的色坐标进行测量，得到 3 个参考光源的色坐标（CIE1931 标准下）分别见表 3-13。

表 3-13　发射端各参考光源的色坐标

参考光源编号	色坐标
参考光源 A	（0.326 6，0.342 3）
参考光源 B	（0.327 9，0.345 9）
参考光源 C	（0.327 6，0.339 2）

由表 3-13 可知，发射端 3 个参考光源的色坐标都位于白光色域内，且彼此之间差值小于 0.01。考虑到人眼对颜色的分辨能力，根据人眼视觉领域的麦克亚当椭圆识别理论[56]，可认为系统发射端各个参考光源均满足同色异谱条件，且不会在实际的定位场景中对人眼视觉产生影响。

（2）同色异谱光源识别实验

对所提出的定位算法，各个同色异谱光源的识别[57]是算法核心之一，也是定位算法能运行的前提。因此，在实验中直接采用所提出的基于子像素强度比的识别算法对彩色图像传感器输出的原始数据进行操作，并尝试对这些参考光源进行识别。

利用彩色图像传感器对 3 个参考光源进行图像采集，经过图像处理算法的分析，可得到 3 个参考光源的典型投影图像及它们各自的内接矩形和外切矩形如图 3-58 所示，每个参考光源投影光斑的放大图像如图 3-59 所示。

图 3-58　各参考光源的投影图像

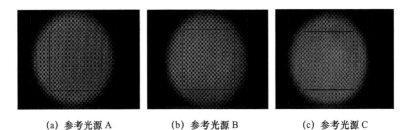

(a) 参考光源 A　　　　　　(b) 参考光源 B　　　　　　(c) 参考光源 C

图 3-59　各参考光源投影光斑的放大图像

由图 3-62 可知，可以利用该强度比对各个参考光源进行识别，并获取其他相关信息。通过对各参考光源内接矩形内部的各像素点进行统计可以得到，各参考光源内部各子像素强度比的平均值分别见表 3-14。可以看出，不同参考光源投影光斑中各子像素的平均强度比参考光源的投影光斑内部各像素中各种子像素的强度比并不一样，且相差较大。这表明，各参考光源可以被很好地区分和识别。

表 3-14　各参考光源投影光斑内部各种子像素的平均强度比

参考光源编号	子像素平均强度比
参考光源 A	$R{:}G{:}B{=}0.310\,8{:}1{:}0.216\,5$
参考光源 B	$R{:}G{:}B{=}0.236\,8{:}1{:}0.197\,3$
参考光源 C	$R{:}G{:}B{=}0.384\,3{:}1{:}0.234\,8$

值得一提的是，由图 3-58 和图 3-59 可知，通过对图像传感器增益和曝光时间的控制，当采集图像时，除参考光源投影光斑之外的部分信号强度均为 0，这说明该定位系统对室内环境下的多径信道不敏感，不会受到背景光噪声和天花板背景图案的干扰。

（3）二维、三维定位实验

在完成了各参考光源的识别之后，可利用 3.5.3 节所提出的成像定位算法对接收端的位置进行计算。在接收平面上均匀分布的各个网格节点处进行图像采集，利用成像定位算法分别进行接收端相关坐标的求解和比较，可以得到其二维、三维定位误差及其分布分别如图 3-60 和图 3-61 所示，二维、三维误差的累积分布函数如图 3-62 所示。

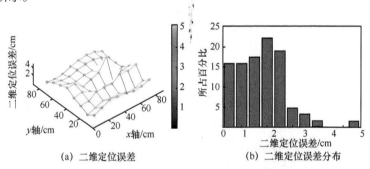

(a) 二维定位误差　　　　　　(b) 二维定位误差分布

图 3-60　成像定位系统的二维定位误差和二维定位误差分布

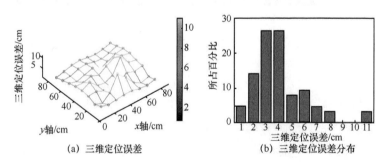

(a) 三维定位误差　　　　　　(b) 三维定位误差分布

图 3-61　成像定位系统的三维定位误差和三维定位误差分布

由图 3-60 和图 3-61 可知，在定位微小区内部的平均二维、三维定位误差分别为 1.50 cm、3.58 cm；在接收平面内，二、三维定位误差的分布也较为平均。此外，由图 3-62 可以发现，成像定位系统二维、三维定位误差累积分布函数的形状类似，且对于二维、三维定位来说，有 95%的定位点误差分别小于 2.5 cm、10 cm。因此，可以认为所提出的基于同色异谱参考光源和接收端图像传感器子像素强度比分析的成像型可见光定位算法是有效的，实际室内定位场景中只需要在场景中均匀地放置多个定位微小区，就可以在整个场景中实现厘米级精度的室内定位。

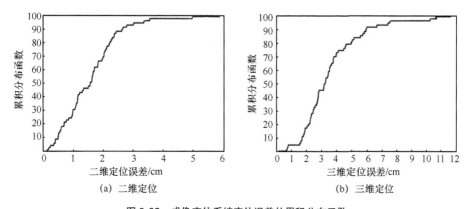

(a) 二维定位　　　　　　　　　　　　(b) 三维定位

图 3-62　成像定位系统定位误差的累积分布函数

| 3.6　本章小结 |

本章介绍了几种基于摄像机或 CMOS 图像传感器的可见光成像定位系统和方法，主要解决 LED-ID 信息的传输问题和成像精确定位的问题。3.1 节提出了一种基于 CMOS 图像传感器的条纹成像 LED-ID 信息传输系统，有效解决了单帧条纹图像频率检测的问题，异步传输 LED-ID 信息的问题，最后将该单灯单摄像机系统扩展至空时复用多灯系统，有效地提高了传输 LED-ID 的信息速率。3.2 节提出了一种基于磨砂图像码平板灯罩的 LED-ID 信息传输系统，该系统通过在平板灯灯罩上粘贴或激光雕刻磨砂图形码，为每一盏平板灯分配一个独一无二的图形码标识，接收端采用手机摄像头对照明平板灯进行扫描获取 ID 信息，从而实现粗略定位。3.3 节提出了一种色温调制方法，并提出了一种采用色温调制基

于 LED 阵列的成像可见光定位系统和方法。3.4 节介绍了基于摄影测量法的精确定位算法。3.5 节介绍了一种结合同色异谱光源的光源识别与成像型可见光定位方法。

┃ 参考文献 ┃

[1] DANAKIS C, AFGANI M, POVEY G, et al. Using a CMOS camera sensor for visible light communication[C]// 2012 IEEE GLOBECOM Workshops (GCWKSHPS), December 3-7, 2012, Anaheim, USA. Piscataway: IEEE Press, 2012: 1244-1248.

[2] 郭成, 胡洪. 光信号解码方法和装置及系统: 103916185A[P]. 2014.

[3] 李圣岩, 刘以初, 郭立. 室内导航方法、装置和系统: 103940419A[P]. 2014.

[4] LI Z P, JIANG M, ZHANG X N, et al. Spacetime-multiplexed multi-image visible light positioning system exploiting pseudo-Miller-coding for smart phones[J]. IEEE Transactions on Wireless Communications, 2017, 16(12): 8261-8274.

[5] LI Z P, JIANG M, ZHANG X N, et al. Miller-coded asynchronous visible light positioning system for smart phones[C]//2017 IEEE 85th Vehicular Technology Conference (VTC Spring), June 4-7, 2017, Sydney, Australia. Piscataway: IEEE Press, 2017: 1-6.

[6] 李正鹏, 江明. 一种基于 CMOS 图像传感器检测 LED 闪烁频率的方法: 201510809219[P]. 2015.

[7] PECHT O Y, CUMMINGS R E. CMOS imagers: from phototransduction to image processing[M]. Boston: Kluwer Academic Publishers, 2004.

[8] OHTA J. Smart CMOS image sensors and application[M]. Cambridge: Cambridge University Press, 2007.

[9] CHAU J C, LITTLET D C. Analysis of CMOS active pixel sensors as linear shift-invariant receivers[C]// 2015 IEEE International Conference on Communication Workshop (ICCW), June 8-12, 2015, London, United Kingdom. Piscataway: IEEE Press, 2015: 1398-1403.

[10] OTSU N. A threshold selection method from Gray-level histogram[J]. IEEE Transactions on System, Man, and Cybernetics, 1979, 9(1): 113-120.

[11] 张晓娜, 江明, 李正鹏, 等. 一种用于可见光成像定位的条纹识别和信息检测方法: 2017101320354[P]. 2017.

[12] PELI E. Contrast in complex images[J]. Journal of the Optical Society of America A-Optics Image Science and Vision, 1990, 7(10): 2032-2040.

[13] 张晓娜, 江明, 李正鹏, 等. 用于可见光成像定位的条纹识别和信息检测算法: 201710132034X[P]. 2017.

[14] SONJAYA E, WIJANTO H, SURATMAN F Y. Collaborative spectrum sensing for OFDM with autocorrelation-based detector and 2-bit decision[C]//2016 Asia Pacific Conference on

Multimedia and Broadcasting (APMediaCast), November 17-19, 2016, Bali, Indonesia. Piscataway: IEEE Press, 2016: 99-105.

[15] 王晓燕, 方世良, 朱志峰. 一种基于自相关估计的水声直扩信号检测方法[J]. 东南大学学报(自然科学版), 2010, 40(2): 248-252.

[16] 李正鹏, 江明. 一种基于 CMOS 图像传感器传输并检测 LED 信息的方法: 2015108092167[P]. 2015.

[17] HECHT M, GUIDA A. Delay modulation[J]. Proceedings of the IEEE, 1969, 57(7): 1314-1316.

[18] LU X X, LI J. Achieving FEC and RLL for VLC: a concatenated convolutional-Miller coding mechanism[J]. IEEE Photonics Technology Letters, 2016, 28(9): 1030-1033.

[19] 李正鹏, 江明. 一种采用 LED 灯 MIMO 阵列架构的可见光摄像机通信系统: 2015108089802[P]. 2015.

[20] BALI A, SINGH S N. A review on the strategies and techniques of image segmentation[C]// 2015 Fifth International Conference on Advanced Computing Communication Technologies, February 21-22, 2015, Haryana, India. Piscataway: IEEE Press, 2015: 113-120.

[21] 刘志海. 条形码技术与程序设计[M]. 北京: 清华大学出版社, 2010.

[22] 胡敏, 李梅, 汪荣贵. 改进的 Otsu 算法在图像分割中的应用[J]. 电子测量与仪器学报, 2010 5, 24(5): 443-449.

[23] 胡亮, 董方, 李柏林. 基于混沌微粒群和二维 Otsu 法的图像快速分割[J]. CT 理论与应用研究, 20193, 18(1): 29-34.

[24] 林川, 冯全源. 基于微粒群本质特征的混沌微粒群优化算法[J]. 西南交通大学学报, 2007, 42(6): 665-669.

[25] ITAY B Y, NATEH, KLARA K. Line segmentation for degraded handwritten historical documents[C]//Proceedings of the 10th International Conference on Document Analysis and Recongnition, July 26-29, 2019, Barcelona, Spain. Piscataway: IEEE Press, 2009: 1161-1165.

[26] LAI J, LIAW Y C, LIU J. Fast K-nearest-neighbor search based on projection and triangular inequality[J]. Pattern Recognition, 2007, 40(2): 351-359.

[27] BERGER A D, KHOSLA P K. The modified adaptive Hough transform (MAHT)[J]. Journal of Robotic Systems, 2007, 7(2): 277-290.

[28] 苏恒强, 冯雪, 于合龙. 基于 Hariss 角点检测的位移测量算法[J]. 实验力学, 2012, 27(1): 45-53.

[29] 王鉴. 基于数字图像处理的车辆拍照识别技术的研究[D]. 成都: 四川大学, 2005.

[30] 陈健, 郑绍华, 余轮. 基于方向的多阈值自适应中值滤波改进算法[J]. 电子测量与仪器学报, 2013, 27(2): 156-161.

[31] 孙忠贵. 数字图像光照不均匀校正及 MATLAB 实现[J]. 微计算机信息, 2008, 24(4-3): 313-314.

[32] JACKWAY P T. Improved morphological Top Hat[J]. IEEE Electronics Letters, 2000, 36(14): 1194-1195.

[33] CANNY J. A computational approach to edge detection[J]. IEEE Transactions on Pattern Analysis and Machine Intelligence, e1986, 8(6): 679-698.

[34] 翟伟芳. 具有倾斜校正功能的车牌定位和字符分割算法研究[D]. 天津: 河北工业大学, 2007.

[35] BERSON D M, DUNN F A, TAKAO M. Phototransduction by retinal ganglion cells that set the circadian clock[J]. Science (S0036-8075), 2002, 295(5557): 1070-1073.

[36] 石路. 光源色温对人体生物节律和体温调节的影响[J]. 人类工效学, 2006, 12(3): 53-55.

[37] 姚其, 居家奇, 程雯婷, 等. 不同光源的人体视觉及非视觉生物效应的探讨[J]. 照明工程学报, 2008, 19(2): 14-19.

[38] LISDIANI N I. Blue light exposure improves awareness during monotonous activities at night[C]//Southeast Asian Network of Ergonomics Societies Conference, July 9-12, 2012, Langkawi, kedah. Piscataway: IEEE Press, 2012: 1-5.

[39] GAO Y, WU H, DONG J F,et al. Constrained optimization of multi-color LED light sources for color temperature control[C]//2015 12th China International Forum on Solid State Lighting (SSLCHINA), November 2-4, 2015, Shenzhen, China. Piscataway: IEEE Press, 2015: 102-105.

[40] TANIGUCHI Y, MIKI M, HIROYASU T, et al. Preferred illuminance and color temperature in creative works[C]//2011 IEEE International Conference on Systems, Man, and Cybernetics (SMC), October 9-12, 2011, Anchorage, USA. Piscataway: IEEE Press, 2011: 3255-3260.

[41] XIU Z R, LI H. Smart lighting system with brightness and color temperature tunable[C]// 2014 Seventh International Symposium on Computational Intelligence and Design (ISCID), December 13-14, 2014, Hangzhou, China. Piscataway: IEEE Press, 2014: 183-186.

[42] BROADBENT A D. A critical review of the development of the CIE1931 RGB color matching functions[J]. Color Research and Application, 2004, 29(4): 267-272.

[43] 李正鹏, 江明. 一种采用色温调制的 LED 阵列成像定位系统: 2015108091499[P]. 2015.

[44] 胡焯源, 曹玉东, 李羊. 基于 HSV 颜色空间的车身颜色识别算法[J]. 辽宁工业大学学报, 2017, 37(1): 10-12.

[45] NAKAZAWA Y, MAKINO H, NISHIMORIK, et al. Indoor positioning using a high-speed, fish-eye lens-equipped camera invisible light communication[C]//International Conference on Indoor Positioning Indoor Navigation (IPIN), October 23-31, 2013, Montbeliard-Belfort, France. Piscataway: IEEE Press, 2013: 1-8.

[46] YOSHINO M, HARUYAMA S, NAKAGAWA M. High-accuracy positioning system using visible LED lights and image sensor[C]// Proceedings of the Radio and Wireless Symposium, January 22-24, 2008, Orlando, FL, USA. Piscataway: IEEE Press, 2008: 439-442.

[47] ZHANG R, ZHONG W D, QIAN K, et al. Image sensor based visible light positioning system with improved positioning algorithm[J]. IEEE Access, 2017, 5: 6087-6094.

[48] MARQUARDT D W. An algorithm for least-squares estimation of nonlinear parameters[J]. Journal of the Society for Industrial and Applied Mathematics, 1963, 11(2): 431-441.

[49] ZHANG R, ZHONG W D, QIAN K, et al. A single LED positioning system based on circle projection[J]. IEEE Photonics Journal, 2017, 9(4).

[50] YAMAZATO T, HARUYAMA S. Image sensor based visible light communication and its application to pose, position, and range estimations[J]. IEICE Transactions on Communications, 2014, 97: 1759-1765.

[51] RAHMAN M S, HAQUE M M, KIM K D. Indoor positioning by LED visible light communication and image sensors[J]. International Journal of Electrical & Computer Engineering, 2011, 1: 161-170.

[52] RAHMAN M S, HAQUE M M, KIM K D. High precision indoor positioning using lighting led and image sensor[C]//Proceedings of the 14th International Conference on Computer and Information Technology (ICCIT), December 22-24, 2011, Dhaka, Bangladesh. Piscataway: IEEE Press, 2011: 22-24, 309-314.

[53] ZHANG W, CHOWDHURY M I S, KAVEHRAD M. Asynchronous indoor positioning system based on visible light communications[J]. Optical Engineering, 2014,53(4).

[54] YANG H，BERGMANS J W M，SCHENK T C W. Illumination sensing in LED lighting systems based on frequency-division multiplexing[J]. IEEE Transactions on Signal Processing, 2009, 57(11): 4269-4281.

[55] CIE 1931 color space [EB].

[56] MacAdam ellipse [EB].

[57] 黄河清. 基于 LED 照明通信的室内高精度定位若干关键技术研究[D]. 北京: 北京理工大学, 2016.

可见光定位系统中的光学天线设计

第4章介绍VLC技术中光学天线的进展及VLP系统中光学天线的设计。4.1节介绍 VLC 系统中发射天线和接收天线的研究现状。4.2 节介绍 nVLP 系统中光源分布特性及与照明结合的特点。4.3 节讨论一种基于自由曲面的光学天线设计方法，采用该天线可有效提高 RSS-VLP 系统的定位精度。

| 4.1　国内外 VLC 光学天线设计研究现状 |

对于一个可见光系统来说，无论其功能是通信还是定位，其系统结构都可以简单表示成图 4-1 所示。

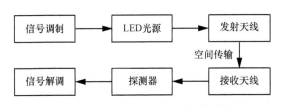

图 4-1　可见光通信/可见光定位系统结构

在一个可见光系统中，系统的光学发射部分和接收部分都十分重要，一个系统的收发情况决定了整个可见光系统的性能优劣。因此，研究者们通常通过光学天线来提升系统的收发性能。国内外针对可见光系统中的光学天线做了大量的研究，接下来将从发射天线和接收天线两个方面对国内外研究进行介绍。

4.1.1　发射天线

由于可见光系统中通常采用 LED 作为信号发射端，通常发射天线的设计目的是通过光学透镜改变 LED 的光能分配,实现系统所需要的照明模式。此外,由于 LED 在有些系统中需要承担照明的功能,因此研究者们也对照明的光学天线进行了一系列的研究。

2010 年,西班牙的 Montes 等[1]设计了一种抛物面形状的 LED 透镜,其二维结构和实际模型如图 4-2 所示。该透镜可以实现非常理想的准直效果,抛物面椭圆 LED 准直器显示出高度均匀的发射通量分布以及仅为 1° 的小孔径角。此外,实验表明该抛物面椭圆准直器还具有一些其他的优点,如压制比率高,准直效率高(模拟结果效率为 98%),并且生产成本也很低。

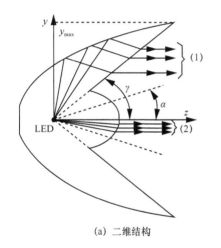

(a) 二维结构　　　　　　　　　　　　　　(b) 三维模型

图 4-2　抛物面椭圆型 LED 准直器

2012 年,中国台湾的 Chen 等[2]提出了基于自由曲面理论设计的准直型 LED 透镜。透镜的二维结构如图 4-3 所示。他们根据 LED 光线出射角的不同将透镜分为 3 个区域,对不同区域的光线根据反射定律、折射定律等理论计算各部分透镜的形状,最后融合成一个完整的透镜。该透镜高为 28 mm,入射孔径和出射孔径分别仅为 18 mm 和 30 mm。仿真结果证明该透镜具有良好的聚光性能,采用该透镜后 LED 的光束角被缩小到仅为 4.75°,并且光能利用率高达 90.3%。

2016 年华南理工大学的 Chen 等[3]也设计了一种准直型 LED 透镜,并将所设计的透镜应用到可见光通信系统中。该研究表明通过透镜压缩 LED 光束角后可大幅度提升 LED 可见光通信系统的传输距离。该团队通过所设计的透镜将 LED 光束角压缩至仅为 1.7°,并且通过实验验证了接收端在 90 m 的距离仍能保证良好的通信效

果，系统的通信速率可达 210 Mbit/s，误码率为 10^{-3}。

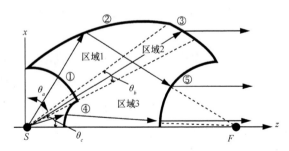

图 4-3　准直型 LED 透镜二维结构

准直型透镜在汇聚光能、提高传输距离等方面有着出色表现，因此在可见光通信系统中有着重要应用。此外，在照明领域，研究者们针对 LED 透镜也进行了大量研究，其中以实现提高照明均匀性为目的的透镜设计最具有代表性。

2008 年，浙江大学的 Ding 等[4]为了解决 LED 照明分布不均匀的问题，采用自由曲面设计的方法设计了一款提高照明均匀度的透镜。他们根据 LED 的光源特性和期望的照明分布形式，建立一阶偏微分方程组，通过数值方法求解方程组从而得到透镜形状。这种计算方法十分快速、方便，并且仿真表明所设计的透镜可以达到 90%的照明均匀性。除此之外，美国的 Fournier、中国台湾的 Chen 等也先后提出过基于自由曲面设计方法的均匀照明型 LED 透镜设计[5-6]，由于设计目标和方法相似在此就不过多赘述。

2013 年，韩国的 Kim 等[7-8]设计了一种自聚焦可见光发射天线。所设计的光学天线原理如图 4-4 所示，系统首先对接收端定位，将所获得的位置信息作为反馈发送给控制端，然后通过自动聚焦装置将光线聚焦至接收端，这样可以大幅度提高接收端所接收到的光信号强度。仿真表明该设计可以有效提高系统的信噪比和通信距离。系统的信噪比提高了 13.4 dB，通信距离提高了两倍。

4.1.2　接收天线

在可见光系统中，探测器的有效面积一般较小，并且视场角有限，因此光学接收天线的主要目的是提高光学增益，增大接收端的有效接收角度，放大光信号强度，提高接收光信号的质量。对于光能量的接收可以追溯到 20 世纪 70 年代对太阳能的收集问题[9-12]。在可见光系统中，近年来中外科研工作者们研究设计了各种不同的接收天线，并且分析了其特性。下面将介绍几种典型的光学接收天线。

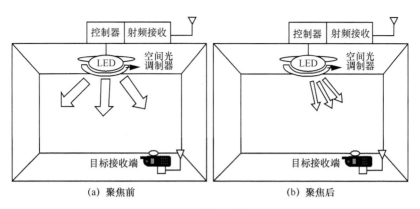

(a) 聚焦前　　　　　　　　　　　　　　(b) 聚焦后

图 4-4　自聚焦型发射天线

复合抛物面聚光器（Compound Parabolic Concentrator, CPC）是一种常见的用于提高接收光信号强度的聚光器。CPC 的结构如图 4-5 所示，它的轮廓为两个对称的抛物面。CPC 最大的特点是具有一定的接收视场角，入射角度在视场角范围内的光线会经过侧壁多次反射最终从出射孔径射出，并被探测器接收。而入射角度在视场角范围外的光线则会经过侧壁多次反射后从入射孔径射出，不会被探测器接收。而 CPC 的视场角和入射孔径与出射孔径的比值 a/b 有关，因此可以通过对 CPC 进行截断从而控制 CPC 的视场角。国内外对 CPC 在可见光通信系统中的应用进行了一定的研究。2013 年，瑞士的 Cooper 等[13]研究了 CPC 几何结构对接收信号增益的影响，他们对 CPC 入射孔径形状进行研究，发现当 CPC 入射孔径为四边形时聚光性能最好，并且这种形状有利于数量上的扩展。2015 年，北京理工大学的王云讨论了不同光源的发光形式和不同 CPC 的视场角情况下光通信系统的增益情况，最终通过仿真证明了 60° 视场角下 CPC 的光学增益效果最好，接收光功率可以提高 4.39 dBm[14]。

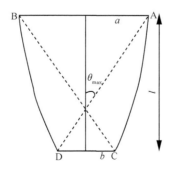

图 4-5　复合抛物面聚光器二维结构

  菲涅尔透镜是另一种常见的用于提高接收光功率的聚光透镜。其主要特点是尺寸很小，聚光性能优秀。菲涅尔透镜一般由一组同心圆环组成，每个圆环都是棱形槽形状，从而通过折射起到聚光作用。2011 年西安理工大学的赵太飞等[15]提出了菲涅尔透镜和半球透镜组成的级联接收透镜，仿真表明该设计可以将接收光信号功率提升一倍。2015 年北京理工大学的李湘等[16]提出了一款等齿距的菲涅尔透镜，并仿真了该设计对通信质量的提升。结果表明，所设计的透镜光学效率高达 92.1%，可以有效提高系统接收端的光学增益。

  除了以透镜的形式提高增益之外，国内外研究者们也提出了角度分集接收的思想来设计接收天线。角度分集接收的基本做法是采用多个探测器，通过一定的几何设计将多个探测器融合起来作为一个接收端。通过多个探测器协同工作可以解决单个探测器接收时存在的问题，比如接收视场角过小或者信道串扰的问题。

  2012 年，英国诺森比亚大学的 Burton 等[17]提出过一种角度分集式接收天线的设计，所设计的光学天线结构如图 4-6 所示。该光学天线包含了 7 个视场角为 60° 的探测器，将 7 个探测器按照一定的空间形式耦合可以实现水平方向 360°、竖直方向 180° 的全方向无死角接收，大幅提高系统的接收性能。仿真表明采用该天线后系统的误码率仅为 10^{-6}。

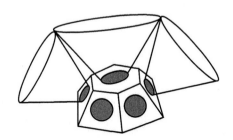

图 4-6 角度分集式接收天线结构

  2015 年，澳大利亚莫纳什大学的 He 等[18]提出了具有两个不同视场角的光电二极管（PD）作为在室内可见光通信系统的光学接收端。相比于传统的单个 PD 接收，两个不同角度的 PD 分集接收可以有效消除多个 LED 照射在 PD 上时产生的串扰问题，实验证明，在室内一半以上的位置，该设计对接收端信号信噪比的提升超过 20 dB。此外，当增加 PD 数量时，系统的通信性能还能得到进一步提升。

|4.2　RSS-nVLP 系统的光学特性|

4.1 节介绍了 VLC 领域的光学天线的进展。对于 VLP 系统，其本质也是一个 VLC 系统，比如 RSS-nVLP 定位系统，除了满足照明和通信功能之外，还对光照度分布有一定要求，因此可以从光学天线设计角度去提升系统的定位性能。

近年来，伴随着半导体光源技术的发展和政策的大力支持，LED 照明行业逐渐兴起。相比于传统光源，LED 光源具有高亮度、长寿命、低能耗等优点。此外，由于 LED 的发光原理是电致发光，具有良好的可调制性，研究者们也对基于 LED 照明的可见光通信技术进行了大量的研究。在 RSS-nVLP 系统中，通常采用白光 LED 作为光源，LED 在系统中同时起到照明和发射定位信息的功能。

与 Wi-Fi、蓝牙、UWB 等定位方案相比，可见光定位系统的一大特点就是可以与照明相结合。在 RSS 可见光定位系统中，LED 同时承担照明和发射光信号两个作用。根据前面部分对 RSS 系统光学特性的分析，我们可以通过仿真证明 RSS 定位系统将照明与定位结合的表现效果。

假设一个 5 m×5 m×3 m 的房间，采用 4 个 LED 灯进行照明。4 个 LED 灯的光功率为 20 W，半功率角为 60°，发光效率为 200 lm/W。4 个 LED 的坐标分别为（1，1，3）、（4，1，3）、（4，4，3）和（1，4，3）。根据前面分析的朗伯直射信道模型，我们可以仿真出 4 个灯同时照明时室内的光照度分布如图 4-7 所示。考虑到墙壁反射存在的情况，室内的光照度分布如图 4-8 所示。

由图 4-8 可以看出，对于一个 5 m×5 m×3m 的室内环境，4 个 LED 灯基本能够满足室内照明的需求，并且光照度分布较为均匀。由此可以证明 RSS 定位系统的光照度分布符合一般的照明需求。

当我们采用调制技术（如 CDMA、FDMA 等）对光源进行区分后，RSS 系统在接收端解调就可以将接收到的 4 个灯的光信号进行区分。图 4-7 表示了进行光源区分后 4 个灯在室内的光照度分布情况。可以看到进行光源区分后，4 个灯的照度分布在室内的差异性非常明显，随着探测器到 LED 距离的增大照度明显降低。因此，我们可以根据照度分布的差异性计算出探测器到各参考光源的距离，从而计算出探测器的位置。综上所述，可见光定位技术是一种将照明与定位结合的技术，相比于 Wi-Fi、蓝牙等方案具有更广泛的适用性。

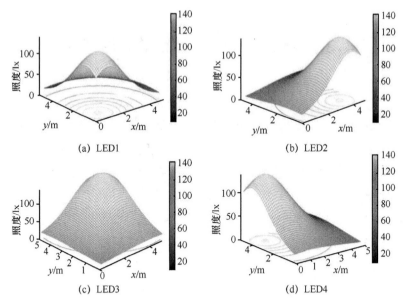

(a) LED1　　　　　　　　　　　(b) LED2

(c) LED3　　　　　　　　　　　(d) LED4

图 4-7　4 个 LED 各自在室内光照度分布情况

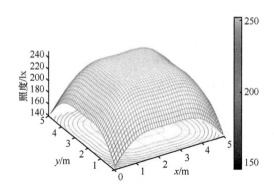

图 4-8　仅考虑直射信道时室内照度分布

|4.3　基于自由曲面的光学天线设计|

4.3.1　光学天线设计流程

光学天线的设计流程可以简单概括为以下几步。

① 明确设计目标。首先要明确设计光学天线的目的，也就是说明确设计光学天线需要解决的问题。例如，对于 LED 发射端，有时需要通过光学设计增大或减小 LED 的发射角，需要实现均匀的照明效果或者长距离的照明效果。在接收端有时需要通过光学设计提高接收端的视场角，提高接收光功率等。因此，在设计光学天线之前，首先需要明确设计的目的，这样才能根据需求确定设计方向。

② 选择设计方法。根据设计目标的不同，在设计的过程中需要选择适应的设计方法。例如对 LED 进行配光设计时可以选择简单的常规透镜进行设计，或者也可以选择较为复杂的自由曲面透镜进行设计。不同的设计方法在实际效果、设计复杂度、加工难度上都有区别，因此在实际设计过程中需要选择合适的设计方法。

③ 参数计算。在选择合适的设计方法的基础上，对光学天线的尺寸、焦距、结构等参数进行计算。

④ 仿真模拟与加工。光学天线一般结构参数等较为精密，加工成本较高，因此设计完成后通常都会采用仿真软件所设计的光学天线进行仿真，借此来评估所设计的光学天线的效果，并对设计进行微调，使其满足设计的目标，最后进行加工实现并测试。

4.3.2　光学天线设计理论

在所有基于 VLC 的定位算法中，基于 RSS-nVLP 系统具有结构简单、成本低的优点。在 RSS-nVLP 系统中，接收信号的强度被直接检测，并且接收模块的设备（例如智能手机等）日常生活中得到了广泛应用，这为 RSS 定位系统的应用提供了广泛的基础。在过去的几年中，研究者已经提出了几种利用 RSS 算法实现可见光定位的方案[19-21]。在 RSS 的定位系统中，探测器检测到各 LED 光源发射出的光信号强度，在此基础上通过朗伯模型可以计算接收机到各发射机之间的距离，再结合三角定位方程计算接收机的坐标。

以一个 3 个 LED 灯组成的定位系统为例，系统环境如图 4-9 所示。3 个 LED 发射端坐标已知，分别为（x_1, y_1, h）、（x_2, y_2, h）和（x_3, y_3, h），LED 距地面高度为 h，探测器的二维坐标为(x, y)。

根据 RSS 算法的原理，首先需要计算出探测器到各发射端的距离。根据第 2 章中给出的信道模型，探测器到第 i 个发射端的距离 d_i 可以表示为式（2-7）。

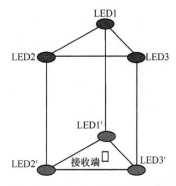

图 4-9　3 个 LED 组成的定位小区

计算出探测器到 3 个发射端的距离后，可以得到以下方程组。

$$\begin{cases} (x_1 - x)^2 + (y_1 - y)^2 + h^2 = d_1^2 \\ (x_2 - x)^2 + (y_2 - y)^2 + h^2 = d_2^2 \\ (x_3 - x)^2 + (y_3 - y)^2 + h^2 = d_3^2 \end{cases} \tag{4-1}$$

通过求解以上方程组就可以得到探测器的二维坐标。由于该方程组有 3 个方程、两个未知数，属于超定方程组，通过特定的优化方法求解式（4-1）的非线性优化问题来获得接收端所在的位置(x,y)，即可实现对接收机的定位。

然而，在实际情况下，我们很难通过朗伯模型计算接收机坐标，这是因为在实际系统中接收端仅能接收到光信号的强度信息，在探测器位置未知的情况下无法计算 LED 光线的出射角度和探测器处光线的入射角度。为了计算接收机的坐标，在文献[22]中采用了近似估计的方法，假定接收光功率与发射机在目标平面上的投影和接收机之间的距离成正比的近似值。但是显然，这种近似会导致计算出的坐标与实际位置有偏差。

4.3.3　自由曲面透镜设计方法

传统的透镜一般可以分为凸透镜和凹透镜两类，这些透镜一般具有一定的厚度、孔径、焦距等参数。相比于传统的透镜，自由曲面透镜并没有固定的形状。自由曲面透镜折射面上每一个点的坐标都是根据照明分布模式计算求出，因此通过改变计算条件，自由曲面透镜能够灵活控制光源的光能分布。之前对自由曲面透镜的研究表明，它可以实现高均匀度的照明或准直照明目标平面。 在本章中，自由曲面透镜被设计成在目标平面上获得线性照明的模式。

根据斯奈尔定律和基本的几何关系，当光线通过透镜表面时，相关角的关系如图 4-10 所示。

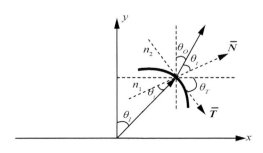

图 4-10　光线折射时各角度关系

其中，θ_I 和 θ_O 是入射光和折射光的方位角，θ_i 和 θ_t 是入射角和折射角，θ_T 是折射点处的切向矢量 $\boldsymbol{T}$ 的倾斜角，n_1 和 n_2 是空气和透镜中的折射率。在本章中，透镜材料被设定为丙烯酸，其折射率为 1.49。

根据文献[23]，折射点处的切向矢量 $\boldsymbol{T}$ 表示为

$$\boldsymbol{T} = [1, \tan\theta_T] = \left[1, \frac{n_1\sin\theta_I - n_2\sin\theta_O}{n_1\cos\theta_I - n_2\cos\theta_O}\right] \tag{4-2}$$

根据式（4-2），只要我们任意给出一条光线的方向角 θ_I 和相应的 θ_O，就可以求出入射点处的切向量 $\boldsymbol{T}$。θ_I 和 θ_O 的关系可以由目标发光强度的映射计算，具体方法如下所述。从透镜表面发出的光强度与目标平面上的照度之间的关系如图 4-11 所示。

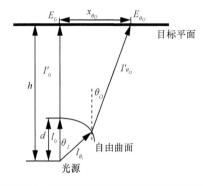

图 4-11　光源光能与目标平面照度映射关系

I_0 是 LED 光源沿光轴方向的出射光强度，而 I_0' 是从透镜的表面沿光轴方向出射光的强度，E_0 光轴方向对应目标平面上所在位置的光照度。I_{θ_I} 是从出射角为 θ_I 光线的光强度，I_{θ_O}' 该光线经过透镜表面折射后的光强度，E_{θ_O} 是折射光线在目标平面上的照度。d 是透镜的厚度，h 是光源和目标平面之间的距离。E_{θ_O}、E_0、I_{θ_O}' 和 I_0' 满足以下关系。

$$\frac{E_{\theta_O}}{E_0} = \frac{I_{\theta_O}'}{I_0'} \cos^3 \theta_O \qquad (4\text{-}3)$$

在 RSS 定位系统中，一般根据接收光功率的强度来计算发射机和接收机之间的距离。为准确计算发射机和接收机之间的距离，我们的自由曲面透镜设计的目标是在目标平面上，接收光功率 E_{θ_O} 从中心到边缘线性衰减，如图 4-12 所示。接收到光功率和探测器到中心的距离的关系可以表示为

$$E_{\theta_O} = E_0 (1 - kx_{\theta_O}) \qquad (4\text{-}4)$$

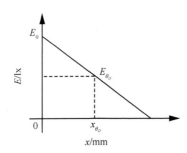

图 4-12　线性照明模式

其中，x_{θ_O} 是从目标平面中心到探测器的距离，k 是线性系数。因为光源到接收平面的距离远大于透镜的厚度，因此可以近似认为 $x_{\theta_O} = h \tan \theta_O$。图 4-13 显示了不同 k 值的照明结果。当 k=0.5 时，E_{θ_O} 和 x_{θ_O} 之间的关系最接近线性关系。然后，将式（4-4）代入式（4-3），I_{θ_O}' 和 I_0' 之间的关系可以被表示为

$$I_{\theta_O}' = I_0' \frac{2 - \tan \theta_O}{2 \cos^3 \theta_O} \qquad (4\text{-}5)$$

根据能量守恒定律，不考虑菲涅耳损失，从 LED 源发出的能量应该等于透镜折射后出射的光能量，即

$$2\pi \int_0^{\theta_I} I(\theta) \sin \theta \mathrm{d}\theta = 2\pi \int_0^{\theta_O} I(\theta') \sin \theta' \mathrm{d}\theta' \qquad (4\text{-}6)$$

对于朗伯型 LED 光源，有 $I(\theta) = I_0 \cos \theta$。将式（4-3）代入式（4-4）可以得

到 θ_I 和 θ_O 之间的关系,即可求得透镜表面每个折射点处的切向矢量 $\boldsymbol{T}$。

当计算每个折射点处的切向矢量 $\boldsymbol{T}$ 时,可以使用文献[24]中提到的方法构造自由曲面透镜。自由曲面透镜的 2D 轮廓如图 4-14 所示,透镜厚度为 5 mm,孔径为 7 mm。图 4-15 显示了使用 SolidWorks 软件构建的自由曲面镜头的 3D 模型。其中外表面是计算得到的自由曲面,内表面是球心位于(0,0)的球面。

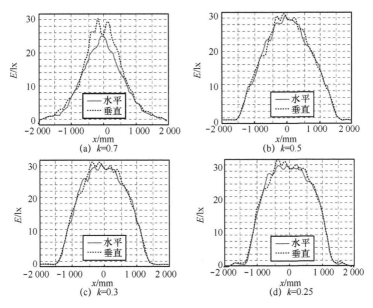

图 4-13　照度分布随 k 值的变化

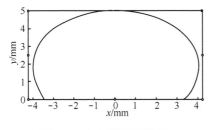

图 4-14　自由曲面透镜形状

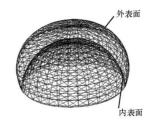

图 4-15　自由曲面透镜 3D 模型

4.3.4　基于线性照明模式的 RSS 定位算法[25]

通过自由曲面透镜的设计,我们可以改变 LED 的光能分布,获得线性分布的

照明模式，也就是说在目标平面上的 LED 光源照明平面随半径线性衰减。在这种 LED 光能分布模式下，RSS 定位算法也变得更加简单、准确。RSS 定位算法分为两阶段。在第一阶段，将设计的光学天线用于 LED 光源，通过 Tracepro 仿真获得改进后的照度分布模型。然后在照度分布模型上选取已知坐标点建立照度模式的数学模型。通过线性拟合接收的光功率和各点到中心的距离，目标平面上的接收光功率和半径之间的关系可以表示为 $R = a \times E + b$，其中，E 是接收光功率，R 是发射机在目标平面和接收机上的投影到接收机的距离，a 和 b 是线性系数。对于特定的 LED 光源模型，a 和 b 就是恒定的。在第二阶段，定位过程中探测器会接收到 LED 的光信号，将接收到的光信号强度代入第一阶段建立的关系（$R = a \times E + b$）中，即可算出目标平面上探测器到 LED 投影位置的距离。最后，以 3 个 LED 灯组成的定位小区为例，探测器的坐标 (x, y) 可以通过求解式（4-7）得出。其中，(x_1, y_1)、(x_2, y_2) 和 (x_3, y_3) 3 个 LED 灯在接收平面上投影的坐标，R_1、R_2 和 R_3 是计算出的探测器到 3 个投影位置的距离。

$$\begin{cases} (x - x_1)^2 + (y - y_1)^2 = R_1^2 \\ (x - x_2)^2 + (y - y_2)^2 = R_2^2 \\ (x - x_3)^2 + (y - y_3)^2 = R_3^2 \end{cases} \tag{4-7}$$

4.3.5　基于自由曲面光发射天线的可见光定位系统照明和定位分析

1. 照明仿真

根据 4.3.3 节所描述的方法，我们用 Solidworks 软件构建了一个自由曲面光学透镜。接下来，将所构建的透镜模型导入光学仿真软件 Tracepro 中进行照明仿真，并观察分析透镜对 LED 光照度分布的改变。表 4-1 中列出了仿真的相关参数，仿真结果如图 4-16 和图 4-17 所示。

表 4-1　Tracepro 照明仿真参数

LED 芯片尺寸	1mm×1mm
LED 芯片发光通量/lm	100
光源高度/m	1
接收平面尺寸	3 m×3 m
光线数量	10^6

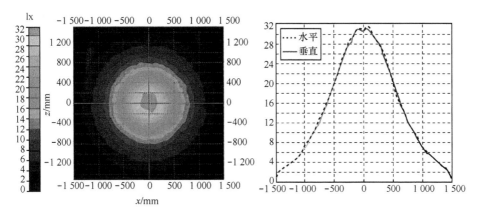

最小值：0.226 87，最大值：31.74，平均值：8.133 4，总光通量：73.201 lm

图 4-16　未深加自由曲面透镜时 LED 光照度分布

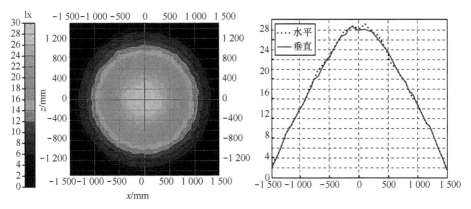

最小值：0.169 33，最大值：29.435，平均值：10.39，总光通量：93.511 lm

图 4-17　添加自由曲面透镜后 LED 光照度分布

　　图 4-16 所示为未添加自由曲面透镜时 LED 在目标平面上的光照度分布情况。仿真结果表明，由于 LED 为朗伯照明体，目标平面上的光照度随距离的衰减并不规律。图 4-17 所示为添加自由曲面透镜后 LED 在目标平面上的光照度分布情况。相比于未加透镜，添加透镜后目标平面上照度与距离更加符合线性关系，这意味着我们可以通过接收到的光功率精确计算出目标平面上探测器到中心的距离，从而简化定位算法，提高定位精度。此外，图 4-16 中未加透镜时目标平面上的总光通量为 73.201 lm，而图 4-17 中同一区域内的总光通量提高到 93.511 lm，这也说明了添加透镜后可以有效提高 LED 的光能利用率，增加探测器接收到的

可见光室内定位技术

光信号强度。

2. 定位仿真结果

以一个由 3 个 LED 组成的定位小区为例，表 4-2 列出了定位仿真的相关参数，LED 的高度为 1 m，小区边长为 1.3 m，在小区内每隔 12 cm 取一个点计算其位置。图 4-18 所示为未添加自由曲面透镜的 LED 作为发射机的定位仿真结果。未添加透镜时，算法的模型和朗伯模型存在偏差，因此定位精度受到影响。在图 4-18 中，各点中最大定位误差为 8.0 cm，全部 46 点的均方根为 3.76 cm。图 4-19 表示添加自由曲面透镜后的 LED 作为发射机的定位仿真结果。在所有点中，最大偏差减小到 4.0 cm，全部点的均方根误差减小到 2.09 cm，即定位系统的精度提高了 44%。

表 4-2　定位仿真相关参数

定位小区边长/m	1.3
LED 芯片发光通量/1m	100
光源高度/m	1
定位点间距/cm	12
定位点数量	46

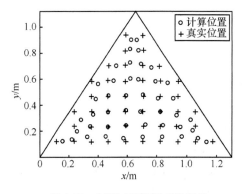

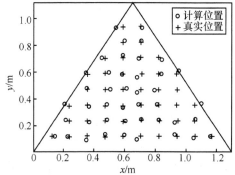

图 4-18　未添加透镜时的定位结果　　　　图 4-19　添加透镜后的定位结果

在实际场景中，目标平面上方的 LED 灯高度通常会变化，并且相邻的 LED 灯间距一般也较大。此外，LED 灯通常由多个 LED 芯片组成，这意味着光源具有一定的尺寸，而不是一个点。下面通过仿真来研究 LED 灯的高度、间隔和芯片数量对定位精度的影响。

　　首先我们对 LED 灯高度在 1 m 和 3 m 时两种情况下系统的定位精度进行仿真，需要指出的是，随着 LED 高度的增加，LED 的间距也在增加，使用自由曲面光学天线后，在不同的 LED 高度和间距均能减小定位误差。以 3 m 的高度为例，在未添加透镜的情况下，均方根误差为 17.38 cm，添加透镜后均方根误差减少到 7.44 cm，即定位精度增加了一倍以上。图 4-20 所示为 LED 在不同高度下的定位误差的变化。

　　当灯中 LED 芯片的数量增加时，光源将具有一定的尺寸，因此我们在相应透镜设计的过程中对相应的参数做出改变，光学天线的厚度设置为 80 mm，孔径为 120 mm。图 4-21 所示为照度分布随 LED 灯内芯片数量的变化情况。结果表明，即使透镜内的芯片数量增加，使用透镜后光照分布总是线性的，即所设计的透镜对具有一定尺寸的光源也能起到改变光能分布，实现线性照明模式的作用。最后，模拟一个单元中有 3 个灯的 VLC 定位系统，每个灯有多个 LED 芯片。当改变灯内 LED 芯片的数量时，分别仿真两种情况下的定位结果。图 4-22 所示为定位误差随 LED 灯内芯片数量的变化，从图 4-22 可以看出，当灯中的 LED 芯片数量增加时，使用所设计的自由曲面透镜均可以降低定位误差，当灯内 LED 芯片数量达到 10 个时，使用透镜可以将均方根误差从 11.5 cm 降低到 7.01 cm，定位精度提升了 39%。

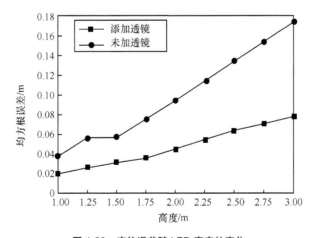

图 4-20　定位误差随 LED 高度的变化

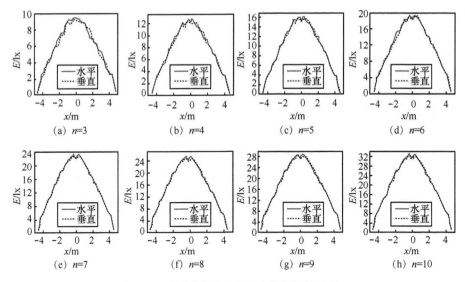

图 4-21　照度分布随 LED 灯内芯片数量的变化

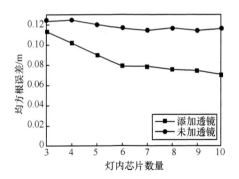

图 4-22　定位误差随 LED 灯内芯片数量的变化

❘4.4　本章小结❘

　　本章提出了一种基于自由曲面理论设计的光学天线，对 VLP 系统的光学天线设计进行了探索，以提高基于 RSS 定位系统的定位精度。通过将设计的光学天线使用在 LED 灯上，在接收平面上可以获得线性照明模式。通过照明仿真和定位仿真评估所设计的光学天线的作用，结果表明，采用所设计的自由曲面透镜后，LED 的光能分布得到了优化，进而 RSS 算法也得到了简化，最终结果表明该透镜可以提高 44%的定位精度。不失一般性，本章的方法可以通过在光源处增加光学天线的方法，优化光照度和光能利用率，从而提升定位效果。在不同算法有不同需求时，可应用该方法提升信道性能。

| 参考文献 |

[1]　MONTES M G, FERNANDE Z B, ALBUENA A A. High-efficiency light-emitting diode collimator[J]. Optical Engineering, 2010, 49(12): 123001-123001-8.

[2]　CHEN J J, WANG T Y, HUANG K L, et al. Freeform lens design for LED collimating illumination[J]. Optics Express, 2012, 20(10): 10984.

[3]　CHEN Y C, WEN S, WU Y, et al. Long-range visible light communication system based on LED collimating lens[J]. Optics Communications, 2016, 377: 83-88.

[4]　DING Y, LIU X, ZHENG Z R, et al. Freeform LED lens for uniform illumination[J]. Optics Express, 2008, 16(17): 12958.

[5]　FOURNIER F R, CASSARLY W J, ROLLAND J P. Fast freeform reflector generation using source-target maps [J]. Optics Express, 2010, 18(5): 5295.

[6]　CHEN J J, HUANG Z Y, LIU T S, et al. Freeform lens design for light-emitting diode uniform illumination by using a method of source-target luminous intensity mapping[J]. Applied Optics, 2015, 54(28): E146.

[7]　KIM S M. Wireless optical energy transmission using optical beamforming[J]. Optical Engineering, 2013, 52(4): 3205.

[8]　KIM S M. Wireless visible light communication technology using optical beamforming[J]. Optical Engineering, 2013, 52(10): 106-101.

[9]　WINSTON R. Principles of solar concentrators of a novel design[J]. Solar Energy, 1974, 16(2): 89-95.

[10] WINSTON R, HINTERBERGER H. Principles of cylindrical concentrators for solar energy [J]. Solar Energy, 1975, 17(4): 255-258.

[11] BENITEZ P, ARROYO R M, MINANO J C, et al. Design of CPC-like reflectors within the simultaneous multiple-surface design method[J]. Proceeding of SPIE, 1997, 3139.

[12] JACOBSON B A, GENGELBACH R D. Novel compact nonimaging collectors for LED arrays[C]//SPIE International Symposium on Optical Science and Technology, International Society for Optics and Photonics, July 7, 2002, Seattle, WA. [s.l.]: SPIE, 2004.

[13] COOPER T, DÄHLER F, AMBROSETTI G, et al. Performance of compound parabolic concentrators with polygonal apertures[J]. Solar Energy, 2013, 95(5): 308-318.

[14] 王云, 蓝天, 李湘, 等. 复合抛物面聚光器作为可见光通信光学天线的设计研究与性能分析[J]. 物理学报, 2015, 64(12): 249-256.

[15] 赵太飞, 柯熙政, 梁薇, 等. 紫外光散射通信中一种二级光学接收系统设计[J]. 压电与声光, 2011, 33(2): 310-314.

[16] 李湘, 蓝天, 王云, 等. 室内可见光通信系统中菲涅尔透镜接收天线的设计研究[J]. 物理学报, 2015, 64(2): 112-118.

[17] BURTON A, MINH H L, GHASSEMLOOY Z, et al. Performance analysis for 180° receiver in visible light communications[C]// Fourth International Conference on Communications and Electronics, August 1-3, 2012, Hue, Vietnam. Piscataway: IEEE Press, 2012: 48-53.

[18] HE C, WANG T Q, MASUM M A, et al. Performance of optical receivers using photodetectors with different fields of view in an indoor cellular communication system[J]. Journal of Lightwave Technology, 2015, 33(23): 4957-4967.

[19] KAVEHRAD M, DENG P. Indoor positioning algorithm using light-emitting diode visible light communications[J]. Optical Engineering, 2012, 51(8): 5009.

[20] YANG S H, JEONG E M, KIM D R, et al. Indoor three-dimensional location estimation based on LED visible light communication[J]. Electronics Letters, 2013, 49(1): 54-55.

[21] ŞAHIN A, EROĞLU Y S, İSMAIL G, et al. Hybrid 3-D localization for visible light communication systems[J]. Journal of Lightwave Technology, 2015, 33(22): 4589-4599.

[22] LV H, FENG L, YANG A, et al. High accuracy VLC indoor positioning system with differential detection[J]. IEEE Photonics Journal, 2017, (99): 1-1.

[23] CHEN J J, HUANG Z Y, LIU T S, et al. Freeform lens design for light-emitting diode uniform illumination by using a method of source-target luminous intensity mapping[J]. Applied Optics, 2015, 54(28): E146.

[24] CHEN J J, WANG T Y, HUANG K L, et al. Freeform lens design for LED collimating illumination[J]. Optics Express, 2012, 20(10): 10984.

[25] 吴楠. 可见光定位技术中光学天线设计[D]. 北京: 北京理工大学, 2017.

第 5 章
可见光与惯性传感器融合定位技术

本章首先介绍融合定位及惯性传感器进行辅助定位的方式。5.2 节介绍姿态传感器辅助的 nVLP 系统和单一照明光源的 iVLP 的原理。5.3 节介绍基于惯性传感器的航迹原理和方法。5.4 节讨论基于扩展卡尔曼滤波算法、无迹卡尔曼滤波算法和粒子滤波算法 3 种融合定位算法,并搭建与实际应用环境相似的实验场景,通过实验验证 3 种融合定位算法的综合定位性能表现,并进行对比分析。

| 5.1 传感器辅助定位技术与融合定位简介 |

随着室内导航技术的不断兴起与便携式智能设备性能的不断提高，融合定位技术逐步开始应用于室内定位领域。如1.1.2节所述，常见的室内定位技术包括红外线、超声波、RFID、Wi-Fi、蓝牙、ZigBee、UWB等，电子技术的发展使得小尺寸、低成本、低功耗的多种传感器（加速度计、陀螺仪、里程计、气压计等）成为可能，大量传感器为目标的监测与定位提供了丰富的信息。另外，各种无线设备以及移动终端在提供信息的同时，也为目标定位提供了丰富的测量信号，包括信号强度、收发时间、图像、视频等。融合定位技术通过数据融合手段将多源定位信号结合起来，从而弥补传统单一室内定位技术的固有缺陷，实现室内环境下的高精度融合定位与导航。迄今为止，人们已经提出了基于多种技术的室内定位技术解决方案，这些定位技术从总体上说可以归纳为以下几类，即全球导航卫星系统（Global Navigation Satellite System，GNSS）技术（如伪卫星等）、无线定位技术（超声波、蓝牙、射频识别、红外线、Wi-Fi、可见光、超宽带等）以及其他定位技术（计算机视觉、航迹推算、地磁等）[1-2]。

5.1.1 室内融合定位技术简介

目前，室内融合定位技术已经得到了国内外相关领域研究者的广泛关注与深入研究。2004 年美国麻省理工学院林肯实验室的 Gwon 等[3]首次提出了一种基于最小均方误差准则的融合技术，并通过将 Wi-Fi 定位与蓝牙定位融合证明了该算法能较好地提升定位性能。2011 年，新加坡国立大学的 Wang 等[4]建立了多算法融合定位的线性模型，并提出一种在线训练融合权值的策略。2017 年，德国的 Röbesaat 等[5]将行人航迹推算（Pedestrian Dead Reckoning，PDR）技术与蓝牙定位技术融合，利用卡尔曼滤波提高了室内定位精度。

国内的武汉大学、北京邮电大学、上海交通大学、电子科技大学等也都开展了相关领域的研究工作，并取得了很好的成果。2013 年，上海交通大学的祝正元[6]提出了视觉定位技术与无线定位技术相结合的定位算法。2016 年，武汉大学的张鹏等[7]提出将 PDR 与 Wi-Fi 以及地磁融合的室内定位算法。同年，北京邮电大学的邓中亮团队[8]通过融合图像和无线信号，实现了平均定位精度为 0.86 m 且平均运行时间为 57.65 ms 的定位。2017 年，武汉大学的陈锐志团队[9]利用商业手机实现了视觉定位与 Wi-Fi 和惯性传感器的融合，定位精度可达 1.32 m。2018 年 9 月，通过在 9 000 多平方米的真实购物场景的现场比测，陈锐志团队及牛小骥团队在室内定位与导航大会大赛中分获手机消费级室内定位组和 foot-mounted 惯性测量单元（Inertial Measurement Unit, IMU）组的冠军。手机消费级室内定位的成绩为 75%，定位精度为 1.1 m，foot-mounted IMU 组的成绩为 75%，定位精度为 1.3 m。IMU 定位及 IMU 辅助定位是室内定位的重要分支。

室内定位技术是定位与导航研究领域的一个重要分支，是智能城市建设中不可缺少的一环。人们对室内定位的要求也不仅是高精度，而是需要其能更加智能地融入我们日常生活，依据人们室内活动的场景及需求，提供更加便利以及人性化的服务。因此，室内融合定位将逐渐取代单一定位方式成为今后室内定位发展的主流方向，各种定位方式以及各类定位测量信息也将逐渐以各种方式（卡尔曼滤波、机器学习等）融合到一起。

5.1.2　惯性传感器辅助定位技术与融合定位简介

在众多融合定位技术中，VLP 和惯性传感器融合定位具有便利性及互补特性。VLP 系统的优势在于其定位精度较高、无电磁辐射、可同时满足照明与通信和定位需求、硬件布设可依托现有照明设备。但 VLP 系统的不足之处在于抗干扰性能较弱，因此在实

际使用中存在一些问题：一是该系统通常在直射信道工作性能较好，在可见光系统光源布设区域之外的死角或在光源受到遮挡时无法正常定位，二是系统容易受到干扰，在靠近墙壁、立柱时，多径反射和其他噪声会导致解算位置抖动[10]。此外，由接收到的光强度解算位置信息的 nVLP 系统及 iVLP 系统在不同姿态角度时会引入定位误差，因此独立的可见光定位技术仍有较大的改进空间，只有弥补了可见光定位的固有缺陷，才能进一步提高可见光定位的市场竞争力，推动其实用化发展。

采用微机电系统（Micro-Electro-Mechanical System，MEMS）技术制作的加速度传感器、陀螺仪、电子罗盘等惯性传感器已广泛应用于消费电子，由于其用于定位时具有成本低、体积小、可连续工作、不需预置锚点等特点，可将惯性传感器和VLP 结合应用于室内定位和导航。将惯性传感技术和 VLP 技术融合有两大类方式：一是利用其姿态信息，此时惯性传感器可称为姿态传感器，这种组合本书也称为辅助定位和联合定位，姿态传感器是基于惯性技术的高性能三维运动姿态测量系统，它包含陀螺仪、加速度计、电子罗盘等运动传感器，通过内嵌的低功耗 ARM 处理器得到经过温度补偿的三维姿态与方位等数据。利用姿态传感器提供的姿态信息，通过算法对因姿态造成的误差进行补偿，从而提高定位精度。另一种方式是在其他定位方式失效的情况下补充定位，即利用惯性导航可以实现自定位的特性，本书把这类定位称为融合定位，即通过惯性传感器实时输出的加速度、角度等数据进行行人航迹推算输出当前位置信息，在其他定位方式无法定位的区域进行补充定位。PDR具有短时精度优良、不需布置锚点、工作模式完全自主等优点，因此研究与 MEMS惯性传感器获取的姿态信息的辅助定位及和 PDR 的融合定位具有重要的应用价值。

以卡尔曼滤波技术为代表的最优估计理论的出现，直接为融合导航技术的发展提供了必要的理论支持与数据处理工具。美国 AGM-84E "斯拉姆"型导弹是最先使用 GPS 与惯性导航融合定位技术的精确制导武器，该导弹由美国海军 A-6E、A-7E舰载攻击机装备使用，于 1989 年 11 月成功试射，并在随后的海湾战争中取得骄人战绩，这也标志着融合导航技术走向全面成熟[11]。经过数十年的发展，GPS 与惯性传感器融合的定位技术已经成为目前应用最为广泛、最为成熟的室外定位导航技术[12]。

在室内融合定位方面，2006 年，法国电信的 Evennou 等[13]提出将基于惯性导航的融合导航技术应用于室内 Wi-Fi 融合定位系统中，采用卡尔曼滤波算法融合定位信息，并用粒子滤波平滑定位轨迹，定位精度相较于单一 Wi-Fi 定位提高了 50%以上，这直接证明了基于惯性导航的融合定位算法可以应用于室内定位环境；2011

年，奥地利维也纳技术大学的 Retscher 等[14]提出使用卡尔曼滤波算法将惯性导航技术、卫星导航技术与室内 RFID 定位技术结合起来，搭建一整套室内外无缝融合定位导航系统，在室外环境下使用卫星导航与惯性导航融合定位，室内环境下使用 RFID 定位与惯性导航融合定位，其综合定位精度可达到 1 m 左右，进一步扩大了融合定位导航的应用范围。虽然融合定位导航技术已经在室内定位领域开始发力，在可见光定位技术相结合的融合导航技术上，2015 年，加拿大麦克马斯特大学的 Xu 等[15]首次尝试了使用 LED 对惯性导航进行补偿校正的方法，该方法使用惯性传感器估算行走距离与定位位置，再通过检测光照度峰值的方法判定行人大致位置，通过粒子滤波手段在定位时不断对惯性导航定位位置进行修正，以此在走廊、通道等只有单排 LED 间隔分布的环境下实现较为精准的定位。

随着融合导航技术水平的不断提高，传统卡尔曼滤波技术也在逐渐更新升级之中。如瑞典林雪平大学的 Gustafsson 等[16]将粒子滤波算法成功应用于定位导航领域，该算法基于贝叶斯采样估计的顺序重要性采样滤波思想，通过计算在状态空间中传播的随机样本均值来避开积分运算，从而可以在任何非线性系统中实现最小方差估计，同时极大地减小了由于实际系统的非线性状态所带来的误差；加拿大达尔豪斯大学的 Zhang 等[17]成功将无迹卡尔曼滤波用于融合定位领域，通过一系列的确定样本来逼近状态的后验概率密度，从而在强非线性高斯环境下取得良好的跟踪性能；针对多传感器融合导航中集中式卡尔曼滤波器可能造成的维数灾难以及数据污染等问题，Carlson 等[18]提出了联邦卡尔曼滤波算法，采用分散化的算法对各个子系统的定位数据进行融合，在减小计算量的同时极大地提高了系统的容错性能；再如加拿大卡尔顿大学的 Sasiadek 等[19]提出的自适应卡尔曼滤波方法将残差引入误差方差矩阵中，从而实现自适应误差校正，抑制了滤波发散问题，有效提高了系统稳定性。

5.2　基于姿态传感器的 VLP 联合定位技术

5.2.1　姿态传感器和 PD-VLP 联合定位技术

在前面我们介绍了 RSS 常规的 VLP 系统。可在实际应用中，接收器的法线通常与发射器的法线存在偏移，这导致了要求接收器法线与发射器法线对准的定位系

统具有较大误差。针对这种问题，我们可以利用姿态传感器获取接收器的姿态，进而通过计算得到较为精确的位置信息[20-21]。

一个典型的 LED 作为光源，PD 作为探测器的 nVLP 系统如图 5-1 所示，LED 发射器出射角 φ、接收器入射角 θ 以及通过姿态传感器获得的接收器方向角 ψ 之间的关系可以表示为

$$\varphi = \theta - \psi \qquad (5\text{-}1)$$

图 5-1 中给出了 2 个不同接收角的情况，分别定义为 ψ_A 和 ψ_B，接收器和水平夹角为 ψ_A 时为状态 A，接收器和水平夹角为 ψ_B 时为状态 B。其中 ψ_A 和 ψ_B 可由姿态传感器获得。

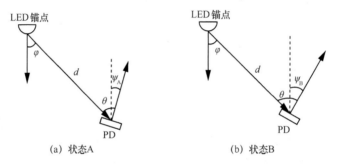

(a) 状态A   (b) 状态B

图 5-1　法线不一致的 VLP 系统姿态关系

由式（2-7）可知，接收端光功率与入射角、出射角以及测量距离之间有如下关系。

$$P_r = H(0)P_t = \frac{(m+1)(\cos\varphi)^m T(\theta)g(\theta)(\cos\theta)^M}{2\pi d^2}P_t \qquad (5\text{-}2)$$

因此，在 A、B 两种状态下，接收器估计出的光功率可以分别表示为

$$P_A = C\frac{(\cos\varphi)^m(\cos\theta_A)^M}{d^2} \qquad (5\text{-}3)$$

$$P_B = C\frac{(\cos\varphi)^m(\cos\theta_B)^M}{d^2} \qquad (5\text{-}4)$$

其中，C 为与接收增益以及 LED 最大功率相关的常量，M 为朗伯参数。

通过式（5-3）和式（5-4）可得

$$P_A(\cos\theta_B)^M = P_B(\cos\theta_A)^M \qquad (5\text{-}5)$$

再结合式（5-4）和式（5-5）可得

$$P_\text{B}^{\frac{1}{M}} \cos \theta_\text{A} = P_\text{A}^{\frac{1}{M}} \cos(\theta_\text{A} + (\psi_\text{B} - \psi_\text{A})) \qquad (5\text{-}6)$$

进一步简化可得

$$\theta_\text{A} = \arctan \left(\frac{P_\text{A}^{\frac{1}{M}} \cos(\psi_\text{B} - \psi_\text{A}) - P_\text{B}^{\frac{1}{M}}}{P_\text{A}^{\frac{1}{M}} \sin(\psi_\text{B} - \psi_\text{A})} \right) \qquad (5\text{-}7)$$

通过式（5-7）可知，该算法不需要 LED 发射功率和发射朗伯参数 M，只需要接收器检测到的光功率、接收器光电二极管的朗伯参数 M，以及通过姿态传感器获得的方向角，就可以得到上述结果。

假设 LED 直射 PD，则此时 $\theta = 0$，若该状态下的光功率为 P_0，则有

$$\frac{P_\text{A}}{(\cos \theta_\text{A})^M} = \frac{P_\text{B}}{(\cos \theta_\text{B})^M} = P_0 \qquad (5\text{-}8)$$

获取 A 或 B 状态下的偏转角，利用式（5-5），可将功率值映射到水平状态的功率值，对任一种 LED 锚点，均可做类似测量。接下来，可以采用三角测量法求得接收器坐标。该方法的特点是，需要使接收器在同一位置处于两种不同的偏转角度，进而通过几何关系来确定接收器的位置。为了减少获取两种偏转角带来的不便，可通过采用两个有固定夹角的带有姿态传感器的 PD 代替。在三维情况下，需要在 3 个姿态下获取 3 组测量值计算接收器位置。在实际应用中，由于不同测量角的噪声，测量会有误差，实际解算时需要获取最优向量[20-21]。

5.2.2　姿态传感器和图像传感器的 iVLP 联合定位技术[22]

在 iVLP 系统中，我们的目标是根据图像传感器捕获的图片，获取镜头中心在空间中的坐标 (x, y, z)。在 3.4 节中，我们介绍了如何通过图像传感器在视场中存在多 LED 的情况下，利用成像定位结合姿态获得当前位置信息。但是在实际场景中，光源的分布往往较为稀疏，在图像传感器中的同一视场内往往仅存在单一光源，无法仅依靠图像传感器实现定位。但通过姿态传感器和图像传感器联合，我们也可以实现稀疏光源下的可见光成像定位。

在需要定位的室内场景中放置一个参考光源（可直接利用场景中已经存在的照明光源），将其视为定位系统的发射端，设其为空间坐标为 $(x_\text{lamp}, y_\text{lamp}, z_\text{lamp})$。

为方便说明，设该光源为一圆形光源，直径为 d_{lamp}；一部集成有图像传感器和角度传感器的智能移动终端作为定位系统接收端。定位场景及相关原理如图 5-2 所示。

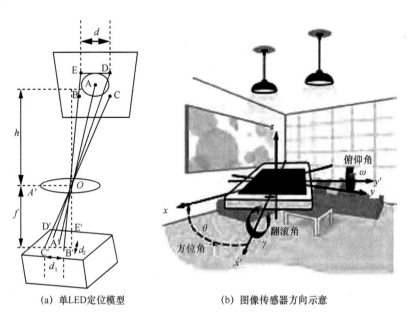

(a) 单LED定位模型　　　　　(b) 图像传感器方向示意

图 5-2　定位场景及相关原理

图像传感器的方向如图 5-2（b）所示，表示成 3 个角度，即俯仰角 ω、翻滚角 γ、方位角 θ。当图像传感器的 x 轴、y 轴与空间坐标系的 x 轴、y 轴平行时，ω、γ、θ 定义为 0。

结合姿态角补偿的单 LED 定位算法流程如图 5-3 所示。图像传感器捕获信号光源图像，同时姿态传感器获取设备的方位角、俯仰角和翻滚角。若定位设备发生旋转、倾斜或者滚动，光源在图像中投影的形状和位置将会发生改变。为了消除这些影响，对拍摄的图像进行重构，得

$$\begin{bmatrix} x'_{\mathrm{re}} \\ y'_{\mathrm{re}} \end{bmatrix} = \begin{bmatrix} \cos\theta & -\sin\theta \\ \sin\theta & \cos\theta \end{bmatrix}^{-1} \begin{bmatrix} \cos\omega & 0 \\ 0 & \cos\gamma \end{bmatrix}^{-1} \begin{bmatrix} x'_{\mathrm{ca}} \\ y'_{\mathrm{ca}} \end{bmatrix} \tag{5-9}$$

其中，$(x'_{\mathrm{ca}}, y'_{\mathrm{ca}})$ 是图像传感器捕获的图像中每个点的原始坐标，$(x'_{\mathrm{re}}, y'_{\mathrm{re}})$ 是图像重构后每个像素点对应的坐标。

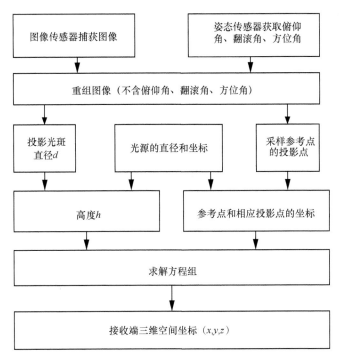

图 5-3   结合姿态角补偿的单 LED 定位流程

利用重构图像的成像方案如图 5-2（a）所示。$A(x_1, y_1, z_1)$、$B(x_2, y_2, z_2)$、$C(x_3, y_3, z_3)$、$D(x_4, y_4, z_4)$、$E(x_5, y_5, z_5)$ 为从信号光源选取的参考点。其中 A 为信号光源的质心，B、C、D、E 为光源外接矩形的 4 个顶点，BC 平行于空间坐标系的 x 轴。由于参考点都位于同一平面，因此这些点的 z 坐标都是相同的。这些参考点在重构图像中的相应投影点分别为 $A'(x_1', y_1')$、$B'(x_2', y_2')$、$C'(x_3', y_3')$、$D'(x_4', y_4')$、$E'(x_5', y_5')$。根据相似三角理论和几何光学，天花板和成像透镜之间的垂直距离可以计算为

$$h = \frac{fd}{(d_1 + d_2)/2} \tag{5-10}$$

其中，f 为镜头焦距，d_1（d_2）为 B′到 C′（E′）的距离。参考点 A 和在重构图像中相应投影点 A′应满足式（5-11）。

$$\frac{h^2}{f^2} = \frac{(x - x_1)^2 + (y - y_1)^2}{x_1'^2 + y_1'^2} \tag{5-11}$$

镜头的焦距可以通过阅读图像传感器的参数获取，A′的坐标 (x_1', y_1') 也可以从图

像中直接读出，因此式（5-11）可以简化为

$$C_1(x-x_1)^2 + C_1(y-y_1)^2 - h^2 = 0$$

$$C_1 = \frac{f^2}{x_1'^2 + y_1'^2} \tag{5-12}$$

类似地，我们可以得到其他 4 个参考点以及其在重构图像中对应投影点的关系，即

$$\begin{cases} C_1(x-x_1)^2 + C_1(y-y_1)^2 - h^2 = 0 \\ C_2(x-x_2)^2 + C_2(y-y_2)^2 - h^2 = 0 \\ C_3(x-x_3)^2 + C_3(y-y_3)^2 - h^2 = 0 \\ C_4(x-x_4)^2 + C_4(y-y_4)^2 - h^2 = 0 \\ C_5(x-x_5)^2 + C_5(y-y_5)^2 - h^2 = 0 \end{cases} \tag{5-13}$$

其中，

$$C_i = \frac{f^2}{x_i'^2 + y_i'^2}, \quad i \in [1,2,3,4,5] \tag{5-14}$$

最后利用 Levenberg–Marquardt 算法，通过求解式（5-13）可以得到最小二乘解，即求解出图像传感器的位置（x,y,h）。

| 5.3　基于惯性传感器的 PDR-VLP 联合定位技术 |

对行人进行航迹推算时，我们往往将求解运动距离的过程转化为求解行人运动时行走的步数与每步步长之积的过程。这样就避免了直接通过积分计算运动距离，转而用周期性、高稳定性的步频、步长数据求解运动距离。

由于受到室内光源分布以及物体遮挡的影响，信号光源往往难以覆盖室内所有区域，在信号光源无法覆盖的区域，可见光定位失效，这些区域内利用基于姿态传感器的航迹推算是一种有效的补充方式。

基于惯性传感器航迹推算的 PDR-VLP 联合导航具体流程如图 5-4（a）所示，PD 或者成像探测器对接收到的光信号进行判别，若光信号的频率在所设的频率范围内，则认为接收到了定位光信号，然后通过可见光定位算法得到定位结果。若接收到的光信号频率不在设定区间，则认为没有接收到光信号，可见光定位失效，此时以可见光定位最后一次的输出结果作为航迹推算的初始位置,通过航迹推算算法,根据惯性传感器输出的加速度和角度信息，得到定位结果。

2018 年，我们在数百平方米上下两层的实际大楼场景中进行了测试，在两层楼仅有 10 个圆形 LED 光源作信标的情况下，采用普通的手机终端的成像探测器（如图 5-4（b）所示），经过上下楼主要行进路线全程测试，比照实测地图的 3D 定位误差在 1.7 m，已经满足大型室内场景的实际使用要求。系统构造简单，成本低廉，普通手机即可完成定位，具有较好的应用可行性。

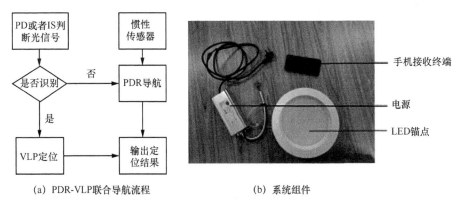

(a) PDR-VLP联合导航流程　　　　(b) 系统组件

图 5-4　PDR-VLP 联合导航流程及系统组件

| 5.4　可见光与惯性导航融合定位算法 |

5.4.1　基于扩展卡尔曼滤波的融合定位[23]

1. 算法概述

在这种环境下，我们只能通过对系统进行线性化近似使得卡尔曼滤波可以正常运行，最常用的方法就是用一个关于状态向量的非线性函数 $f(x_k)$ 来代替系统状态矩阵 A 与状态向量 X_k 的乘积，并将状态方程在感兴趣的状态量附近做泰勒展开，取其低阶项，忽略高阶项以实现线性化处理，再代回标准卡尔曼滤波方程中进行滤波。这就构成了扩展卡尔曼滤波 [24-25]。在我们所设计的算法中，状态向量 X_k 包含 3 个

元素：x_{1k} 为行人运动时的航向角，x_{2k} 与 x_{3k} 为行人实时坐标。系统的状态方程如式（5-15）所示。

$$X_k^- = X_{k-1} + \begin{bmatrix} \theta_k \\ S_k \cos x_{1k-1} \\ S_k \sin x_{1k-1} \end{bmatrix} \qquad (5\text{-}15)$$

其中，θ_k 为行人运动方向偏转角，S_k 为行人行走距离。下面我们需要对式（5-15）进行线性化处理，即需要在 X_k 附近做泰勒展开取低阶项作为状态矩阵。具体来说，我们需要取式（5-15）在 X_k 处的雅可比矩阵，结果如式（5-16）所示。

$$F_k = \begin{bmatrix} 1 & 0 & 0 \\ -S_k \sin x_{1k}^- & 1 & 0 \\ S_k \cos x_{1k}^- & 0 & 1 \end{bmatrix} \qquad (5\text{-}16)$$

由于行人行走距离估计的误差大小与行人行走方向偏转角紧密相关，因此系统噪声 Q_k 的设定如式（5-17）所示。

$$Q_k = \begin{bmatrix} V_\theta & 0 & 0 \\ 0 & \cos^2(x_{1k}^-)V_s & 0 \\ 0 & 0 & \sin^2(x_{1k}^-)V_s \end{bmatrix} \qquad (5\text{-}17)$$

其中，V_θ 为行人运动偏转角测量误差方差，V_s 为行人行走距离估计误差方差，先验估计协方差 P_k^- 的获取如式（5-18）所示。

$$P_k^- = F_k P_{k-1} F_k^{\mathrm{T}} + Q_k \qquad (5\text{-}18)$$

为了实现可见光定位与惯性导航的融合，我们将可见光定位信息作为测量值输入至滤波器中进行滤波：滤波器的量测变量为 $Z_k = [x_k, y_k]^{\mathrm{T}}$，$x_k$ 与 y_k 为可见光定位坐标，滤波器的量测矩阵为

$$H = \begin{bmatrix} 0 & 1 & 0 \\ 0 & 0 & 1 \end{bmatrix} \qquad (5\text{-}19)$$

至此，我们完成了基于扩展卡尔曼滤波的可见光与惯性导航融合定位算法，状态向量 X_k 中所包含的行人坐标即为最终的融合定位位置坐标。整套算法流程如图5-5 所示。

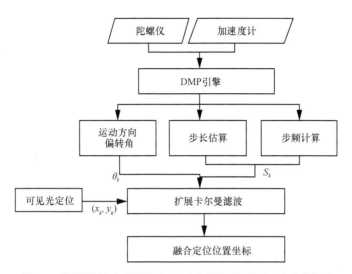

图 5-5 基于扩展卡尔曼滤波的可见光与惯性导航融合定位算法流程

2. 实验系统搭建

为了验证我们所设计的基于可见光定位与惯性导航的融合定位系统的有效性与可靠性，在完成系统整套硬件设计开发和算法开发工作后，我们搭建了一个实际定位场景以供实验。考虑到在实际应用中，大面积的定位系统也是由多个定位小区拼接而成，因此为了简化定位实验场景并保证实验结果的有效性，我们搭建了由 7 个 LED 为子单元定位小区拼接而成的场景，从而可以使实验者在该场景内自由走动，在该区域内系统所表现的性能也可以直接推广到在实际应用场景下的定位性能。实验环境模型如图 5-6 所示。

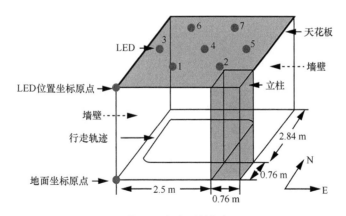

图 5-6 实验环境模型

整个定位场景层高 2.5 m，定位区域约为一个 3.3 m×3.6 m 的矩形区域，其中可见光定位的有效区域为 7 个 LED 所构成的边长 1.5 m 六边形区域，在六边形之外的区域内，由于 RSS 定位算法限制，可见光定位的精度将急剧下降，不能正常工作。如图 5-7 所示，整个定位场景的西面、北面靠墙，东南方向有一根白色立柱，在墙壁、立柱附近时可见光定位受到多径反射效应的干扰较大。

图 5-7　实验场景（左为场景内西、北两面的墙壁，右为东南方向的立柱）

所选用的 LED 均为 17 W 的 LED 筒灯，若以西南角为定位原点，以米作为单位，则 7 个 LED 灯的位置坐标分别为(0.93, 0.888)、(2.33, 0.888)、(0.23, 2.1)、(1.63, 2.1)、(3.03, 2.1)、(0.93, 3.312)和(2.33, 3.312)。

融合定位系统的性能验证主要包含两个方面：一是要验证是否能够克服可见光定位由于多径反射等干扰造成的定位精度下降问题；二是在可见光有效定位区域之外能否实现不间断的正常定位。因此，如图 5-8 所示，在我们所设计的实验场景中，同时包含了能够验证上述两个问题的定位性能主要验证区，其中区域 A 由于处于可见光有效定位区域之外，能够验证系统对于能否在区域外实现不间断正常定位的性能；区域 B 处于立柱附近，可见光信号在该区域内受到多径干扰影响容易产生定位精度下降的问题，因此可以验证融合定位系统克服可见光定位抗干扰性差的性能。

3. 定位系统设计

基于可见光定位与惯性导航的融合定位系统主要包含 3 个部分：LED 信号发生模块、可见光定位模块与行人惯性导航模块。其中，LED 信号发生模块负责产生调制信号并将信号加载到 LED 上，使得可见光定位模块可以接收可见光定位信号，保证可见光定位算法的顺利进行；可见光定位模块负责接收可见光定位信号，通过单片机对可见光定位信号进行 AD 转换、FFT 变换与定位计算，并将可见光定位数据上传至上位机等待融合定位算法的最终融合处理；行人惯性导航模块负责采集行人行走时惯性运动数据，并将惯性导航数据上传至上位机，以供融合定位算法进行位置解算时使用。各模块的连接关系如图 5-9 所示。

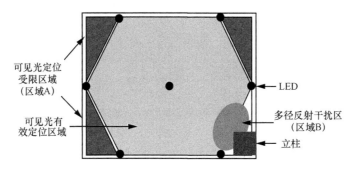

图 5-8　实验场景中两个定位性能主要验证区域

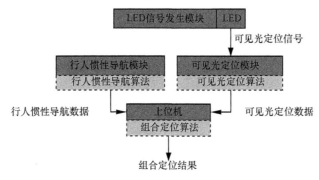

图 5-9　各模块连接关系

最终设计完成的可见光定位模块如图 5-10 所示。

图 5-10　可见光定位模块

行人惯性导航模块主要由惯性运动传感子模块和主控模块构成。选择Invensense 公司研发的 MPU6050 六轴运动处理组件作为惯性运动传感子模块。我们所使用的 MPU6050 组件搭载有开发的数字运动处理引擎（Digital Motion Processor，DMP）[26]如图 5-11 所示，该引擎可以在芯片内部将模块运动的加速度数据与角速度数据进行融合，在实际使用时，该模块直接捷联于行人的脚尖位置，实时获取脚部的运动加速度、角速度与运动方向偏转角信息。

图 5-11　MPU6050 搭载 DMP 系统结构

在主控模块方面，我们仍然选择单片机作为主控芯片，负责接收处理惯性运动数据，完成惯性导航算法运算，并将惯性导航结果通过蓝牙实时上传至上位机以供融合导航算法使用。最终的行人惯性导航模块如图 5-12 所示，其中图 5-12（a）所示为行人惯性导航模块电路板，图 5-12（b）所示为在实际使用时，已包装好、增加了外壳的行人惯性导航模块粘贴在使用者脚部时的示意。

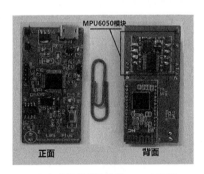

(a) 行人惯性导航模块 PCB 电路板　　(b) 已包装好的行人惯性导航模块

图 5-12　行人惯性导航模块

4. 实验结果与分析

为了验证融合定位系统的定位性能，我们在实验场景内进行了实验。行人在实验场景内的行走路径为边长 2.2 m 的正方形（如图 5-13 所示），共行走两圈，该路径同时经过了可见光定位受限区域与多径反射干扰区。最终的定位结果如图 5-14 所示。

图 5-13　实验中行人行走轨迹

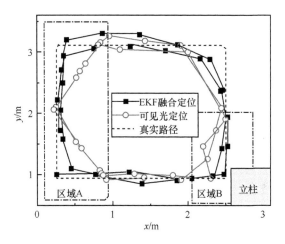

图 5-14　实验结果

在图 5-14 中可以直观地看到，在可见光定位受限区域（区域 A）内，可见光定位系统已经不能正常工作，所解算出的位置误差极大，而融合定位系统依然能够保证正常定位工作的进行，且定位精度较佳；在多径反射干扰区域（区域 B）内，可见光定位系统的精度受到了极大影响，定位位置出现了抖动现象，而融合定位系统在此区域内依然表现良好，定位精度较高。为了更好地比较可见光定位与融合定位的定位效果，我们将两者的单点定位误差与误差累积概率分布曲线分别做了比较，比较结果如图 5-15、图 5-16 所示。

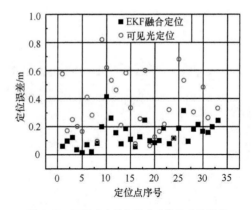

图 5-15 可见光定位与融合定位的定位误差

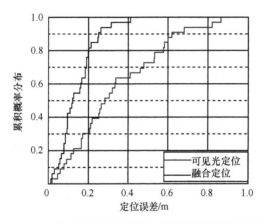

图 5-16 可见光定位与融合定位的定位误差累积概率分布曲线

与此同时，融合定位系统的应用也成功抑制了单一惯性导航累积误差过大的问题。单一惯性导航的定位精度随着系统工作时间增加而逐渐降低，到行人行走至第二圈时定位误差已经增加至 0.5 m 以上，无法提供长时间的精准定位服务；而相较于单一惯性导航，融合定位直至定位结束时依然能够保证较好的定位精度，由此可以证明，融合定位系统能够很好地克服单一惯性导航累积误差过大的缺点。

5.4.2　基于无迹卡尔曼滤波的融合定位

扩展卡尔曼滤波的核心思想就是通过将系统的状态方程在估计值附近做

展开，取其低阶项从而对非线性状态方程进行线性化处理，使得其可以代入标准卡尔曼滤波算法中进行滤波处理。这种方法在算法上的实现较为方便，算法原理直观，而截取低阶项的线性化处理在一般情况下已能基本满足非线性系统的应用要求[27]。但是从理论上分析，扩展卡尔曼滤波在实际应用中仍然存在一些需要提高的方面：一方面是由于只保留了低阶项，在某些非线性度极大的应用场景中忽略了高阶项，导致整个滤波算法违背局部线性假设，使得扩展卡尔曼滤波的稳定性可能较差，甚至出现滤波发散的情况；另一方面是扩展卡尔曼滤波在对状态方程进行线性化处理时必须求取雅可比矩阵，这给整个滤波系统带来了额外的计算量[28]。

我们知道，对高斯分布进行近似的方法相比于对非线性函数进行近似的方法更为简单，因此 Julier 等提出了采用无迹变换方法来对非线性方程进行线性化处理，并取名为 Sigma 点卡尔曼滤波器（Sigma-Point Kalman Filter, SPKF），这就是无迹卡尔曼滤波的雏形[29]。无迹卡尔曼滤波以无迹变换为核心，即对于状态方程来说，通过无迹变换来处理状态估计与协方差估计的非线性传递，针对非线性函数的概率密度分布而不是非线性函数本身进行近似，使用几个具有代表性的样本来逼近后验概率密度，因此避开了对状态方程进行泰勒展开的过程，不需忽略高阶项，避免了只截取低阶项所带来的算法发散问题，稳定性更好，同时也不需求取雅可比矩阵，因此比扩展卡尔曼滤波更容易执行[30-31]。

我们将前面所述实验中获得的相关数据整理后，通过基于无迹卡尔曼滤波的可见光定位与惯性导航融合定位算法进行处理，采用该算法进行融合定位后的结果如图 5-17 所示，可比较该算法在多径反射干扰区域和非可见光有效定位区域的定位性能。由图 5-17 可以看出，基于无迹卡尔曼滤波的融合定位系统无论在可见光定位受限区域（区域 A）内还是在多径反射干扰区域（区域 B）内，其定位精度一直保持较高的水平，在提供不间断定位的同时，并未出现明显抖动。这直观地反映了基于无迹卡尔曼滤波对于克服单一可见光定位缺陷的性能。

为了更好地比较基于无迹卡尔曼滤波的融合定位系统与单一可见光定位系统的定位性能，我们将两者的定位误差与定位误差累积概率分布曲线分别绘制于图 5-18 与图 5-19 中。

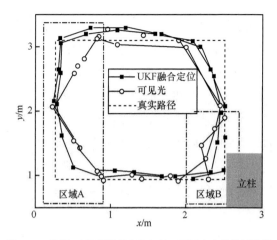

图 5-17 基于 UKF 的融合定位与单一可见光定位结果比较

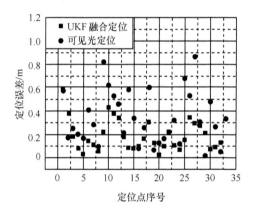

图 5-18 基于 UKF 的融合定位与单一可见光定位的定位误差比较

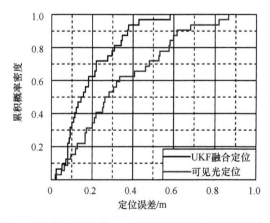

图 5-19 基于 UKF 的融合定位与单一可见光定位的定位误差累积概率密度分布比较

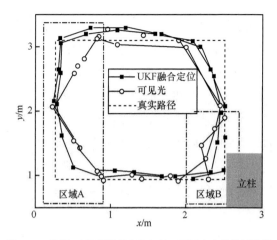

由图 5-18 与图 5-19 可以看出，相较于单一可见光定位来说，基于无迹卡尔曼滤波的融合定位系统在平均定位精度方面提高了 44%，最大定位误差也可以减小 33%；这证明了基于无迹卡尔曼滤波的融合定位系统无论是在定位精度还是在定位稳定性方面，都远超过了单一可见光定位。与此同时，如图 5-20 所示，基于无迹卡尔曼滤波的融合定位系统同样也能够克服单一惯性导航所带来的累积误差随时间增加而迅速增大的问题。

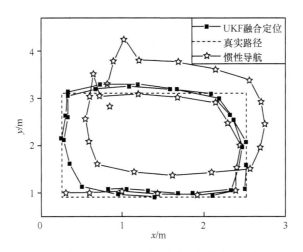

图 5-20　基于 UKF 的融合定位与单一惯性定位结果比较

5.4.3　基于粒子滤波的融合定位

由粒子滤波的基本概念可知，重要性权值 ω_k^i 代表了粒子 x_k^i 的质量，如果某一粒子的重要性权值较小，那么就说明这一粒子并不是概率后验分布的主要影响部分，该粒子的状态也对最终的状态估计影响不大。因此，如果在粒子滤波迭代时，这类具有较小重要性权值的粒子数量太多，势必会影响蒙特卡罗估计的性能，使得大量计算资源被浪费在一些无关紧要的粒子上，这不仅降低最终状态估计的精度，更给本已巨大的计算量带来更大且无谓的挑战，如果不加以干预，那么随着迭代次数的不断增加，粒子权值的方差就会随之增大，最终造成粒子群只包含有一个大权值粒子和若干个极小权值粒子的情况，导致粒子滤波无法正常工作[32]，这就是所谓的"粒子退化"现象。因此，我们在实际应用时采用的是一种序贯重要性重采样粒子滤波

（Sequential Importance Resampling Particle Filter, SIR-PF）[33-34]方法，这种方法可以有效避免小权值粒子在粒子滤波迭代时的粒子退化现象，保持粒子滤波算法的有效性和可靠性。下面我们进行详细介绍。

（1）初始化阶段

在粒子滤波进行初始化阶段，粒子滤波器将会按照先验概率分布$\left\{P(\rho_1^i)\right\}$产生一组粒子$\{\rho_1^i\}_{i=1}^{N_s}$，其中，$N_s$为粒子总数目，$\rho_1^i$为初始时刻（第 1 时刻）第 i 个粒子，在初始化阶段中，每个粒子的权值均被设为$1/N_s$。

（2）粒子更新阶段

假设当前时刻为第 k 时刻，第 i 个粒子代表的状态向量为(X_k^i,Y_k^i)，其中，X_k^i、Y_k^i分别为粒子在状态空间内的横纵坐标；第 k 时刻的粒子更新意味着要将粒子群$\{\rho_k^i\}_{i=1}^{N_s}$通过系统的状态方程更新至$\{\rho_{k+1}^i\}_{i=1}^{N_s}$，即将粒子的状态向量$(X_k^i,Y_k^i)$输入系统的状态方程中，获得更新后的粒子状态向量$(X_{k+1}^i,Y_{k+1}^i)$，系统的状态方程如式（5-20）所示，它仍然包含了当前时刻的惯性运动信息，即行人行走时的偏转角 θ_k 和运动距离 S_k。

$$\begin{bmatrix} X_{k+1}^i \\ Y_{k+1}^i \end{bmatrix} = \begin{bmatrix} X_k^i \\ Y_k^i \end{bmatrix} + \begin{bmatrix} S_k \cos\theta_k \\ S_k \sin\theta_k \end{bmatrix} + \begin{bmatrix} n_k^{i,x} \\ n_k^{i,y} \end{bmatrix} \tag{5-20}$$

由于在融合定位系统工作时存在一些与惯性导航相关的系统噪声，因此我们将这些状态噪声在每次更新时增加至系统的状态方程内，即为式（5-20）中的$(n_k^{i,x}, n_k^{i,y})$。

（3）权值更新阶段

在粒子更新完成之后，粒子群中的每个粒子将会融合可见光定位信息，更新自己的权重，权重计算如式（5-21）所示。

$$w_k^i = 1/\sqrt{2\pi R} \times \exp\left(-\left(d_k^i\right)^2/2R\right) \tag{5-21}$$

其中，R 为融合定位系统中作为量测系统的可见光定位系统量测噪声，d_k^i 为第 k 时刻第 i 个粒子在状态空间中的位置相对于可见光定位位置的距离，具体为

$$d_k^i = \sqrt{(X_k^i - x_k)^2 + (Y_k^i - y_k)^2} \tag{5-22}$$

其中，(x_k, y_k) 为该时刻可见光定位位置坐标。粒子权重 w_k^i 随后还需要进行归一化处理以得到归一化权重 w_k^{*i}，使得所有粒子的权重之和为 1。

$$w^{*i}_k = w^i_k / \sum_{i=1}^{N_s} w^i_k \qquad\qquad (5\text{-}23)$$

由式（5-21）～式（5-23）可以看出，粒子的权重大小与粒子和可见光定位位置的距离紧密相关，如果某一粒子离可见光定位位置较近，那么它将会获得较大的权重，反之，粒子的权重较小。

（4）重采样阶段

为了解决前面所述的粒子退化问题，我们在粒子滤波的迭代过程中加入了重采样环节。重采样环节会排除掉一些具有较小权值的粒子，同时用拥有较大权值的粒子进行取代，在保证粒子总数目不变的情况下降低粒子权重方差，保证粒子滤波的稳定性与有效性。我们所采用的重采样算法的伪代码见算法 5-1。

算法 5-1　粒子重采样算法

输入：第 k 时刻粒子群 $\{\rho^i_k\}_{i=1}^{N_s}$

输出：重采样后粒子群 $\{\rho^i_k\}_{i=1}^{N_s}$

$i \leftarrow 1$；

计算粒子群中最大粒子权值： $\max(w)$

for 　　$i = 1 : N_s$ 　**do**

　　　　生成一个 0～1 的随机数：rand；

　　　　设定权重阈值 $w_{\text{th}} = 2\max(w)\text{rand}$；

　　生成一个 1～N_s 的随机整数：index；

　　　　　while $w_{\text{th}} > w_{\text{index}}$ 　**do**

$w_{\text{th}} \leftarrow w_{\text{th}} - w_{\text{index}}$；

index $\leftarrow$ index $+1$；

　　　　　　　if index $> N_s$ 　**then**

index $\leftarrow 1$；

　　　　　　　end

　　　　end

$\rho^{*i}_k = \rho^{\text{index}}_k$；

　　$i \leftarrow i + 1$；

　　end

与验证基于卡尔曼滤波的融合定位系统定位性能的过程相似，我们将前面所述的两次实验结果数据输入基于粒子滤波的融合定位算法中，用以验证基于粒子滤波的融合定位系统的定位性能。如 5.4.2 节中所述，在实验中，行人在实验场景内的行走路径为一个边长为 2.2 m 的正方形，共行走两圈，该路径同时经过了可见光定位受限区域与多径反射干扰区。基于粒子滤波的融合定位算法如图 5-21 所示，最终解算出的定位结果如图 5-22 所示。为了便于观察分析基于粒子滤波的融合定位算法对于克服单一可见光定位存在多径反射干扰的问题，现将两圈路径中在多径效应区域中的定位点误差绘制于图 5-23 中。

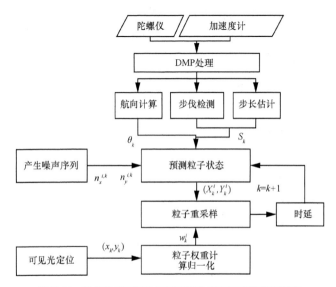

图 5-21　基于粒子滤波的可见光定位与惯性导航算法流程

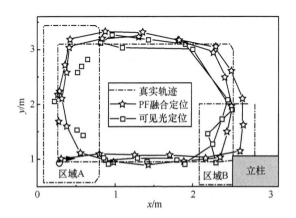

图 5-22　基于粒子滤波的融合定位与可见光定位结果

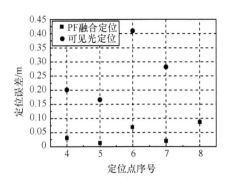

图 5-23　基于粒子滤波的融合定位与可见光定位在多径反射干扰区的定位误差比较

由图 5-23 可以直观地看出，当行人位置处于靠近立柱的区域（区域 B）时，可见光信号由于受到墙壁多径反射的干扰，定位结果出现了抖动的现象，定位精度在此区域受到了很大的影响，在此区域内两圈的平均定位精度为 23 cm 和 20 cm。然而，基于粒子滤波的融合定位系统在这个区域内的定位精度依然保持了较高水平，在此区域内两圈的平均定位精度为 4.5 cm 和 12.13 cm，定位精度相较于单一可见光定位提高了 50% 以上，因此可以说明基于粒子滤波的融合定位系统可以有效克服可见光定位由于多径反射而产生的精度下降问题。

接下来比较基于粒子滤波的融合定位与惯性导航的定位效果，如图 5-24 所示。

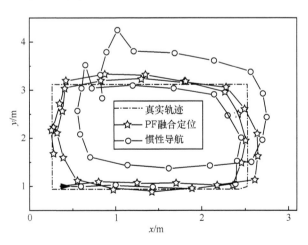

图 5-24　基于粒子滤波的融合定位与惯性导航的定位结果比较

由图 5-24 可以看出，惯性导航虽然在第一圈的前半圈定位精度较好，但随着定位工作增加，惯性导航的定位误差越来越大，至第二圈时定位误差已超过 0.5 m，

大大偏离了真实路径。由此可以验证，基于粒子滤波的融合定位系统可以克服惯性导航随时间的累积误差过大的问题。

经过对比我们发现，在本次实验中，可见光定位、惯性导航以及基于粒子滤波的融合定位的最大定位误差分别为 0.86 m、1.47 m 和 0.33 m，平均定位误差分别为 0.339 m、0.520 m 和 0.144 m，就本次实验而言，相较于单一可见光定位和惯性定位，基于粒子滤波的融合定位系统可以使定位精度提高 2~4 倍，且在保证定位稳定度的基础上可以为用户提供不间断的高精度定位服务。

5.4.4　几种融合定位算法比较

为了横向比较基于扩展卡尔曼滤波的融合定位系统、基于无迹卡尔曼滤波的融合定位系统以及粒子滤波的融合定位系统 3 种定位系统的定位性能，我们将第一次实验中三者的定位误差累积概率分布再次绘制于图 5-25 中。

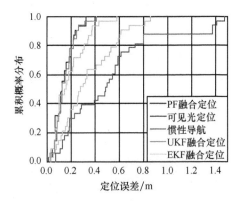

图 5-25　基于粒子滤波融合定位与惯性导航在复杂路径下定位误差累积概率分布比较

由图 5-25 可以看出，相比单一的可见光定位系统以及惯性导航系统的定位结果来说，3 种融合定位系统定位性能均有大幅提高，而且 3 种融合定位系统的定位性能表现相差并不是很大，其中，基于粒子滤波的融合定位性能略优于基于扩展卡尔曼滤波的融合定位系统，而又优于基于无迹卡尔曼滤波的融合定位系统。分析具体原因如下：我们所采用的融合定位系统是松融合定位，系统状态方程的非线性化程度并不很高，因此，不需考虑系统线性度的粒子滤波定位表现最好，在偏线性系统中性能更好的扩展卡尔曼滤波定位表现也较好，而在非线性度越强，滤波效果越好的无迹卡尔曼滤波器表现略差。因此就本章实验结果而言，在基于可见光定位与惯性导航的融合定位系统核心融合滤波算法的选择上，若系统应用在手机或其他便携式智能设备场景时，由于扩展卡尔曼滤波的计算压力较小，系统适宜选用扩展卡尔曼滤波作为核心滤波算法。如果系统应用于 AGV 小车等可以在后台计算机处理融合定位场景时，目前计算机计算能力提高速度极快，对于粒子滤波算法的计算压力不大，因此，考虑到未来紧融合定位系统、基于 GPS 和可见光定位等多定位系统无缝定位等升级系统的扩展需要，适宜选用粒子滤波作为核心滤波算法。

| 5.5　本章小结 |

虽然可见光定位技术有特点，但随着各种通信技术的迅速发展及普及，多传感技术融合定位是未来的重要趋势。本章介绍了惯性传感器作为姿态传感器，可以为 VLP 系统提供姿态信息，在 nVLP 及 iVLP 系统中都可为定位的可靠性提供重要的辅助作用。此外，惯性传感器具有航迹推算定位功能，其和 VLP 的高精度定位互为补充。特别是随着手机和低成本的惯性器件的普及，未来二者结合具有非常大的应用潜力。本章介绍了一整套基于可见光定位与惯性导航的室内高精度定位系统，采用扩展卡尔曼滤波算法、无迹卡尔曼滤波算法以及粒子滤波算法分别对可见光定位数据与惯性导航数据进行融合，在此基础上设计完成了整套融合定位算法与系统，并通过实验验证了融合定位系统的综合性能。

| 参考文献 |

[1]　邓中亮. 室内外无线定位与导航[M]. 北京：北京邮电大学出版社, 2013.

[2]　段林甫. 多源异构融合定位方法研究[D]. 成都：电子科技大学, 2018.

[3]　GWON Y, JAIN R, KAWAHARA T. Robust indoor location estimation of stationary and mobile users[C]//Joint Conference of the IEEE Computer and Communications Societies, March 30-April 3, 2003, San Francisco, USA. Piscataway: IEEE Press, 2003.

[4]　WANG L, WONG W C. Fusion of multiple positioning algorithms[C]// Communications and Signal Processing, December 13-16, 2011, Singapore. Piscataway: IEEE Press, 2011: 1-5.

[5]　RÖBESAAT J, ZHANG P, ABDELAAL M, et al. An improved BLE indoor localization with Kalman-based fusion: An experimental study[J]. Sensors, 2017, 17(5): 951.

[6] 祝正元. 基于 E-V 信息融合的室内定位算法研究[D]. 上海：上海交通大学, 2013.

[7] 张鹏, 赵齐乐, 李由, 等. 基于 PDR、Wi-Fi 指纹识别、磁场匹配融合的室内行人导航定位[J]. 测绘地理信息, 2016, 41(3): 29-32.

[8] JIAO J, LI F, DENG Z L, et al. An indoor positioning method based on wireless signal and image[C]// International Congress on Image and Signal Processing, Biomedical Engineering and Informatics, October 14-17, 2017, Shanghai, China. Piscataway: IEEE Press, 2017: 656-660.

[9] LIU M, CHEN R, LI D, et al. Scene recognition for indoor localization using a multi-sensor fusion approach[J]. Sensors, 2017, 17(12).

[10] GU W, AMINIKASHANI M, DENG P, et al. Impact of multipath reflections on the performance of indoor visible light positioning systems[J]. Journal of Lightwave Technology, 2016, 34(10): 2578-2587.

[11] 赵俊梅. GPS/SINS 融合导航系统滤波算法研究[D]. 太原：中北大学, 2006.

[12] 许云达, 赵修斌. 基于卫星导航系统的融合导航技术及其发展综述[J]. 飞航导弹, 2014(5): 68-71.

[13] EVENNOU F, MARX F. Advanced Integration of Wi-Fi and Inertial Navigation Systems for Indoor Mobile Positioning[J]. Eurasip Journal on Advances in Signal Processing, 2006, (1): 086706.

[14] RETSCHER G. An intelligent personal navigator integrating GNSS, RFID and INS[M]. Heidelberg: Springer, 2012.

[15] XU Q, ZHENG R, HRANILOVIC S. IDyLL: indoor localization using inertial and light sensors on smart phones[C]//ACM International Joint Conference on Pervasive and Ubiquitous Computing, September 7-11, 2015, Osaka, Japan. New York: ACM, 2015: 307-318.

[16] GUSTAFSSON F, GUNNARSSON F, BERGMAN N, et al. Particle filters for positioning, navigation, and tracking[J]. IEEE Transactions on Signal Processing, 2002, 50(2): 425-437.

[17] ZHANG P, GU J, MILIOS E E, et al. Navigation with IMU/GPS/digital compass with unscented Kalman filter[C]//Mechatronics and Automation, 2005 IEEE International Conference, July 29-August 1, 2005, Niagara Falls, Canada. Piscataway: IEEE Press, 2005: 1497-1502.

[18] CARLSON N A. Federated filter for computer-efficient, near-optimal GPS integration[C]// Position Location and Navigation Symposium, April 22-26, 1996, Atlanta, USA. Piscataway: IEEE Press, 1996: 306-314.

[19] SASIADEK J Z, WANG Q. Fuzzy adaptive Kalman filtering for INS/GPS data fusion and accurate positioning[J]. IFAC Proceedings Volumes, 2001, 34(15): 410-415.

[20] YASIR M, HO S W, VELLAMBI B N. Indoor Positioning System Using Visible Light and Accelerometer[J]. Journal of Lightwave Technology, 2014, 32(19): 3306-3316.

[21] 王磊. 面向智能终端的可见光室内定位技术的研究与实现[D]. 北京：北京邮电大学,

2017.

[22] 黄河清.基于 LED 照明通信的室内高精度定位若干关键技术研究[D]. 北京：北京理工大学, 2016.

[23] 李志天. 基于可见光定位与惯性导航的室内融合定位系统技术研究[D]. 北京：北京理工大学, 2017.

[24] LJUNG L. Asymptotic behavior of the extended Kalman filter as a parameter estimator for linear systems[J]. IEEE Transactions on Automatic Control, 1979, 24(1): 36-50.

[25] LI D, WANG J. System design and performance analysis of extended Kalman filter-based ultra-tight GPS/INS integration[C]//2006 IEEE/ION Position, Location, and Navigation Symposium, April 25-27, 2006, Coronado, USA. Piscataway: IEEE Press, 2006: 291-299.

[26] Motion Processor Overview. TDK InvenSense[EB].

[27] SUN Y, XU Y, LI C, et al. Kalman/map filtering-aided fast normalized cross correlation-based Wi-Fi fingerprinting location sensing[J]. Sensors, 2013, 13(11): 15513-31.

[28] ZHANG H, DUAN Q, DUAN P, et al. Integrated iBeacon/PDR indoor positioning system using extended Kalman filter[C]//Advances in Materials, Machinery, Electrical Engineering, June 10-11, 2017, Tianjin, China. Piscataway, IEEE Press 2017.

[29] JULIER S J, UHLMANN J K. Reduced sigma point filters for propagation of means and covariances through nonlinear transformations[C]//American Control Conference, May 8-10, 2002, Anchorage, AK. Piscataway: IEEE Press, 2002: 887-892.

[30] LI W, LEUNG H. Constrained unscented Kalman filter based fusion of GPS/INS/digital map for vehicle localization[C]// Intelligent Transportation Systems, October 12-15, 2003, Shanghai, China. Piscataway: IEEE Press, 2003: 1362-1367.

[31] 王阳阳. 家居服务机器人 SLAM 技术的研究[D]. 长春：吉林大学, 2014.

[32] 朱金鑫、徐正薇, 刘旭, 等. 基于扩展卡尔曼滤波的高程估计算法[J]. 科学技术与工程, 2017, 17(26): 92-97.

[33] 马媛, 杨树兴, 张成. 基于 UKF 的融合导航误差状态估计[J]. 华中科技大学学报(自然科学版), 2009(s1): 280-283.

[34] 唐苗苗. 车载融合导航系统自适应无迹卡尔曼滤波算法研究[D]. 哈尔滨：哈尔滨工程大学, 2013.

第6章

基于视觉的可见光通信与定位技术

前5章主要介绍了不同接收端、不同融合方式的可见光定位方法。随着技术的发展，对于可见光的应用也越来越趋向于多样化和场景化，对于不同需求、不同场景下的可见光通信或者定位相应地采取不同的措施和方法使之更加符合当前需求。而基于视觉的可见光通信与定位技术又给我们带来了不同的应用思路和方向。

本章主要介绍一种新型的可见光屏幕通信技术以及两种可见光定位技术，为读者提供更多元的选择以及视野。

| 6.1　基于可见光的相机通信 |

基于图像传感器（IS）的 VLC 系统在智能手机越来越普及的潮流下也受到了众多的关注,这种 VLC 技术具有天然空间分集接收能力,因此具有广泛的应用前景。由于 IS 与传统光电二极管（PD）在可见光信号的接收与处理过程有明显不同,原有基于 PD 的 VLC 相关通信技术无法直接应用于基于 IS 的 VLC 系统。

这一节阐述基于可见光的相机通信（Optical Camera Communications, OCC）技术原理,内容包括: ① OCC 技术特点与基本原理, ② 图像传感器的结构及工作原理, ③ 适用于 IS 的无闪烁调制方式, ④ 提高通信速率的方法, ⑤ OCC 的应用举例。

6.1.1　OCC 技术特点与基本原理

虽然光学透镜（融合）可提高 VLC 系统的工作距离和速率, 但此时收发端必须严格对准, 降低了 VLC 系统的灵活性。同时, 由于透镜会对接收到的光信号进行空间分离, 因此, 单个 PD 很难同时接收到多个 LED 光信号, 从而影响在接收端移动过程中的信号切换[1-3]。

与 PD 不同的是, IS 使用 PD 阵列作为光电接收器, 每个 PD 为 IS 的一个像素,可独立接收信号。当 IS 与成像透镜共同工作时，来自不同方向的光线会被聚焦在 IS 上的不同位置，从而可实现图片或视频的接收[4]。因此基于 IS 的接收器是一种天然的空间分集光接收器，可有效解决多 LED（位置不同）同时发射信号时的干扰问题，配合图像多输入多输出，此类接收器还可实现信号的并行接收。图 6-1 所示为相机空间分离特性，由图 6-1 可知，在镜头的作用下，来自不同方向的光被聚焦到了 IS 的不同位置，又由于 IS 内置有红、绿、蓝（Red Green Blue，RGB）滤光片，接收到的光信号的颜色信息也可被完整的记录下来，因此可分析不同的颜色来还原发送信息。

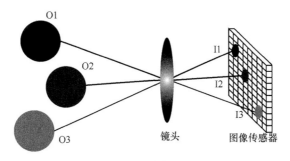

图 6-1　相机的空集分离特性

iPhone 前后摄像头的视场角（FOV）均大于 50°[5]，这使得基于摄像头/图像传感器的 VLC 接收端具有一定的灵活性。又由于彩色图像传感器在每个 PD 像素前都已安装有 RGB 滤光片，基于彩色 IS 的接收器可视为天然的 WDM 接收机，具备波分并行接收信号的潜力。

目前 OCC 在推向应用过程中需要进一步完善的技术问题主要包括[6-10]：① 如何使用普通帧率相机（20～60 frame/s）实现更高速率的信息传输，② 如何减小因发送 VLC 信号而引入的闪烁。由于常见的相机帧率较低（<60 frame/s），而肉眼的临界闪变频率（Critical Flicker Frequency, CFF）f_{max_eye} 为 100 Hz，因此，若直接采用通断键控（OOK）调制，根据奈奎斯特采样定理，信号发射频率需要设定为相机帧率的一半以下（低于 10～30 Hz）才能实现 OOK 信号的完整接收，如此低的发射频率会让人眼观察到 LED 闪烁。如何采用普通帧率相机进行无闪烁的可见光通信？为此，已有人提出了一种欠采样相移通断键控（Under-sampled Frequency Shift On-Off Keying, UFSOOK）调制方式。UFSOOK 系统[11]让相机工作在欠采样模式下，因载波频率 f_s（$f_s > f_{max\_eye}$）和相机帧率 f_{camera} 的特殊关系，实现用相机完整地接收所

发送的原始信号。

6.1.2　图像传感器的结构及工作原理

相机由镜头、图像传感器和其他辅助模块构成。由图 6-1 可知，图像传感器的核心为 PD 阵列。真实情况下每个像素点的尺寸约为 $1\sim10\ \mu m$[12-13]，因此可以在很小尺寸下容纳约 107 个像素点。图 6-2 给出了 Bayer 提出的滤光片阵列，由图 6-2 可知该结构由重复的 RGB 滤光片组成，每个最小单元含一个红色、两个绿色和一个蓝色滤光片（由于人眼对绿光最敏感，因此 RGB 比例为 1:2:1），再通过插值算法即可使每个像素都具有 RGB 信息。

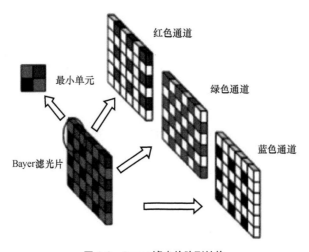

图 6-2　Bayer 滤光片阵列结构

根据对图像传感器的 PD 阵列读取方式分类，IS 主要分为全局快门（Global Shutter, GS）曝光和卷帘快门（RS）曝光两种类型。

图 6-3 给出了全局快门曝光和卷帘快门曝光两种曝光模式，由图 6-3（a）可知，在全局快门曝光模式下，IS 每隔 $1/f_{camera}$ 时刻曝光一次，每次曝光时所有像素点在同样时刻（$t_{shutter}$）内进行曝光，曝光结束后统一读出。这种曝光模式的好处在于 IS 中的每个像素同时曝光，无时延。而对于卷帘快门曝光模式如图 6-3（b）所示，IS 每一行作为一个曝光单元，同一行中所有像素的曝光起始加结束时间相同，当最后一行像素曝光完成后，即完成了一帧的曝光动作。通过观察图 6-3 可知，当 IS 工作

在全局快门曝光模式下时，同一帧任何像素点的曝光起始和终止时间相同，而当 IS 工作在卷帘快门曝光模式下时，IS 上部的像素比下部像素曝光要稍早，因此，同一帧图片在图片上下不同位置包含了不同时刻的信息，从而很好地利用这个特性实现信号的发送及接收[14]。

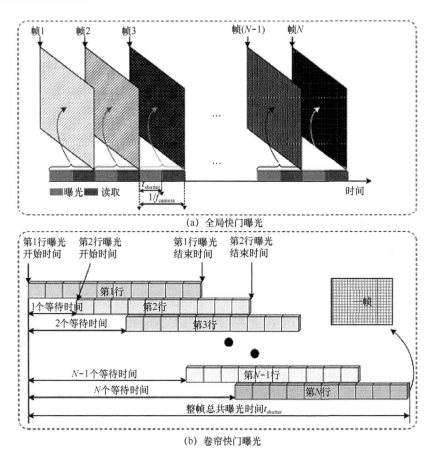

(a) 全局快门曝光

(b) 卷帘快门曝光

图 6-3　两种图像传感器曝光模式

6.1.3　OCC 系统调制方式

根据相机工作模式不同，OCC 系统可主要采用两种调制（信号加载）方式：基于 LED 灯亮灭状态的调制方式和基于图案明暗条纹的调制方式。

1. 基于 LED 灯亮灭状态的调制方式

如前面所述，普通 IS 的帧率局限在 20～60 frame/s，不能采用 OOK 调制，否则肉眼可觉察到 LED 的闪烁。欠采样相移通断键控就是为此而出现的一种无闪烁调制方式，该调制方式可实现每 LED 1 bit/Hz 的频谱效率，而前面提到的 UFSOOK 调制的频率效率仅每 LED 0.5 bit/Hz。

UFSOOK 基本原理如图 6-4 所示。原始数据如图 6-4（a）所示，每帧信号开始为 FH，其后为原始比特序列（FH 代表信号帧头为一串频率高于 IS 时间分辨率 ($f_{\text{max\_camera}}$)的 "0，1" 序列，由于 FH 的频率非常高，经过 LED 发送的 FH 波形通过相机接收后，高速的 "0，1" 亮度在 t_{shutter} 时刻内被累加，因此发送 FH 的 LED 通过相机观察到其亮度为常亮的一半左右，因此可作帧头，标明信号边界）。由图 6-4 可知，每比特（含 FH）持续时常为 t_{camera}（$t_{\text{camera}} = 1/f_{\text{camera}}$），UFSOOK 将 "1" 和 "0" 用载波为 $f_s = m \times f_{\text{camera}}$（$m$ 为整数，$f_{\text{max\_eye}} < f_s < f_{\text{max\_camera}}$），相位差 180°方波代表如图 6-4（b）所示[14]。

无论是 GS 型还是 RS 型的 IS，摄像机工作时每 t_{camera} s 拍一次照片，每张照片曝光 t_{shutter} s。因此这种工作模式与积分清零滤波器工作类似：每 t_{camera} s 对时长为 t_{shutter} s 的信号进行一次积分并清零。因此若相机在拍摄一个发送 UFSOOK 信号的 LED 灯，则可观察到 LED 灯的明暗状态在不断地改变，又因载波 f_s 高于 $f_{\text{max\_eye}}$，人眼则观察不到此信号的闪烁。

虽然相机帧率和发送信号波特率及载波频率有精确的对应关系，但相机的采样相位和发送信号相位无法同步，因此相机采样时刻具有随机性，这样会导致采样到的 LED 灯亮灭状态存在两种可能。如图 6-4（b）和图 6-4（c）所示对于发送相同信号的 LED 灯+相机接收系统，IS 采样位置（积分开始时刻）不同，导致接收到的 LED 灯状态除 FH 状态外其他状态完全相反。图 6-4（b）中探测到的 LED 灯状态和图 6-4（a）中原始数据对应（ "亮" 对应 "1"， "灭" 对应 "0" ），但图 6-4（c）中探测到的 LED 灯状态和图 6-4（a）中原始数据完全相反（ "亮" 对应 "0"， "灭" 对应 "1" ），因此可增加一位标志位实现接收端是否出现相位差错的检验。

对于基于 LED 灯亮灭状态调制的接收端来说，仅需要分析采集到含 LED 灯的小部分像素即可提取 LED 灯的亮灭状态信息，因此可利用 LED 阵列实现信号的并行发送和并行提取。同时还可根据 LED 灯的亮度等级进行多幅调制，以进一步提高系统的频谱效率。

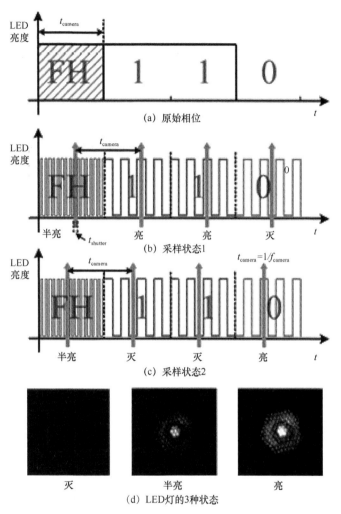

(a) 原始相位

(b) 采样状态1

(c) 采样状态2

(d) LED灯的3种状态

（f_{camera}=30 frame/s, f_{FH}=25 kHz, f_{space}=f_{mark}=120 Hz, θ_{mark}=0°, θ_{space}= 180°）

图 6-4　UFSOOK 原理

2. 基于图案明暗条纹的调制方式

除上述基于 LED 灯亮灭状态的调制方式外，还可以通过卷帘快门特性进行基于图案明暗条纹信息的调制方式。由图 6-3（b）可知，RS 型的 IS 采用逐行曝光模式，因此可利用 LED 快速（频率高于 f_{max_eye}，人眼观察不到闪烁）闪烁将"0，1"比特信息以亮灭形式发送，在接收端通过卷帘快门将曝光时间 $t_{shutter}$ s 内所接收到的信号依次在 IS 的不同行（列）像素区间内保存下来。其原理如图 6-5 所示。

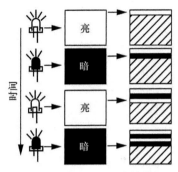

(a) 卷帘快门信号接收原理　　　(b) 一张被信号光照亮的墙面照片（分辨率1 920像素×1 080像素）

图 6-5　基于图案明亮条纹的调制方式

如图 6-5 所示，假设一相机在拍摄一个被 LED 灯照亮的墙壁（或其他平面），当 LED 灯（如图 6-5（a）最左列所示）发光时，整个图像传感器表面被所反射的光照亮（如图 6-5（a）中间列所示），此时 IS 的第 1 行像素被曝光，记录下来一条亮条纹。LED 灯接下来短暂熄灭，而此时 IS 的第 2 行像素被激活，记录下来一条暗条纹，这个步骤一直进行到 IS 的最后 1 行像素被曝光完毕，因此当这张曝光时长为 $t_{shutter}$ s 的帧生成时，其中的明暗条纹即为 $t_{shutter}$ 时刻内 IS 所接收到的 LED 灯亮度变化，并且条纹宽窄与 LED 灯的亮灭时间长短成正比。因此我们可以利用这个特性从图片帧的亮暗条纹中得到 $t_{shutter}$ 时刻内 LED 灯所发送的信号波形。图 6-5（b）所示为一张被信号光照亮的墙面照片，信号的频率为 1.5 kHz，亮暗条纹宽窄均匀，图右侧的白色曲线则为照片中每行像素的 RGB 累加的和曲线，此曲线与 LED 所发送的信息一致。

由于相机每 t_{camera} s 才曝光 $t_{shutter}$ s（$t_{shutter} < t_{camera}$），因此接收端无法接收到两次曝光时间之间的 LED 信号，从而导致信号丢失。虽然此方法可在一帧图片中得到多个比特信息，能显著提升系统通信速率，但这种基于图案明亮条纹的方法需要分析整个 IS 中的所有像素，计算量大且对系统收发端距离有相应要求。为了解决信号丢失问题，也需要设计一种合适的同步机制实现信号的完整接收。

6.1.4　提高 OCC 通信速率的方式

由于普通相机的帧率较低，为了实现更高速的 OCC 通信，需要使用更复杂的调制方式，本章分别从空分复用、波分复用和高阶调制等方向给出 3 种提高 OCC

系统速率的方式。

1. 空分复用技术

由图 6-1 可知，相机在作为 VLC 接收器时具备信号的空间分离能力，因此，可在发送端使用多个 LED 并行发送信号从而提高信号的频谱利用率。图 6-6 给出了一个基于图像 MIMO 的 OCC 系统。

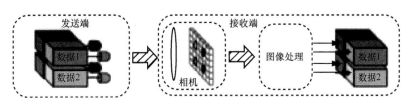

图 6-6　基于图像 MIMO 的 OCC 系统

图像 MIMO 是视距传输 VLC 系统的一大优势[15]，利用相机对光的空间分离能力，可在信号接收时，确保 IS 不同位置的像素点仅接收来自某一确定方向的信号，从而实现信号的空分复用。如图 6-6 所示，对于传统基于 PD 的接收器来说，该方案变干扰为有效信号，不仅能明显提高接收端信号的信噪比，并且可实现信号的空分复用，提高了 VLC 系统的频谱利用效率。

虽然对于基于 PD 的 VLC 系统也可使用成像镜头+PD 阵列实现信号的空分复用技术，但由于 PD 阵列的像素点尺寸过大，因此，很难得到类似相机的信号空间分离精度，同时使用镜头的 PD 系统的移动性也不如 OCC 系统。

2. 波分复用技术

若在发送端使用 RGB LED 融合出来的白光进行信号的并行发送，在接收端则可分别通过 RGB 这 3 个通道将发送信号采用波分复用的方式进行分离接收。

图 6-7 所示为利用彩色相机实现波分复用技术。发送端采用 RGB 三色 LED 进行信号的发送，与基于空分复用的 OCC 系统不同的是，基于 WDM 的 OCC 系统 LED 需要采用 RGB LED，因为 RGB LED 的三色芯片被封装在同一个 LED 内，所以从接收端的角度来看，这些 RGB LED 芯片的图案在空间中无法分离，会被同一区域的像素阵列接收。

由于相机 Bayer 滤光片具有很宽的光谱透过率，若从 RGB 三路通道直接接收信号，则会使得信号在波长上有干扰，例如，当发送端仅使用绿光发送信号时如图 6-8 所示，IS 的红色和蓝色通道同样有信号输出，因此需要在接收到的三路并行信

号之后采用信号颜色解复用技术。

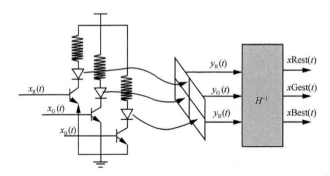

图 6-7　利用彩色相机实现波分复用技术

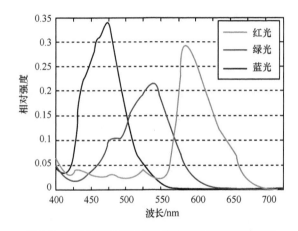

图 6-8　尼康 D5000 单反相机传感器的相对透过率曲线

这种基于彩色相机的波分复用技术可进一步在空分复用的基础上提高信号的频谱效率，进而从一个新的维度提高 OCC 的通信速率。

3. **高阶调制技术**

在使用空分复用、波分复用等技术的基础上，OCC 系统还可使用高阶调制技术来提高系统的频率利用率。得益于镜头结合 PD 阵列的接收模式，OCC 系统通常拥有非常高的信噪比，从而出现了一种名为 UQAMSM（Under-Sampled QAM Subcarrier Modulation）的调制方式，该方法结合空分复用和高阶调制，可实现高达 1 024-QAM 的复杂调制信号的传输。

图 6-9 所示为 UQAMSM 调制方式的发送端原理，可以看到左侧串行数据在经

过 M-QAM（M 为调制阶数）调制后得到了实部 $I(n)$ 和虚部 $Q(n)$ 两个并行数据流，再通过副载波（方波载波）的幅度调制即可生成两路无闪烁的已调信号 $I(t)$ 和 $Q(t)$。最终使用两个白光 LED 即可将 $I(t)$ 和 $Q(t)$ 发射给相机，接收端再通过基于 LED 亮度的解调方式进行信号还原。

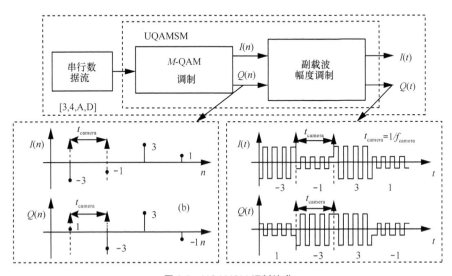

图 6-9　UQAMSM 调制技术

需要注意的是，该方案通过使用 LED 发送多亮度的符号来更有效地传输数据，由于相机通常会使用伽马函数对所采集的光信号进行非线性处理，因此，接收端所接收到的 LED 亮度的差异随着 LED 亮度的不同而不同。为了提高系统的可靠性，可在发送端信号发送前使用预失真技术或在接收端视频采集后使用后失真技术对信号进行非线性的补偿，从而实现误码性能的改善[9]。

6.1.5　OCC 应用场景

受视距传输和通信速率低等条件所限，OCC 系统远不如 RF 系统灵活。但由于使用相机作为接收器的 OCC 系统具有一些独有的特性，例如信号的空间分离、波长分离以及卷帘快门接收等特性，使得该系统可支持一些特有的功能，例如空分复用、波分复用，可从图片或视频内提取数字信息等。目前基于 LED 的照明、车辆、指示、显示光源已广泛布置[16-17]，再加上内置相机的智能终端的普及，OCC 技术在

智能交通[18-24]、室内定位等领域具有独特的应用潜力。

OCC 技术的其他应用还包括 LED 屏幕真实（虚拟）广告、增强现实等，在 LED 发光的同时，把相关的广告或者希望用户接收的数据信息发送给智能设备，从而可得到优惠广告或虚拟信息，进而提高人们的生活、娱乐水平。

可见光通信结合了射频无线通信的灵活性以及光通信的高速特性，具有广泛的应用前景，而使用相机作为接收器的可见光通信技术因不需对目前已有智能终端进行升级改造，很容易被用户接收并使用。但由于智能终端的内置相机帧率较低，信号若以相机帧率的速率等级发送出去，人眼可观察到信号闪烁，不适用于照明+通信应用。总之，OCC 技术是一种新型的可见光通信技术，虽然目前 OCC 技术有一系列未攻克的技术难题，但由于 OCC 技术相比传统基于 PD 的 VLC 技术具有自身优势，该技术有明显的应用优势及特殊应用场景。

6.2 可见光屏幕通信技术

屏幕通信是信息领域可见光通信技术和光感知技术交叉发展的科技方向，既有可见光通信高度定向、抗干扰能力强的特点，又因为接收设备具有接收有效面积大、设备对准简单等特点，使可见光通信具备了更加广阔的移动应用前景。相比于传统的射频及可见光通信器件，显示屏对光学镜头通信链路小巧且易于控制，因此近年来在国内外受到高度重视。

屏幕通信利用可见光信道通信，可很好地弥补上述射频通信的缺陷。可见光屏幕通信的特点概括如下：① 不占用频谱，利用可见光为媒介传输，不需许可证，可缓解无线频谱资源严重紧缺的问题。② 抗干扰能力强，可见光通信不会与射频通信之间的信号产生任何干扰，可在强电磁以及不能出现电磁干扰的环境下通信。③ 操作简单，不需匹配和人工操作，只要接收单元能接收到发送单元发出的光即可实现通信。④ 安全性高，光传输具有的方向性和极短的可视范围可以保证良好的通信安全性。

本节以空间位姿估计模型的建立分析和实验测试为依据，以改进携信编码方式、自定义帧结构以及内容预测等为主要手段，借助机器学习中深度学习的相关理论，展开可见光屏幕通信机制的讲解。因此，出现单次发光携信量大、速度快、可靠性强的携信编码方式和抗干扰能力强的自适应扫描解析机制，预测方法、机器学习相关理论的引入，主要包括：① 基本原理。②屏幕通信的特点及意义。

6.2.1　可见光屏幕通信的基本原理

1．近场传输屏幕空间位姿估计模型和自适应通信机理

可见光屏幕空间位姿估计模型的建立将结合发送单元与接收单元在运动情况下（包含横滚角、航偏角、俯仰角的改变）不同距离、不同功率时的具体条件。基于这些条件建立数学模型，针对可见光屏幕通信的应用场景，建立综合复杂因素的可见光屏幕通信的空间位姿估计模型，不仅包括角度、距离、功率，还包括背景噪声等影响因素。可见光屏幕通信模型如图 6-10 所示。

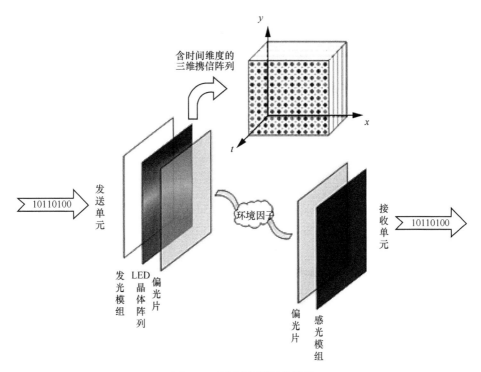

图 6-10　可见光屏幕通信模型

发送单元光源之外的光源是系统的主要噪声源，但噪声并不是影响本系统性能的最关键因素。发送和接收单元会有 3 个维度的转动变化，在实际测试中，发送单元和接收单元角度的变化通常是沿两个或 3 个方向角度的复合。无线通信信道的距

离也会对整个系统性能产生较大影响，距离过远，会导致通信失败。

关键技术：结合理论分析，计算机仿真方法，以图 6-10 所示可见光屏幕通信模型作为本项目的基础研究模型。根据外场的实验数据和计算机仿真的结果完善模型的参数，得到发送单元沿三轴单独旋转角度、复合旋转角度、发射功率、接收单元分辨率、通信速率、系统误码率等系统关键参数之间的关系，综合且定量分析这些效应对屏幕通信的影响程度，建立适用性强且逼真、可用的可见光屏幕通信空间位姿估计模型。

2. 携信编码

针对可见光屏幕通信机制，对比世界上流行的携信编码方案，采用字节编码方式。字节编码方式可以携带数字、字母、符号以及特殊格式等内容。目前较为流行的是 ISO-8859-1 单字节编码方式，但目前已有的编码方式并不是对 ISO-8859-1 的所有字节编码都支持，只是支持 0~255 范围内的字符。可以改进对单字节编码方式的支持，使其支持的范围更广，可以携带的内容更加丰富。

3. 接收单元扫描解析机制

针对可见光屏幕通信机制如图 6-11 所示，根据通信速率以及通信要求设计了如下两种方案：① 在非实时的高速率屏幕通信机制下，接收单元可以采用先录制完整携信阵列块并进行存储后，再转入后台解析的方案，此方案可以使用较小的缓存空间并且占用硬件资源较少。② 在实时的相对低速的屏幕通信机制下，解析要采用多级的内存缓存和多线程方式，此方案对设备复杂度要求较高。除此之外引入机器学习中的深度学习模型，通过训练来提高解析机制抗各种因素干扰的能力。

图 6-11　可见光屏幕通信机制

上述两种通信机制均在接收单元捕获解析过程中引入缓存方式，可以最大限度地提升整个屏幕通信系统的稳定性和抗干扰能力，但同时也会增加发送单元和接收单元的设备复杂度。为此，以屏幕通信模型为依据，可以研究高速率、大量数据以及长时间通信的环境下，针对不同屏幕通信机制的缓存方案。

在扫描机制上，基于可见光屏幕通信模型发射模块携信阵列特性，接收单元可以采取卷帘快门和全局快门两种方式进行扫描捕捉。全局快门曝光时间更短，但会增加接收单元捕获的噪点。卷帘快门可以达到更高帧率，但当捕捉的携信阵列变化较快时，可能会出现局部曝光等问题。

4. 接收单元预测方法

为进一步提高整个屏幕通信系统的稳定性，引入机器学习中的长短期记忆（Long Short Term Memory，LSTM）网络，这种网络是循环神经网络（RNN）的一种特殊结构，其对上下信息可以产生长期的依赖，通过在接收单元训练这个网络，若自定义的帧结构中的数据长度位和数据位产生了丢失或错误，可以最大限度地预测或修正解析后的信息。

LSTM 网络是一种特殊循环神经网络，可以解决 RNN 不能解决的长期依赖问题。与 RNN 不同，该网络利用输入门限层决定要丢弃或更新的值，保证每步状态中各个信息实时存在且为最新状态，可广泛应用于需要进行上下文相关预测的实验模型。当接收单元捕获的信息出现残缺时，LSTM 网络模型可发挥对上下文的预测能力，将接收信息补全，进而提高整个可见光屏幕通信系统的可靠性。LSTM 网络结构如图 6-12 所示。

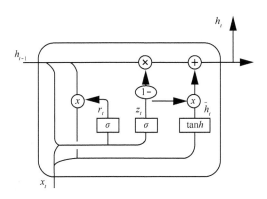

图 6-12　LSTM 网络结构

本技术对帧进行合理的结构定义，包含帧头、帧尾、数据位、数据类型标记位、同步位等。帧内的每一部分都将在整个屏幕通信的系统中扮演重要作用。因此，基于可见光屏幕通信机制和上述关键技术，针对提高整个可见光通信系统通信速率的问题，在解码后信息的基础上采用帧内预测、帧间预测进行优化。帧内预测是利用同一帧内信息相关性进行预测，帧间预测是利用邻近帧的信息预测当前帧内的信息。帧内和帧间预测都是利用深度学习中的 LSTM 网络，建立训练模型，进而预测文本上下文内容的方式。

同时采用卷积神经网络（CNN）实现接收单元对发送单元阵列信息的智能捕获。由于受到环境因素和人工扰动的影响，捕获的阵列信息的呈现形态复杂多样，因此可以通过训练 CNN 来建立智能识别的模型，进而逐步建立更加完善的映射网络。

在向前传播的过程中，每个卷积核与携信阵列的宽度和高度上的像素点进行卷积，输出一个二维平面，其被称为从该卷积核生成的特征图。在经过卷积层的多个特征提取后，池化层会将语义上类似的特征合并为一。全连接层将学到的"分布式特征表示"映射到样本标记空间中。CNN 具体结构如图 6-13 所示。

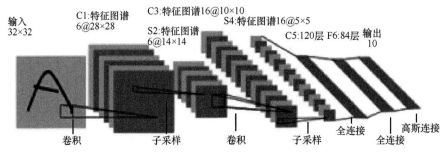

图 6-13　CNN 结构

5. 接收单元捕获校正算法

屏幕通信模型的发送单元为点光源阵列，发送单元和接收单元存在的角度旋转和距离变化可能会导致接收的帧无法恢复出原始信息，从而使系统的稳定性急速降低。因此，仅有上述所提的帧结构设计不足以确保系统的稳定性，需要采用相关的校正算法确保接收单元解析所得信息的完整性。

分析可见光屏幕通信中存在角度旋转和距离变化的情况，主要是由于通信过程中人体操控接收单元导致无法保证与发送单元间绝对的静止和平行，其次在很多不可抗拒的原因下，接收单元和发送单元的角度和距离都会产生一定程度的动态波动。由此可见，引入校正算法是保障通信系统稳定性的一种手段。SIFT 算法可以处理所获取的两个携信阵列间发生平移、旋转、仿射变换情况下的匹配问题，具有很强的匹配能力，但算法本身原因限制了处理速度，因此采用 SIFT 的演进算法——SURF

算法和空间位姿估计中的加权正交迭代算法进行辅助。

上述技术方法中，可见光屏幕携信及对其建立空间位姿估计模型是整个系统的理论基础，高效编/解码方案是保证屏幕通信稳定性、有效性及通用性必不可少的手段，自适应的捕获解析机制是为了进一步提高系统的稳定性，机器学习的引入以及预测和校正的相关方案，是为了提高整个通信系统的通信速率和适用性。各项关键技术具有紧密的内在联系，共同围绕整个通信系统而提出。

6.2.2　可见光屏幕通信的特点与意义

1. 多动态参量条件下屏幕通信空间位姿估计模型的创新

目前，针对屏幕通信空间位姿估计模型的研究方法都以静态为主，无法提供可见光屏幕通信系统设计和优化所需的基本理论研究模型。

本模型借鉴了相机位姿估计的算法，引入了距离、角度等动态参量，可以准确、实时地得到发送单元与接收单元之间的对应关系、相对状态。空间位姿估计模型可以为接收单元预测接收信息提供最基础的条件，有助于确定屏幕通信的最佳距离和最优角度。基于相机位姿估计算法模型的创新之外还体现了研究者可以通过该模型来设计具备特殊参数（如发送角度、相对距离等）的屏幕通信系统，将仿真结果用于试验平台的参数修正，推导出最适宜的可见光屏幕发射和接收方案。

2. 面向较高速率、可携带多种类型的可见光屏幕通信携信编码方式的创新

目前虽然已有研究机构对携信编码技术有了多方面的研究，但尚未提出一种完全针对可见光屏幕通信系统的、可以携带大量信息且速度快的携信编码方式。以较高速率、可携带多种类型的可见光屏幕通信携信编码为目标，将 QR 编码、多灰度级编码、彩色编码以及透明度编码等引入可见光屏幕通信，针对屏幕通信空间位姿估计模型的特点设计携信编码方式并仿真，来探索其中的规律。所设计的携信编码方式可以携带如文本、图片、音频、视频等类型的文件，同时引入了机器学习的卷积神经网络来减少或去除掉传统的纠错码字以及码字所组成的定位区域，最大限度地提升单帧的信息携带量，因此采用上述的携信编码方式可以提高整个屏幕通信的通信速率。这是可见光屏幕通信在编码方式、信号接收和处理方法上的创新设计和尝试。

3. 针对实时、非实时条件下可见光屏幕通信接收单元解析机制的创新

现有针对扫描解析机制的研究多为非实时情况，且抗干扰能力不理想，亟须提

高稳定性。

以建立实时以及非实时的可见光屏幕通信接收单元解析机制为目标，将屏幕通信中实时通信与非实时通信分开处理，引入了计算机学科领域的缓存理论和多线程处理方式。以空间位姿估计模型为基础，在实时通信的机制下，引入多级缓存和多线程的处理方式。在非实时通信的机制下，采用先录制后单线程或多线程的处理方式，提高了整个可见光屏幕通信的可靠性，同时提高了针对不同情况的系统自适应性。这是可见光屏幕通信在解析机制上的创新设计和尝试。

4. 机器学习辅助下的可见光屏幕通信信息内容预测方式的创新

首先，可见光屏幕通信信息预测方式的研究还未见报道。更重要的是引入了机器学习中深度学习的相关理论，使得系统更加智能、可靠。以建立可见光屏幕通信信息内容预测方式为目标，将机器学习中深度学习的相关理论和 LSTM 网络模型引入可见光屏幕通信，在空间位姿估计模型的基础上，通过仿真获取大量发送单元与接收单元的数据，将数据用于引入 LSTM 网络的训练和建立，LSTM 网络可以预测补全或修正解析出来的内容，因此提高了整个可见光屏幕通信系统的可靠性和智能化。这是可见光屏幕通信在解析后内容预测方式的创新设计和尝试。

| 6.3 移动中智能终端的可见光室内定位 |

本节以室内定位和可见光通信为背景，以提高定位系统的精确性和泛化性为目标，针对目前室内定位和相机通信中存在的问题[25]，提出了相应解决方案。

本部分将分为以下几点进行介绍：① 相机通信中的图像处理技术、图像 MIMO 技术和密集尺度不变特征变换图像特征提取算法[26-31]，以及机器学习技术，这些技术使整个相机通信系统和定位系统更加可靠和精准。② 基于以上技术，出现了基于接收信号强度[32,36]测距的可见光室内定位系统和基于接收信号特征测距[33]的可见光室内定位系统。

6.3.1 图像处理和机器学习在可见光室内定位中的应用

图像处理[34]，即计算机对拍摄出的图片进行处理，使图像更加便于被机器所理解。在数字化的时代下，相机拍摄得到的图像经过数字化后，形成一个或多个二维数组，而数字图像处理就是对该二维数组进行处理的过程。同时，人工智能的到来不仅改变了计算机和互联网领域，也对通信领域影响巨大。根据相机通信中接收信号为图像的特点，将图像处理技术与相机通信结合，同时将人工智能技术与定位系统相结合，使定位系统更加简洁、可靠。

1. **图像处理技术原理**

（1）图像 MIMO 技术原理

之前单反相机通信[35-38]中详细介绍过相机通信具有天然分集接收的这一特性，不同位置信号发射源发射的信息在接收后处于图像的不同位置上，然后利用图像识别和图像分割技术，就可以将不同信号源发送的信息实现分集接收。

连通域分析结果如图 6-14 和图 6-15 所示，图中两个亮点是两个不同的 LED 发射源，通过图像连通区域的分析，可以将两个 LED 在图像中两个亮点的位置标记。连通区域是在二值图像中位置相邻白色像素点组成的图像区域。连通区域分析有助于计算机找出图像中不同连通区域[39-42]，并对不同区域标记；同时可帮助计算机识别图像中物体的形状和边缘信息。连通区域分析算法通过将每行的白色像素识别出，查找重合区域，对不重合的连续白色像素区域标号。

图 6-14 识别接收到图像信号连通区域

图 6-15 识别出的连通区域进行二值化

对于识别出的连通区域，我们可以将该区域单独分割出来，进而实现分集接收。

（2）密集尺度不变特征变换的图像特征提取算法

梯度的概念：函数 $z = f(x,y)$ 在平面区域 D 内具有一阶连续偏导数，则对于每一个属于 D 的点 $P(x,y)$，都可定出一个向量，即

$$\frac{\partial f}{\partial x}\boldsymbol{i} + \frac{\partial f}{\partial y}\boldsymbol{j} \tag{6-1}$$

这个向量称为函数 $z = f(x,y)$ 在点 P 处的梯度，记为

$$\text{grad } f(x,y) = \frac{\partial f}{\partial x} \boldsymbol{i} + \frac{\partial f}{\partial y} \boldsymbol{j} \qquad (6\text{-}2)$$

图像中的梯度可以表示图像灰度的变化情况。梯度方向是函数 $f(x,y)$ 变化最快的。当图像的颜色或纹理变化快时，一般梯度大；当图像较平滑，即颜色或纹理变化慢时，相应的梯度也小，图像处理中把梯度的模简称为梯度，由图像梯度构成的图像成为梯度图像。

密集尺度不变特征变换是一种基于图像梯度的图像特征提取算法，是描述局部梯度特征的顽健描述符。在本节中，我们只使用密集尺度不变特征变换进行特征提取。对于每一个像素 $x = (x, y) \in I$，其邻域被分割为 4×4 单元阵列，梯度方向在每个单元中被量化为 8 个分量，导致每个像素被量化为 4×4×8 的 128 维向量。算法对每个像素执行这个操作[43-47]，那么每个像素都可以由 128 维向量表示。这是每个像素 SIFT 描述，被称为密集的 SIFT 特征。

2. 机器学习技术原理

目前，机器学习在图像识别、自然语言处理、信号处理、智能控制等方面都取得了广泛的应用。根据学习方式的不同，将机器学习分为三大类：监督学习、非监督学习和强化学习。目前人工神经网络在模式识别、自然语言处理和信号处理等方面都取得了巨大的突破，具有很强的处理非线性问题的能力，且学习能力和推广能力（泛化性）都十分不错。机器学习算法根据预测值是否连续又将算法分为回归方法和分类方法两类。在回归问题中，通常会预测一个连续值。我们可以使用机器学习算法，根据接收信号的特征来判断信号发射端与接收端之间的距离，这是典型的回归问题。在回归问题中，人工神经网络中的反向传播（BP）神经网络是最常用的算法之一，所以考虑使用 BP 神经网络。

BP 神经网络通过历史数据的训练，网络可以学习到数据中隐含的知识。BP 神经网络的主要特点是：信号前向传递，误差反向传播；通常由输入层、隐含层和输出层组成，层与层之间全互联，每层节点之间不相联。主要思路为使用机器学习的方法来拟合信号强度与传送距离之间的关系，并且可以在一定程度上消除发射源亮度不同对系统的影响，提高定位系统的适应性。

6.3.2 基于接收信号强度测距的可见光室内定位系统

结合前面的相机通信、图像处理及机器学习等关键技术，出现了基于接收信号强度测距的可见光定位系统，该定位系统利用相机通信实现信号的接收和发送，并由接收信号强度测距、水平定位算法和高度定位算法等模块实现了室内精准定位。

1. 基于接收信号强度测距的可见光室内定位系统结构

基于接收信号强度测距的可见光室内定位系统如图 6-16 所示。

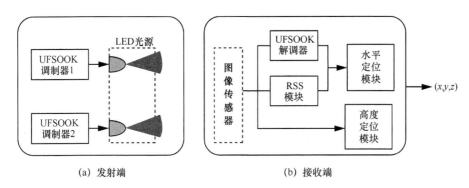

(a) 发射端   (b) 接收端

图 6-16 基于接收信号强度测距的定位系统

根据其功能，系统可分为 6 个模块。

发送端：使用单片机和可见光 LED 来实现信号发送的相关功能。具体为在单片机中预先设计调制编码的相关算法，使得单片机可以将自身位置坐标转换为 UFSOOK 调制波形，再结合相关控制电路和驱动电路使可见光 LED 发送对应的 UFSOOK 信号。

图像传感器：接收可见光 LED 发送的光信号，并将光信号转为图像信号，IS 通常集成在相机中，这里我们使用智能终端的前置摄像头来实现这一模块的对应功能。

UFSOOK 解调器：对于图像传感器所输出的图像信号进行与调制过程相反的解调，得到发送端可见光 LED 所发送的信息，即 LED 的坐标位置。

基于接收信号强度测距模块：根据图像信号中的灰度值测量出信号强度，输入到训练好的 BP 神经网络当中，网络可拟合接收信号强度与接收端发送端之间距离函数，可由图像信号强度计算得出参考点与定位点之间的距离。

高度定位模块：根据图像信号中两个光源的距离和图像传感器的物理焦距计算得出定位点到接收端的垂直高度，即定位点的高度坐标。

水平定位模块：图像定位算法可由图像信息中两光源的位置信息和接收端偏离光源的水平距离进行坐标定位及坐标筛选，定位接收端的水平位置坐标。

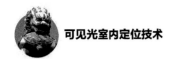
2. 高度定位算法

由前面可看出，通过图像定位算法，可以实现二维平面上的精准定位，但这种定位方式只局限在二维平面，不能实现三维立体定位，即无法测量出定位物体的高度信息，所以定位系统中需要高度定位模块来进行垂直方向的定位，即测量被定位物体的高度。

如图 6-17 所示，在室内定位区域中，上方两个 LED 灯分别为 A 和 B，A 和 B 的光线经过摄像头，最终形成图像 C 和 D，由于光线经过透镜的焦点可沿直线传播，三角形 AOB 和 COD 构成相似。

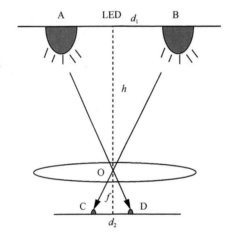

图 6-17　高度定位

已知 A 和 B 之间的距离为 d_1，f 为移动终端摄像头的物理焦距，该参数可通过查询相机参数获取，O 为焦点，d_2 为 A 和 B 被移动终端摄像头拍摄后在图片上的距离，图像像素点对应的实际大小由相机的图像传感器大小决定，该参数也可通过查询相机参数获得。

由 AOB、COD 构成的相似三角形，可得

$$\frac{d_1}{d_2} = \frac{h}{f} \tag{6-3}$$

移动终端距离 LED 灯的垂直高度为

$$h = \frac{d_1}{d_2} f \tag{6-4}$$

3. 基于接收信号强度测距算法

（1）距离损耗模型

对于朗伯型 LED，第 i 个 LED 灯与探测器之间的信道增益为 $H_i(0)$，其表达式为

$$H_i(0) = \begin{cases} \dfrac{(m+1)A_{\mathrm{R}}}{2\pi d_i^2}\cos^m(\varphi_i)T_s(\psi_i)g(\psi_i)\cos(\psi_i), & 0 \leqslant \psi_i \leqslant \Psi_c \\ 0, & \psi_i > \Psi_c \end{cases} \tag{6-5}$$

其中，m 为 LED 灯朗伯阶数，A_{R} 为探测器面积，d_i 为光源与接收端探测器之间的距离，φ_i 为发射角，ψ_i 为接收端的光信号入射角，Ψ_c 为探测器可接收的角度范围，$T_s(\psi_i)$ 是接收端滤光片透过率，$g(\psi_i)$ 是接收增益。由式(6-5)可知，接收端的信号强度与信号传送距离之间的关系为十分复杂的非线性关系，且受到发射角、接收角等很多因素的影响，于是距离测量模块的实现是一个难点，考虑使用机器学习算法来克服这一难点。

图 6-18 所示为可见光 LED 信号强度与距离之间的关系。

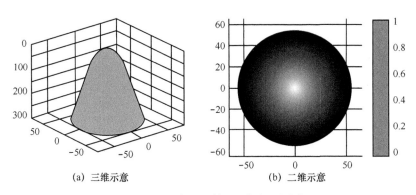

(a) 三维示意　　　　　　　　(b) 二维示意

图 6-18　可见光 LED 信号强度随距离变化

（2）信号强度的测定

在传统无线通信中，对于信号强度的测量主要是依靠测量接收信号的功率或幅度来确定接收信号的强度，然而这种测量方式并不适用于相机通信方式。这是因为相机通信接收到的信号经过图像传感器被处理成一张张的图片，每张图片代表一个比特的信息，图片并不能依靠传统的测量信号功率等方式来判断其强度。我们使用图片的灰度值来表示接收信号的强度。

由于在计算机视觉领域图像通常为由红色、绿色和蓝色 3 种颜色构成的彩色图片，如果使用 8 bit 对每个颜色进行量化（即每种颜色的取值范围为 0～255），那么每个像素点的值有 $255 \times 255 \times 255 = 16\ 581\ 375$ 种可能性，这样庞大的数值会使计算机在处理图片时因为计算量太大而导致计算速度太慢。于是在实际使用过程中，通常将彩色图片转换为灰度图片以减小图像处理过程中的计算量，从而提高图片处理效率。

灰度图像中只有一种颜色，即灰度，但是灰度图像仍然可以比较准确地反映图像中的颜色和纹理变化。彩色图像到灰度图像的转换方法为：将原彩色图像中红色、绿色和蓝色 3 种色彩的图像矩阵，根据一定的算法（如矩阵中对应元素求平均值），最终将图片转换为只有一种颜色的灰度图片。灰度图像中的颜色主要取决于对应像素点的亮暗，像素点越亮，则灰度值越高；像素点越暗，则灰度值越低。通常使用 8 bit 来对灰度值进行量化，于是有 $2^8 = 256$ 种灰度值，其中 255 表示最亮的白色，0 表示最暗的黑色。

因此，对于相机通信中的接收信号，接收到的信号越强，即 LED 亮度越高，拍摄出的图片越亮，其灰度值也越高；接收到的信号越弱，即 LED 亮度越低，拍摄出的图片越暗，其灰度值也越低。也就是说，图片灰度值可以很好地反映接收信号的强度，因此，可将接收到的图片中像素点灰度值作为接收信号的强度值。

（3）BP 神经网络的建模

基于 BP 神经网络的建模包括模型初始化、模型训练和模型预测 3 步。

① 模型初始化。

在可见光定位系统中，BP 神经网络可以根据输入信号强度计算得出发送端与接收端之间的距离。其本质是，BP 神经网络可以拟合出信号强度与发送端、接收端距离之间的函数关系，该函数的输入为信号强度，输出为发送端与接收端之间的距离。由于 BP 神经网络的函数映射能力取决于它的结构，而神经网络的输入层和输出层是与外界联系的接口，所以一般是由实际问题所决定的。因此，确定 BP 神经网络的隐含层及隐含层神经元的数目对其解决实际问题的能力影响很大。实验表明，BP 神经网络隐含层数越多，解决问题的能力越强，但是隐含层数目太多会造成网络收敛太慢，同时网络训练要求的数据量也会很大。同时实验表明隐含层具备 S 形激活函数，输出层具有线性激活函数的三层 BP 神经网络，只要满足隐含层节点数足够多的条件，经过训练就可使大多数具有复杂非线性输入与输出关系的函数达到任意精度的逼近。

因此，选取输入层是双曲正切 S 激活函数、隐含层是对数 S 形激活函数、输出层是线性激活函数的单隐含层的 BP 神经网络。

② BP 神经网络的训练。

为使 BP 神经网络能正常工作，首先要对其进行训练，使 BP 神经网络可以从历史数据中归纳出输入和输出之间的函数关系，进而解决实际问题。BP 神经网络的训练主要步骤如下。

步骤 1：初始化网络。确定网络的核心参数，如网络中各层的节点数、连接权重、偏置等，同时也要确定训练的学习率、次数和训练目标。

步骤 2：输入训练数据。训练数据经过 BP 神经网络后的输出与正确数据相比较，确定二者误差，然后沿着误差梯度下降最快的方向调整神经网络各层之间的连接权值和偏置。

步骤 3：反复迭代，重复步骤 2。直到神经网络输出的误差满足要求，训练停止。

③ BP 神经网络的预测。

这样训练好的神经网络模型就可依据接收信号强度判断发送端与接收端之间的距离。

4. 水平定位算法

（1）坐标定位单元

传统的基于强度测距的二维定位技术，通常采用三边定位法，而三边定位法要求同时接收 3 盏 LED 灯的信息，实际情况中移动终端的摄像头同时拍到 3 盏 LED 灯的情况较少，一旦用户开始高速移动，移动终端持续接收 3 盏灯的信息困难，因此三边定位法并不足以支撑接收端进行高速移动，在实际应用中有较大局限性。

于是产生了一种全新的基于图像处理的室内定位方法，该方法采用坐标定位的方法，仅需两盏 LED 灯即可实现定位。该定位方法更为灵活，很好利用相机通信的优点，且在一定情况下可以支持接收端的高速移动。将水平定位模块分为坐标定位单元和坐标筛选单元。

如图 6-19 所示，经过 BP 神经网络模型已获得两盏 LED 灯 A 和 B 的坐标，以及移动终端和 A、B 的水平距离。所述坐标定位单元通过以 A、B 为圆心，以 d_A、d_B 为半径的圆来计算坐标。两圆的交点为 P_1、P_2，接收端的坐标为 P_1、P_2 当中的

一个。P_1、P_2 满足式（6-6）。

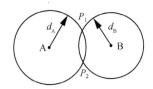

图 6-19 坐标定位

$$\begin{cases} (x - x_A)^2 + (y - y_A)^2 = d_A{}^2 \\ (x - x_B)^2 + (y - y_B)^2 = d_B{}^2 \end{cases} \tag{6-6}$$

根据坐标定位单元计算得出 P_1、P_2 坐标，然后坐标筛选单元需要筛选出正确的坐标。

（2）坐标筛选单元

以智能手机为例，使用手机前置摄像头拍摄的图片，左右调转，上下相对位置不变。在对发光 LED 的坐标进行排布时，规定由南向北纵坐标 y 值依次变大，由西向东横坐标 x 的值依次变大，并且假设 LED 的排布为正方形排布，相邻 LED 必然横坐标的值相同，纵坐标值不同；或者纵坐标值相同，横坐标值不同。

在定位过程中，假定移动接收端空间摆放位置为移动接收端的前端指向正北方向，反映到前置拍照摄像头拍摄出的图片中，也就是说，如果接收端水平位置处在两个发光 LED 的西侧，即接收端横坐标小于两个发光 LED 的横坐标时，摄像头拍摄的图片中两个发光 LED 位于图片中的左半部分；反之，如果接收端处在两个发光 LED 的东侧，即接收端横坐标大于两个发光 LED 时，图片中两个发光 LED 位于图片中的右半部分。当接收端处在两个发光 LED 的北侧或者南侧时，具有相似的原理。

根据上述这一特性，归纳如下坐标筛选算法。

步骤 1：以图片中心为原点建立直角坐标系。每一个像素点为一个单位，则图片各点的直角坐标易求。由于图片拍摄过程中会出现旋转等情况，所以直接使用直角坐标系进行计算较为复杂，具体实施时可将直角坐标系转换为极坐标系 (ρ, θ)。本系统使用极坐标系。

步骤 2：确定接收端的水平坐标。如图 6-20 和图 6-21 所示，这里假定实际坐标较大的 LED 在图片上夹角为 θ_1，实际坐标较小的 LED 在图片上夹角为 θ_2。P_1 点坐标为 (x_1, y_1)，P_2 点坐标为 (x_2, y_2)。设 $\Delta\theta = \theta_2 - \theta_1$，接收端坐标为 $M(x, y)$。

若 $0° < \Delta\theta < 180°$ 或 $\Delta\theta < -180°$，则有

$$x = \min(x_1, x_2)，\quad y = \min(y_1, y_2) \tag{6-7}$$

若 $\Delta\theta > 180°$ 或 $-180° < \Delta\theta < 0°$，则有

$$x = \min(x_1, x_2)，\quad y = \max(y_1, y_2) \tag{6-8}$$

即可得出接收端的坐标 $M(x,y)$。

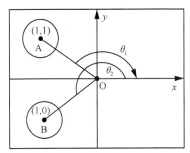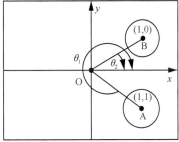

图 6-20　坐标筛选

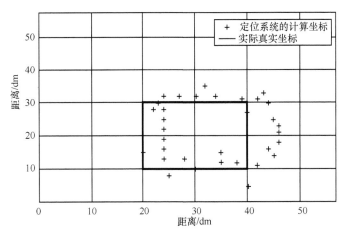

图 6-21　定位结果

结果如图 6-21 所示，可以看出，定位系统得出的坐标点与正确坐标的距离差为 5 cm 左右，相比于 GPS 的米量级定位精度和 Wi-Fi 定位系统分米量级的定位精度，有大幅提高。

但同时可以看出，图 6-23 中的定位坐标都有向右方偏移的趋势。这是由于可见光 LED 的生产批次不同，不同 LED 在相同电压的情况下，发光亮度并不完全一致，

发光亮度会有少许差别，而我们定位系统中的距离测量模块并不会根据不同发光 LED 而进行调整，这就导致最终测量出的距离会有少许误差，具体表现为：可见光 LED 发光亮度偏大，测量出的距离偏小；可见光 LED 发光亮度偏小，测量出的距离偏大。

基于信号强度的室内定位算法最终得出的定位坐标会向发光亮度偏大的 LED 偏移，由此可以看出，该定位系统存在一定的局限性。

6.3.3 基于接收信号特征测距的可见光室内定位系统

前面提出的基于接收信号强度测距的可见光定位系统具有自适应较差的缺陷，这使其在实际应用中有一定的局限性。为了改进基于 RSS 测距的可见光定位系统的局限性，出现了基于接收信号特征（RSF）测距的可见光定位系统。

1. 基于接收信号特征测距的可见光定位系统结构

基于接收信号特征测距的可见光定位系统结构如图 6-22 所示。

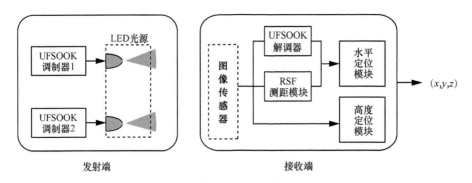

图 6-22　基于接收信号特征测距的可见光定位系统

基于 RSF 测距的可见光定位系统主要分为发送端、图像传感器、UFSOOK 解调器、基于接收信号特征测距模块、高度定位模块和水平定位模块。

定位系统的具体定位步骤如下。

步骤 1：发射端通过 UFSOOK 调制器让可见光 LED 发送带有位置信息的可见光信号。

步骤 2：接收端使用智能终端（如智能手机）的图像传感器进行接收，并将可见光信号转换为图像信号。

步骤 3：UFSOOK 解调器得出 LED 的位置坐标。

步骤 4：高度测量模块根据图像信号计算出接收端的高度坐标。

步骤 5：基于 RSF 测距模块根据接收到的信号特征来判断发射端到接收端之间的距离。

步骤 6：水平定位模块根据 LED 坐标和对应距离，计算得出接收端的平面坐标。

步骤 7：步骤 3 和步骤 4 输出的结果共同构成定位坐标，将定位坐标输出。

通过对上述定位算法实现的描述，对比基于 RSS 测距的可见光定位系统，基于 RSF 测距的可见光定位系统主要增加了基于接收信号特征测距模块，基于接收信号特征测距模块分为密集尺度不变特征变换算法和 BP 神经网络。密集尺度不变特征变换算法将图像提取为一个特征向量，相比图像灰度值表示的信号强度，该特征向量在测距中具有更好的准确性。密集尺度不变特征变换算法提取出的图像向量可以很好地代表不同距离下拍摄到的图像特征，因此，相比基于 RSS 测距算法，基于 RSF 测距算法可以更加准确地判断接收端到发射端之间的距离，从而大幅提高定位的准确度。

2. 基于 RSF 测距算法

图像定位算法在已知任意两个可见光 LED 的坐标以及接收端到对应 LED 的距离后，即可解出接收端的坐标位置，实现定位功能。而可见光 LED 会不停地发送自身坐标信息，接收端只需要将可见光 LED 发送的信息进行解调即可得到 LED 的坐标。因此，目前只要测量出接收端到发送端（对应的可见光 LED）之间的距离，就可以实现定位功能。而传统的基于到达时间等测距方法有着易受干扰、成本高等缺点，基于 RSS 测距的室内定位算法也存在自适应性差的局限性。为了解决上述问题，出现了基于 RSF 的测距算法。

在基于 RSF 测距的室内定位方法中，使用特征提取算法对图像信号进行特征提取，将图像信号提取为一个特征向量，该特征向量可以很好地代表接收到的信号，且该特征向量具有稳定、不易受到环境干扰等特点。基于 RSF 的测距算法的具体实现方法如下。

首先使用密集尺度不变特征变换的特征提取模块，密集尺度不变特征变换算法将图像每一个像素提取为一个 1×128 的向量，提取出的向量很好地反映了图像中灰度值的相对变化情况，相对于直接将图像灰度值相加来表示信号强度，图像中灰度值的相对变化情况可以更加客观地反映接收到的图像在不同距离下的区别，也就是

说密集尺度不变特征变换算法提取出的图像向量可以很好地代表不同距离下拍摄到的图像特征。

然后，用上述特征向量训练 BP 神经网络，特征向量去除原图像信号中与定位无关的冗余信息，使训练神经网络所需时间大幅减少，同时训练出的 BP 神经网络可以通过接收到的图像特征更加准确地判断接收端距离发射端之间的距离，从而大幅提高定位的准确度。

如图 6-23 所示，定位坐标偏移的问题得到了解决，定位精度进一步提高，定位系统变得更加可靠和精准。

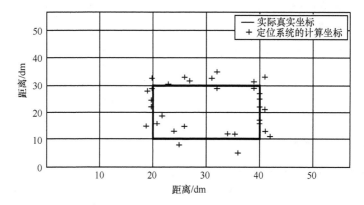

图 6-23　基于 RSF 测距的定位系统实验结果

随着互联网和智能终端的发展，人们对于信息传输速率和精确位置定位的需求越来越高，而可见光通信和相机通信可以很好地解决这些问题。同时针对前面产生的基于 RSS 测距的定位系统所具有的问题，结合相机通信图像信号的特点，并运用图像处理和机器学习等技术，对上述问题进行了改进。

6.4　基于视觉感知的可见光室内定位

6.4.1　编解码原理与方式

可见光室内定位必然需要多个 LED 灯，需要对这些灯进行区分，以获得位置信息。通过对 LED 灯进行编码，可以给不同的 LED 灯赋予不同的 ID。在定位时，根据 ID 信息即可获得对应 LED 灯的位置信息。接下来详细介绍基于视觉感知的可见光定位使用的编解码方式。

1. 编码原理

（1）编码要求

6.3 节相机通信已经提到关于卷帘快门的问题，所以当对 LED 编码时，会产生如图 6-24 所示的明暗条纹。

图 6-24　编码灯图像

提出的 VLP 方案使用 OOK 调制将编码码字转换成 LED 光信号。因为 LED 灯根据码字位的值选择开或关，所以照明亮度和稳定性受编码码字中 1 和 0 的分布影响。因此，为了在数据传输的同时不影响正常的照明需求，VLP 技术必须考虑闪烁和调光两个照明方面的限制。

为避免闪烁，亮度变化须落在最大闪烁时间段（MFTP）内，MFTP 定义为光强度可改变而不被人眼感知的最大时间段。通常，大于 200 Hz（MFTP<5 ms）认为不被人眼感知。但若码字中 0 或 1 有长连续，则 0 和 1 间实际切换频率降低。因此编码方案需要限制 0 和 1 连续长度，避免可能出现的闪烁。

照明的平均光强度由传输信号中 0 和 1 的比例决定。因此，在编码方案中，要控制 0 和 1 的比例，避免 LED 灯照明强度过低，影响正常的照明需求。

综上所述，编码方案主要考虑两方面的内容，一方面是编码码字中 0 和 1 的连续长度不能过长；另一方面是编码码字每一周期内的 1 所占比例要满足基本的照明需求。

（2）编码方案

基于编码要求，结合 VLP 方案的实际情况，产生了一种可扩展的编码方案。该编码方案由 12 位码字组成，如图 6-25 所示。

图 6-25　编码方案设计

前 3 位为同步位，由 3 个连续的 0 表示，表示一个周期开始。后面的 9 位由 6 个 1 和 3 个 0 组成，3 个 0 分为两组，一组是单独的 0，另一组是连续的双 0。将这两组插入 6 个 1 间隔的 5 个空隙中，并要求这两组不能相邻。共有 $A_5^2 = 20$ 种插入方式，因此可以表示 20 个不同的 ID。

该方案的最长连 0 为 3 位，最长连 1 为 4 位，在最大闪烁时间段内不会引起闪烁。一个周期内的 0 和 1 的比值为 1:1，平均光强度比例为 50%，可以满足基本的照明需求。编码方案的扩展性是指该方案可以通过增加每个周期的码字长度来增加可以表示的 ID 数量。例如，增加一个 1，编码长度就扩展到 13 位，此时可以表示的不同 ID 数量为 $A_6^2 = 30$ 种，且平均光强增加到 53.8%。一个周期内的码字越长，能表示的 ID 越多，平均光强度也越大。

（3）编码方案对比

IEEE 802.15.7 建议使用曼彻斯特编码，这是一个 1/2 比特码，将一个比特编码成两个码字，传输效率因此显著降低。在考虑同步位的情况下，当编码的周期长度相同时，曼彻斯特编码的传输效率低于我们的方案。

ITF 编码：在不考虑同步位的情况下其一个周期内最低码字长度为 14 位。虽然传输效率很高，14 位码字可以表示 100 种不同的融合，同时在避免闪烁和光强平均值两方面表现也很好，但其本身编码长度至少 14 位，再加同步位，意味着 LED 灯不能太小，否则无法表示出这么长的码字；同时考虑到 VLP 方案的主要使用场景为室内，LED 灯数量有限，ITF 编码方案每次扩展至少加 14 位，可以表示 10 000 种不同融合，实用性很低。

考虑传输效率、抗闪烁、平均光强度、扩展性 4 个方面，当前 VLP 方案中的编码方案是最合适的。

2. 解码原理

在 VLP 方案中，每一帧从相机获得一幅图像。通过调低相机的曝光时间，除 LED 灯外的其他物体由于曝光不足而消失，最终可以得到只有两个 LED 灯的图像。为提取原图像码字信息，需要对原图像进行数字图像处理，具体过程如图 6-26 所示。

① 对原图像进行阈值化，使原图像变为二值图像。有 3 个目的：第一，去除图像中可能出现的由于反光或其他情况产生的非 LED 灯部分的像素点；第二，使原图像中的明暗条纹对比更清晰，便于之后的解码；第三，只有二值图像可以进行形

态学变换，便于之后寻找 LED 灯轮廓。阈值化之后，二值图像中带有明暗条纹的部分如图 6-27 所示。

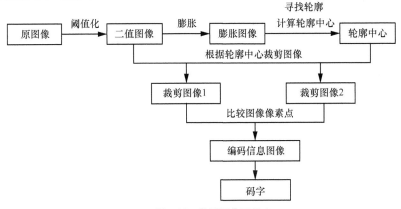

图 6-26　编码图像预处理

图 6-27　二值图像

② 对二值图像进行形态学变换中的膨胀操作，得到膨胀图像。在膨胀图像中只有两个连通区域，每个连通区域表示一个 LED 灯。

③ 在膨胀图像中寻找两个 LED 灯的轮廓并计算轮廓中心。

④ 在二值图像中，以两个 LED 灯轮廓中心为中心，裁剪两片同样大小的区域。计算两片区域中像素值不为 0 的像素点数量，像素点数量少的区域即为被调制的 LED 灯的图像。因为被调制的 LED 灯的图像是明暗条纹相间的，阈值化后暗条纹像素值为 0。

⑤ 计算被调制的 LED 灯的图像上每行像素灰度值和，当和值大于阈值时，认为本行是明条纹，码字为 1；当和值小于阈值时，认为本行是暗条纹，码字为 0。

得到这一帧的全部码字后，检验码字中是否有符合编码方案的码字周期，若有，

这个码字周期对应的 ID 包含这个 LED 灯的信息；若没有，就抛弃本帧图像计算。

6.4.2　图像校正

由于相机拍到的物体与现实世界中的物体具有一定映射关系，并且使用的相机对外界物体会有一定程度的畸变，这时图像校正将成为定位预处理中不可或缺的一环。

1. 相机标定

相机标定是用于寻找拍照得到的图片中物体与现实世界中物体的数学关系，以实现从相机获得的图像中测量出实际数据。对于单目相机，通过标定，可以求得以下矩阵。

① 外参数矩阵：描述现实世界中（世界坐标系）的点经过怎样的旋转和平移，从而可以用另一个坐标系（相机坐标系）上的位置来表示。

② 内参数矩阵：描述上述相机坐标系中的这个点，是如何通过相机的镜头，利用针孔成像和光电转化从而成为像素坐标系上的一个像素点的。

③ 畸变矩阵：解释了这个像素点为什么没有落在它本应该在的图像坐标系上的那个位置（经过理论计算得到），而是产生了一定的偏移和变形。

通过上述矩阵，可计算现实世界（世界坐标系）中的任何点在数字图像（像素坐标系）中像素点的位置。这里采用张氏标定法的原理计算上述 3 个矩阵。

对于双目相机，还可以求出结构参数。描述右相机是怎样相对于左相机经过旋转和平移到达现在的位置。通过结构参数，就能把左右相机获取的图像中每一个像素点之间的关系用数学语言定量描述。

首先了解 4 个坐标系，如图 6-28 所示。

像素坐标系与像平面坐标系之间的关系为

$$\begin{cases} u = \dfrac{x}{d_x} + u_0 \\ v = \dfrac{y}{d_y} + v_0 \end{cases} \tag{6-9}$$

其中，d_x、d_y 表示像素的尺寸，u_0、v_0 表示光轴与像平面的交点。

用齐次坐标与矩阵形式可表示为

$$\begin{bmatrix} u \\ v \\ 1 \end{bmatrix} = \begin{bmatrix} 1/d_x & 0 & u_0 \\ 0 & 1/d_y & v_0 \\ 0 & 0 & 1 \end{bmatrix} \begin{bmatrix} x \\ y \\ 1 \end{bmatrix} \tag{6-10}$$

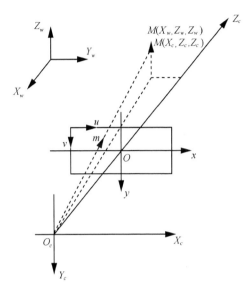

图 6-28　像素平面坐标系 (u, v)、像平面坐标系 (x, y)、

相机坐标系 (X_c, Y_c, Z_c)、世界坐标系 (X_w, Y_w, Z_w)

图中的 m 点就得到如下转换：$m(x, y) \rightarrow m(u, v)$。

在相机坐标系空间某点 $M(X_c, Z_c, Y_c)$ 与其在图像上投影 $m(x, y)$ 之间有如下比例关系。

$$\begin{cases} x = \dfrac{fX_c}{Z_c} \\[2mm] y = \dfrac{fY_c}{Z_c} \end{cases} \tag{6-11}$$

齐次坐标和矩阵形式可表示为

$$Z_c \begin{bmatrix} x \\ y \\ 1 \end{bmatrix} = \begin{bmatrix} f & 0 & 0 & 0 \\ 0 & f & 0 & 0 \\ 0 & 0 & 1 & 0 \end{bmatrix} \begin{bmatrix} X_c \\ Y_c \\ Z_c \\ 1 \end{bmatrix} \tag{6-12}$$

结合上面的像素平面坐标系与像平面的关系，可得空间点 M 与成像点 m 的像素坐标之间的变换关系为

$$
Z_c \begin{bmatrix} u \\ v \\ 1 \end{bmatrix} = \begin{bmatrix} 1/d_x & 0 & u_0 \\ 0 & 1/d_y & v_0 \\ 0 & 0 & 1 \end{bmatrix} \begin{bmatrix} f & 0 & 0 & 0 \\ 0 & f & 0 & 0 \\ 0 & 0 & 1 & 0 \end{bmatrix} \begin{bmatrix} X_c \\ Y_c \\ Z_c \\ 1 \end{bmatrix} = \begin{bmatrix} f/d_x & 0 & u_0 & 0 \\ 0 & f/d_y & v_0 & 0 \\ 0 & 0 & 1 & 0 \end{bmatrix} \begin{bmatrix} X_c \\ Y_c \\ Z_c \\ 1 \end{bmatrix} \quad (6\text{-}13)
$$

令 $\alpha = f/d_x , \beta = f/d_y$ 分别表示以 x 轴和 y 轴方向上的像素为单位表示的等效焦距。另外，在较高精度的相机模型中引入一个参数 $\gamma = \alpha \tan \theta$ ，表示在图像平面中以像素为单位的坐标轴倾斜程度的量度，角度表示相机 CCD 阵列的倾斜角度。

则式（6-13）可以改写为

$$
Z_c \begin{bmatrix} u \\ v \\ 1 \end{bmatrix} = \begin{bmatrix} \alpha & \gamma & u_0 & 0 \\ 0 & \beta & v_0 & 0 \\ 0 & 0 & 1 & 0 \end{bmatrix} \begin{bmatrix} X_c \\ Y_c \\ Z_c \\ 1 \end{bmatrix} \quad (6\text{-}14)
$$

式（6-14）中的 5 个参数表示相机内参数。

世界坐标系中的点到相机坐标系的变换过程可由一个旋转变换矩阵 $\boldsymbol{R}$ 和一个平移变量 t 来描述。设空间中某点在世界坐标系和相机坐标系下的齐次坐标分别是 $[X_w, Y_w, Z_w, 1]^{\mathrm{T}}$ 和 $[X_c, Y_c, Z_c, 1]^{\mathrm{T}}$ ，这样就存在以下关系。

$$
\begin{bmatrix} X_c \\ Y_c \\ Z_c \\ 1 \end{bmatrix} = \begin{bmatrix} \boldsymbol{R} & \boldsymbol{t} \\ \boldsymbol{0}^{\mathrm{T}} & 1 \end{bmatrix} \begin{bmatrix} X_w \\ Y_w \\ Z_w \\ 1 \end{bmatrix} = \begin{bmatrix} r_{11} & r_{12} & r_{13} & t_1 \\ r_{21} & r_{22} & r_{23} & t_2 \\ r_{31} & r_{32} & r_{33} & t_3 \\ 0 & 0 & 0 & 1 \end{bmatrix} \begin{bmatrix} X_w \\ Y_w \\ Z_w \\ 1 \end{bmatrix} \quad (6\text{-}15)
$$

其中，$\boldsymbol{R}$ 为 3×3 正交旋转矩阵，t 为三维平移向量，$\boldsymbol{0} = [0,0,0]^{\mathrm{T}}$ 。

上述关系表示世界坐标系中点 M 先做旋转再做平移，变换至相机坐标系。

$\boldsymbol{t} = [t_x, t_y, t_z]^{\mathrm{T}}$ 即世界坐标系原点在相机坐标系中的坐标。正交旋转矩阵 $\boldsymbol{R}$ 是光轴相对于世界坐标系坐标轴的方向余弦融合，可用 3 个欧拉角 ϕ（绕 X_w 轴旋转），θ（绕 Y_w 轴旋转），ψ（绕 Z_w 轴旋转）来表示，如果空间点 M 的旋转运动经由绕 X_w、Y_w、Z_w 轴先后次序的 3 次旋转实现，则 $\boldsymbol{R}$ 可以表示为

$$R = \begin{bmatrix} \cos\psi\cos\theta & \cos\psi\sin\theta\sin\varphi - \sin\psi\cos\varphi & \cos\psi\sin\theta\cos\varphi + \sin\psi\sin\varphi \\ sin\psi\cos\theta & \sin\psi\sin\theta\sin\varphi + \cos\psi\cos\varphi & \sin\psi\sin\theta\cos\varphi - \cos\psi\sin\varphi \\ -\sin\theta & \cos\theta\sin\varphi & \cos\theta\cos\varphi \end{bmatrix}$$

$$(6\text{-}16)$$

平移向量中 3 个平移量加上旋转矩阵的 3 个旋转角度共 6 个参数，也称为 6 自由度，决定相机光轴在世界坐标系中的空间位置和取向。这 6 个参数就是相机的外部参数。

这样，空间中点 M 在像素坐标系上的点的关系为

$$Z_c \begin{bmatrix} u \\ v \\ 1 \end{bmatrix} = \begin{bmatrix} \alpha & \gamma & u_0 & 0 \\ 0 & \beta & v_0 & 0 \\ 0 & 0 & 1 & 0 \end{bmatrix} \begin{bmatrix} R & t \\ \mathbf{0}^{\mathrm{T}} & 1 \end{bmatrix} \begin{bmatrix} X_w \\ Y_w \\ Z_w \\ 1 \end{bmatrix} = \begin{bmatrix} \alpha & \gamma & u_0 \\ 0 & \beta & v_0 \\ 0 & 0 & 1 \end{bmatrix} \begin{bmatrix} R & t \end{bmatrix} \begin{bmatrix} X_w \\ Y_w \\ Z_w \\ 1 \end{bmatrix} \qquad (6\text{-}17)$$

可简写成 $s\widetilde{m} = A[R,t]\widetilde{M} = P\widetilde{M}$，其中，$\widetilde{M} = [X_w, Y_w, Z_w, 1]^{\mathrm{T}}$ 和 $\widetilde{m} = [u, v, 1]^{\mathrm{T}}$ 分别是空间点和像素点的齐次坐标，s 为一尺度因子，$[R, t]$ 称为外部参数矩阵，A 称为内部参数矩阵。

$$A = \begin{bmatrix} \alpha & \gamma & u_0 \\ 0 & \beta & v_0 \\ 0 & 0 & 1 \end{bmatrix} = \begin{bmatrix} f_x & \gamma & c_x \\ 0 & f_y & c_y \\ 0 & 0 & 1 \end{bmatrix} \qquad (6\text{-}18)$$

$P = A[R, t]$ 为 3×4 不可逆矩阵，称为投影矩阵。

可见，如果已知相机的内外参数，就可以确定投影矩阵 P。对于空间的任何点 M，如果已知它的坐标 $\widetilde{M} = [X_w, Y_w, Z_w, 1]^{\mathrm{T}}$，就可以求出对应像点 m 在图像上的位置 (u, v)。反之，如果已知空间点 M 的像点位置 (u, v)，即使已知内外参数也不能确定点 M 的三维坐标。这是由于矩阵 P 的不可逆性，因为有尺度因子 s 存在。

对于如何具体求解矩阵在此不做详细讨论。

2. 求解畸变矩阵

相机成像的原理与小孔成像相同，但是如果使用针孔来成像，由于通过针孔的光线少，相机曝光太慢，在实际应用中均采用透镜，可以使图像生成更加迅速，但代价是引入了畸变。有两种畸变对投影图像影响较大，分别为径向畸变和切向畸变。如图 6-29 所示，dr 为径向畸变，dt 为切向畸变。

通过求解畸变参数，可以对相机物理特性进行一种"近似"。畸变参数对点的

影响是已知的，可以表示为

$$x' = x\frac{1 + k_1r^2 + k_2r^4 + k_3r^6}{1 + k_4r^2 + k_5r^4 + k_6r^6} + 2p_1x'y' + p_2(r^2 + 2x_2'^2) \tag{6-19}$$

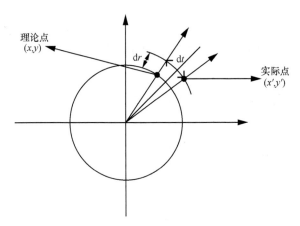

图 6-29　径向畸变和切向畸变

$$y' = y\frac{1 + k_1r^2 + k_2r^4 + k_3r^6}{1 + k_4r^2 + k_5r^4 + k_6r^6} + 2p_2x'y' + p_1(r^2 + 2y_2'^2) \tag{6-20}$$

$$r^2 = x^2 + y^2 \tag{6-21}$$

其中，x、y 为实际得到的点坐标，x'、y' 为理论上的点坐标，k_1、k_2、k_3、k_4、k_5、k_6 为径向畸变参数，p_1、p_2 为切向畸变参数。在标定时，通过已知的实际点和理论点，来计算畸变参数。之后，再用畸变参数来校正以后获得的图像。

（1）径向畸变

对某些透镜，光线在远离透镜中心的地方比靠近中心的地方更加弯曲，导致图像产生桶形畸变和枕形畸变，如图 6-30 所示。

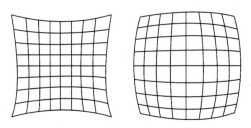

图 6-30　桶形畸变和枕形畸变

大多数情况下，对径向畸变参数只考虑其前两阶 k_1、k_2，如果使用了鱼眼镜头等会造成非常大畸变的镜头，会考虑第三阶 k_3。那么径向畸变可以通过式（6-22）、式（6-23）校正。

$$x_{\text{corrected}} = x(1 + k_1 r^2 + k_2 r^4 + k_3 r^6) \tag{6-22}$$

$$y_{\text{corrected}} = y(1 + k_1 r^2 + k_2 r^4 + k_3 r^6) \tag{6-23}$$

从另一个角度说，如果知道了实际坐标点和理论坐标点，就可以反解出径向畸变参数的值。

（2）切向畸变

切向畸变是由于安装工艺导致透镜不完全平行于图像平面导致的如图 6-31 所示。

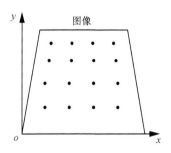

图 6-31　切向畸变

切向畸变可以通过式（6-24）、式（6-25）纠正。

$$x_{\text{corrected}} = x + \left[2p_1 xy + p_2(r^2 + 2x^2) \right] \tag{6-24}$$

$$y_{\text{corrected}} = y + \left[2p_2 xy + p_1(r^2 + 2y^2) \right] \tag{6-25}$$

与径向畸变一样，先在标定中利用最小二乘法求出切向畸变参数的最优解。

（3）畸变参数优化

之前求得的内外参矩阵是在不考虑相机畸变的情况下求得的，为了使标定能得到考虑径向畸变的内外参矩阵，需要把刚才求得的畸变参数，和理想无畸变条件下的内外参矩阵一起，进行极大似然估计，也就是求式（6-26）的最小值（LM 算法）。

$$\sum_{i=1}^{n} \sum_{j=1}^{m} \left\| \left(m_{(A, k_1, k_2, R_i, t_i, M_{ij})} - m_{ij} \right) \right\|^2 \tag{6-26}$$

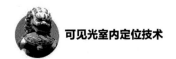
最终就得到了考虑径向畸变时的相机参数。

（4）畸变校正

在考虑径向畸变和切向畸变的情况下，可以通过计算得到一个 5 维的畸变向量 $\boldsymbol{D}$。

$$D = \begin{bmatrix} k_1, k_2, k_3, p_1, p_2 \end{bmatrix} \tag{6-27}$$

在得到相机内参 $\boldsymbol{A}$、外参 $[\boldsymbol{R}|\boldsymbol{t}]$ 和畸变参数 $\boldsymbol{D}$ 之后，就可以对相机拍摄的任意一张图片进行校正。注意，这里说的校正，是对因为一些误差导致像素点位置的误差所做的修改。

6.4.3 距离计算

1. 双目立体视觉

双目立体视觉理论建立在对人类视觉系统研究的基础上，通过双目立体图像的处理，获取场景的三维信息，其结果可以深度图的形式展现，再经过进一步处理就可以得到三维空间中的景物，实现二维图像到三维空间的重构。深度信息的获取分以下两步进行：① 在双目立体图像间建立点对应，其原理是对极几何。② 根据对应点的视差计算出深度，即双目测距算法。

（1）对极几何

在使用针孔模型成像时，会损失一些信息，比如图像的深度，也就是图像上的点到相机的距离，因为这是一个 3D 到 2D 的转换。那么我们如何才能得到这个深度信息？答案是使用多个相机，就如同人的眼睛一样。使用两个相机的做法称为立体视觉。

使用立体视觉之前，首先要了解对极几何的概念。图 6-32 是使用两台相机同时对一个场景进行拍摄。

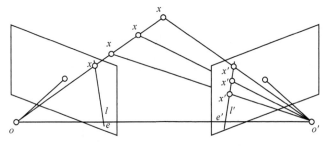

图 6-32　两台相机对同一场景拍摄

如果只是使用一台相机，不可能知道 3D 空间中的 x 点到图像平面的距离，因为 ox 连线上的每个点投影到图像平面上的点都是相同的。但是如果考虑上右侧图像的话，直线 ox 上的点将投影到右侧图像上的不同位置。因此根据这两幅图像，就可以使用三角测量法计算出 3D 空间中点到相机的距离（深度）。

　　直线 ox 上的不同点投射到右侧图像上形成的线 l' 被称为与 x 点对应的极线。也就是说，可以在右侧图像中沿着这条极线找到 x 点。这被称为对极约束或极线约束。与此相同，所有的点在其他图像中都有与之对应的极线。平面 xoo' 被称为对极平面。

　　o 和 o' 是相机的中心。从图 6-32 可以看出，右侧相机的中心 O' 投影到左侧图像平面的 e 点，这个点就被称为极点。极点就是相机中心连线与图像平面的交点。因此点 e' 是侧相机的极点。有些情况下，可能在图像中无法找到极点，它们可能落在图像之外（这说明这两个相机无法拍摄到彼此）。所有的极线都要经过极点。因此，为找到极点位置，可先找到多条极线，这些极线的交点就是极点。

　　（2）双目测距算法

　　双目测距算法就是对极几何的应用。使用双摄像头就可以获取空间中某点的三维坐标信息，原理如图 6-33 所示。

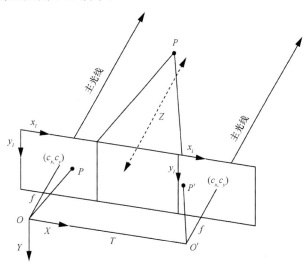

图 6-33　立体视觉定位原理

　　O 和 O' 是相机中心，T 是相机之间的距离，p 和 p' 是世界中的一点 P 在两个相机平面上的投影点，也表示两个点在各自图像平面的坐标信息，f 是相机的焦距，Z 是想要得到的深度信息。

根据三角形相似的原理，可以得到

$$p - p' = \frac{Tf}{Z} \tag{6-28}$$

得到的 Z 与 T 的量纲相同。

实际的坐标计算利用的都是相似三角形的原理，其表达式如矩阵 $\boldsymbol{Q}$ 所示。

$$\boldsymbol{Q} = \begin{bmatrix} 1 & 0 & 0 & -c_x \\ 0 & 1 & 0 & -c_y \\ 0 & 0 & 0 & f \\ 0 & 0 & \dfrac{-1}{T_x} & \dfrac{c_x - c_x'}{T_x} \end{bmatrix} \tag{6-29}$$

$$\boldsymbol{Q} \begin{bmatrix} x \\ y \\ d \\ 1 \end{bmatrix} = \begin{bmatrix} x - c_x \\ y - c_y \\ f \\ \dfrac{-d + c_x - c_x'}{T_x} \end{bmatrix} = \begin{bmatrix} X \\ Y \\ Z \\ W \end{bmatrix} \Rightarrow Z = \frac{-T_x f}{d - (c_x - c_x')} \tag{6-30}$$

空间中某点的三维坐标就是 $\left(\dfrac{X}{W}, \dfrac{Y}{W}, \dfrac{Z}{W} \right)$。

因此，为精确地求得某个点在三维空间的距离，需要获得的参数有焦距 f，视差 $d=x-x'$，摄像头中心距 T，如果还要获得 X 坐标和 Y 坐标，那么还需要额外知道左右像平面的坐标系与立体坐标系中原点的偏移 c_x、c_y。其中 f、T、c_x、c_y 可以通过立体标定获得初始值，并通过立体校准优化，使两个摄像头在数学上完全平行放置，并且左右摄像头的 c_x、c_y、f 都相同。而立体匹配所做的就是在之前的基础上，求取最后一个变量视差 d。从而最终完成求一个点三维坐标所需要的准备工作。

2. 立体匹配

图像匹配是立体视觉系统的核心，是建立图像的像素点间的对应关系从而计算视差的重要手段。其算法主要是通过建立一个能量代价函数，通过此能量代价函数最小化来估计像素点视差值。其实质就是一个最优化求解问题，通过建立合理的能量函数，增加一些约束，采用最优化理论的方法进行方程求解。

图像匹配主要可以分为以灰度为基础的匹配和以特征为基础的匹配。

首先对图像进行预处理来提取其高层次的特征，然后建立两幅图像之间特征的匹配对应关系，通常使用的特征基元有点特征、边缘特征和区域特征。特征匹配需要用到许多诸如矩阵的运算、梯度的求解、还有傅里叶变化和泰勒展开等数学运算。

灰度匹配与特征匹配的区别在于：灰度匹配是基于像素的，特征匹配是基于区域的，特征匹配在考虑像素灰度的同时还应考虑如空间的整体特征、空间关系等。

考虑到 VLP 方案中的信标物体 LED 灯不存在太多特征，因此使用灰度匹配的方式。

（1）获取待匹配点

观察信标物体的成像，可以看出其包含的物理特征很少，受光强的影响很大。光强在成像中的体现就是灰度值的变化。

首先用轮廓提取方式，找到信标物体在像中大概位置，将区域截图，以减小计算量。距离发光点越远的地方，灰度值明显降低，用这样的区域来进行灰度匹配效果更好。因此，在左相机成像的截图区域中，进行边缘检测，即可以获得图像上灰度值变化最明显的一片区域。截图和边缘检测结果如图 6-34 所示。

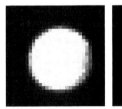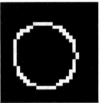

图 6-34　LED 灯图像及其边缘检测结果

从边缘中任选若干个点作为待匹配点，得到它们所在的行数和列数。根据对极几何的原理可知，同一点在左右相机的成像中必然在同一极线上，因此只需要在右相机成像的同一行上做灰度匹配即可，减少了计算量。

（2）灰度匹配算法

常用的灰度匹配算法有如下几种。

① 平均绝对差（Mean Absolute Difference，MAD）算法。

设 $S(x, y)$ 是大小为 $m \times n$ 的搜索图像，$T(x, y)$ 是 $M \times N$ 的模版图像，在搜索图中，以 (i, j) 为左上角，取 $M \times N$ 大小的子图，计算其与模版的相似度。遍历整个搜索图，在所有能够取到的子图中，找到与模版图最相似的子图作为最终匹配结果。

其相似性测度表达式如式（6-31）所示。显然，平均绝对差 $D(i,j)$ 越小，表明越相似，因此只要找到最小的 $D(i,j)$ 即可确定能匹配的子图位置。

$$D(i,j) = \frac{1}{MN} \sum_{s=1}^{M} \sum_{t=1}^{N} |S(i+s-1, j+t-1) - T(s,t)| \tag{6-31}$$

该算法优势在于思路简单，易于理解，匹配精度高。缺点在于运算量偏大，对噪声非常敏感。

② 绝对误差和（Sum of Absolute Difference，SAD）算法。

SAD 算法与 MAD 算法思路基本一致，只是相似性测度有一点改动。

$$D(i,j) = \sum_{s=1}^{M} \sum_{t=1}^{N} |S(i+s-1, j+t-1) - |T(s,t)| \tag{6-32}$$

③ 误差平方和（Sum of Squared Differences，SSD）算法。

SSD 算法与 SAD 算法思路基本一致，只是相似性测度有一点改动。

$$D(i,j) = \sum_{s=1}^{M} \sum_{t=1}^{N} [S(i+s-1, j+t-1) - T(s,t)]^2 \tag{6-33}$$

④ 平均误差平方和（Mean Squared Differences，MSD）算法。

$$D(i,j) = \frac{1}{MN} \sum_{s=1}^{M} \sum_{t=1}^{N} [S(i+s-1, j+t-1) - T(s,t)]^2 \tag{6-34}$$

⑤ 归一化积相关（Normalized Cross Correlation，NCC）算法。

利用子图与模版图的灰度，通过归一化相关性度量表达式来计算二者之间的匹配程度。

$$R(i,j) = \frac{\sum_{s=1}^{M} \sum_{t=1}^{N} |S^{i,j}(s,t) - E(S^{i,j})||T(s,t) - E(T)|}{\sqrt{\sum_{s=1}^{M} \sum_{t=1}^{N} [S^{i,j}(s,t) - E(S^{i,j})]^2 \sum_{s=1}^{M} \sum_{t=1}^{N} [T(s,t) - E(T)]^2}} \tag{6-35}$$

其中，$E(S^{i,j})$、$E(T)$ 分别表示(i,j)处子图和模版的平均灰度值。

6.4.4 方向计算

在相机成像中，有两个可以区分出来的轮廓，表示两个 LED 灯。在现实中，如果以带有编码的 LED 灯作为原点，带有编码的 LED 灯指向普通 LED 灯的方向为 x 轴正方向，根据右手定则可以得到一个二维平面坐标系，假设为 O。在图像中，带有编码的 LED 灯的图案轮廓中心作为原点，从带有编码的 LED 灯的图案轮廓中心指向普通 LED

灯轮廓中心的方向作为 x' 轴正方向，根据右手定则也可以得到一个二维平面坐标系，假设为 O'。根据 O 和 O' 的关系，即可计算出相机当前的方向，如图 6-35 所示。

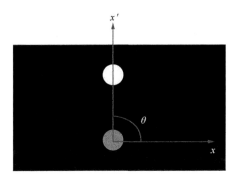

图 6-35　x 轴与 x' 轴的夹角就是相机的旋转角度

| 6.5　本章小结 |

本章主要围绕不同种类的相机通信和基于相机通信的可见光室内定位技术进行了一定程度的介绍。首先介绍了不同种类的相机通信技术，包括普通相机通信和可见光屏幕通信以及它们的应用场景；其次又介绍了基于相机通信技术发展出来的两种定位技术，即移动中智能终端的可见光定位以及基于视觉感知的可见光室内定位。可以说相机通信技术与可见光定位技术相辅相成。望本章对读者能有一定启发作用。

| 参考文献 |

[1] JOVICIC A, LI J, RICHARDSON T. Visible light communication: opportunities, challenges and the path to market[J]. Communications Magazine, IEEE, 2013, 51(12): 26-32.

[2] GROBE L, PARASKEVOPOULOS A, HILT J, et al. High-speed visible light communication systems[J]. Communications Magazine, 2013, 51(12): 60-6.

[3] GHASSEMLOOY Z, POPOOLA W, RAJBHANDARI S. Optical wireless communications: system and channel modelling with MATLAB®[M]. Boca Raton: CRC Press, 2012.

[4] CCD and CMOS cameras operation manual and SDK[EB]. 2014.

[5] Field of View (FOV) of cameras in iOS devices[EB]. 2016.

[6] HU P, PATHAK P H, FENG X, et al. ColorBars: increasing data rate of LED-to-camera

communication using color shift keying[C]//Proceedings of the ACM International Conference on Emergeing Networking and Experiments and Technilogies, December 9-12, 2015, Heidelberg, Germany. New York: ACM Press. 2015.

[7] YANG Z, WANG Z, ZHANG J, et al. Wearables can afford: Light-weight indoor positioning with visible light[C]//Proceedings of the 13th Annual International Conference on Mobile Systems, Applications, and Services, May 18-22, 2015, Florence, Italy. New York: ACM Press, 2015.

[8] DANAKIS C, AFGANI M, POVEY G, et al. Using a CMOS camera sensor for visible light communication[C]// Proceedings of the Globecom Workshops (GC Wkshps), December 3-7, 2012, Anaheim, CA. Piscataway: IEEE Press, 2012.

[9] LUO P, ZHANG M, GHASSEMLOOY Z, et al. Experimental demonstration of a 1024-QAM optical camera communication system[J]. IEEE Photonics Technology Letters, 2016, 28(2): 139-142.

[10] LUO P, ZHANG M, GHASSEMLOOY Z, et al. Experimental demonstration of RGB LED-based optical camera communications[J]. IEEE Photonics Journal, 2015, 7(5): 1-12.

[11] ROBERTS R D. A MIMO protocol for camera communications (CamCom) using undersampled frequency shift on-off keying (UFSOOK)[C]//Proceedings of the Globecom Workshops (GC Wkshps), December 9-13, 2013, Atlanta, USA. Piscataway: IEEE Press, 2013.

[12] Canon[EB]. 2004.

[13] SCHÖBERL M, BRÜCKNER A, FOESSEL S, et al. Photometric limits for digital camera systems[J]. ELECTIM, 2012, 21(2): 1-3.

[14] LUO P, GHASSEMLOOY Z, MINH H L, et al. Undersampled phase shift on-off keying for camera communication[C]// Proceedings of the Wireless Communications and Signal Processing (WCSP), October 23-25, 2014, Hefei, China. Piscataway: IEEE Press, 2014.

[15] ROBERTS R D. Undersampled frequency shift ON-OFF keying (UFSOOK) for camera communications (CamCom)[C]//Proceedings of the Wireless and Optical Communication Conference (WOCC), December 9-13, 2013, Atlanta, USA. Piscataway: IEEE Press, 2013.

[16] BONGIORNO D L, BRYSON M, DANSEREAU D G, et al. Spectral characterization of COTS RGB cameras using a linear variable edge filter[C]//Proceedings of the IS&T/SPIE Electronic Imaging, February 4, 2013, Burlingame, United States. Piscataway: IEEE Press, 2013.

[17] ARMSTRONG J, SEKERCIOGLU Y A, NEILD A. Visible light positioning: a roadmap for international standardization[J]. IEEE Communications Magazine, 2013, 51(12): 68-73.

[18] PAPADIMITRATOS P, LA F A, EVENSSEN K, et al. Vehicular communication systems: Enabling technologies, applications, and future outlook on intelligent transportation[J]. IEEE Communications Magazine, 2009, 47(11): 84-95.

[19] BAI F, STANCIL D D, KRISHNAN H. Toward understanding characteristics of dedicated short range communications (DSRC) from aperspective of vehicular network engineers [C]// Proceedings of the sixteenth annual international conference on Mobile computing and networking, September 20-24, 2010, Chicago, USA. New York: ACM Press, 2010.

[20] LUO P, GHASSEMLOOY Z, HOA LE M, et al. Experimental demonstration of an indoor visible light communication positioning system using dual-tone multi-frequency technique[C]//Proceedings of the Optical Wireless Communications (IWOW), September 17, 2014, Funchal, Portugal. Piscataway: IEEE Press, 2014.

[21] YOU S H, CHANG S H, LIN H M, et al. Visible light communications for scooter safety[C]// Proceeding of the 11th annual international conference on Mobile systems, applications, and services, June 25-28, 2013, Taipei, China. New York: ACM Press, 2013.

[22] AGARWAL A, LITTLE T D C. Role of directional wireless communication in vehicular networks[C]//Proceedings of the 2010 IEEE Intelligent Vehicles Symposium, June 21-24, 2010, La Jolla, United States. Piscataway: IEEE Press, 2010.

[23] JI P, TSAI H M, WANG C, et al. Vehicular visible light communications with LED taillight and rolling shutter camera[C]// Proceedings of the IEEE Vehicular Technology Conference, May 18-21, 2014, Seoul, South Korea. Piscataway: IEEE Press, 2014.

[24] YAMAZATO T, TAKAI I, OKADA H, et al. Image-sensor-based visible light communication for automotive applications[J]. IEEE Communications Magazine, 2014, 52(7): 88-97.

[25] FAN K, KOMINE T, TANAKA Y, et al. The effect of reflection on indoor visible light communication system utilizing white LEDs[C]//Proceedings of the 5th International Symposium on Wireless Personal Multimedia Communications (WPMC,02), October 27-30, 2002, Honolulu, USA. Piscataway: IEEE Press, 2002: 611-615.

[26] AZHAR A H, TRAN T A, O'BRIEN D. Demonstration of high-speed data transmission using MIMO-OFDM visible light communications[C]//Proceedings of the 2010 IEEE Globecom Workshop on Optical Wireless Communications (OWC' 10), December 6-10, 2010, Miami, USA. Piscataway: IEEE Press, 2010: 1052-1056.

[27] VUCIC J, KOTTKE C, HABEL K, et al. 803 Mbit/s visible light WDM link based on DMT modulation of a single RGB LED luminary[C]//Proceedings of the Optical Fiber Communication/National Fiber Optic Engineers Conference, March 6-10, 2011, Los Angeles, United States. Piscataway: IEEE Press, 2011.

[28] Thorlabs. CCD and CMOS cameras operation manual and SDK[EB]. 2014.

[29] ZHAN Z, ZHANG M, HAN D, et al. 1.2 Gbps non-imaging MIMO-OFDM scheme based VLC over indoor lighting LED arrangments[C]// The Optoelectronics and Communications Conference, June 28-July 2, 2015, Shanghai, China. Piscataway: IEEE Press, 2015: 1-3.

[30] YANG Z, WANG Z, ZHANG J, et al. Wearables can afford: Light-weight indoor positioning with visible light[C]// Proceedings of the 13th Annual International Conference on Mobile Systems, Applications, and Services, May 18-22, 2015, Florence, Italy. New York: ACM Press, 2015.

[31] YEH C H, LIU Y L, CHOW C W. Demonstration of 76 Mbit/s real-time phosphor-LED visible light wireless system[C]// 2014 Optoelectronics and Communication Conference and Australian Conference on Optical Fibre Technology, July 6-10, 2014, Melbourne, Australia. Piscataway: IEEE Press, 2014:757-759.

[32] ESMAIL M A, FATHALLAH H. Optical coding for next-generation survivable long-reach passive optical networks[J]. Journal of Optical Communications and Networking, 2012, 4(12): 1062-1074.

[33] ALAMOUTI S M. A simple transmit diversity technique for wireless communications[J]. IEEE Journal on Selected Areas in Communications, 1998, 16(8):1451-1458.

[34] 吴承志.可见光通信技术及应用初探[J].现代传输, 2012, 3: 8-19.

[35] KUMAR N, LOURENCO N. LED-based visible light communication system: a brief survey and investigation[J]. Journal of Engineering and Applied Sciences, 2010, 5(4): 296-307.

[36] SONG H, KIM B, MUKHERJEE B. Long-reach optical access networks: A survey of research challenges, demonstrations, and bandwidth assignment mechanisms[J]. IEEE Communications Surveys Tutorials, 2010, 12(1):112-123.

[37] BUTUN I, SANKAR R. A brief survey of access control in wireless sensor networks[C]// Proceedings of IEEE Consumer Communications and Networking Conference(CCNC), January 9-12, 2011, Las Vegas, USA. Piscataway: IEEE Press, 2011: 1118-1119.

[38] COSSU G, PRESI, M, CORSINI R, et al. A visible light localization aided optical wireless system[C]//GLOBECOM Workshops (GC Wkshps), December 5-9, 2011, Houston, USA. Piscataway: IEEE Press, 2011: 802-807.

[39] RAHMAN M S, HAQUE M M, KIM K D. High precision indoor positioning using lighting LED and image sensor [C]// Computer and Information Technology (ICCIT), December 22-24, 2011, Dhaka, Bangladesh. Piscataway: IEEE Press, 2011: 309-314.

[40] LOU P H, ZHANG H M, ZHANG X, et al. Fundamental analysis for indoor visible lightpositioning system[C]//Communications in China Workshops (ICCC), 2012 1st IEEE International Conference on Digital Object Identifier, August 15-17, 2012, Beijing, China. Piscataway: IEEE Press, 2012: 59-63.

[41] 郭成, 胡洪, 时磊, 等. 基于可见光的室内定位方法, 装置和系统以及光源. CN103383446A[P]. 2013.

[42] CHU M, WU Q, WANG J，et al. Calculation of theoretical limitation of lumen efficiency for white LED[J]. Chinese Journal of Luminescence, 2009, 30(1): 77-80.

[43] 高小龙. 白光 LED 发光建模与通信系统研究[D]. 长沙: 中南大学, 2012.

[44] MORENO I, CONTRERAS U. Color distribution from multicolor LED arrays[J]. Optics Express, 2007, 15(5): 3607-3618.

[45] AZHAR A H, TRAN T A, O'BRIEN D. Demonstration of high-speed data transmission using MIMO-OFDM visible light communications[C]//Proceedings of the 2010 IEEE Globecom Workshop on Optical Wireless Communications(OWC' 10), December 6-10, 2010, Miami, USA. Piscataway: IEEE Press, 2010: 1052-1056.

[46] 陈特, 刘璐.可见光通信的研究[J].中兴通信技术, 2013, 19(1):49-52.

[47] SINGH C, JOHN J, SINGH Y, et al. A review on indoor optical wireless systems [J]. IEEE Technical Review, 2002, 19(1-2): 1-36.

中英文对照表

英文缩写	英文名称	中文名称
AOA	Angle of Arrival	到达角度法
AP	Access Point	接入点
APE	Average Positioning Error	平均定位误差
APS	Active Pixel Sensor	有源像素传感器
AWGN	Additive White Gaussian Noise	加性高斯白噪声
BCAM	pseudo-Biphase-coded Alternative Modulation	伪双相编码交替调制
BLE	Bluetooth Low Energy	低功耗蓝牙技术
CCS	Camera Coordinate System	摄像机坐标系
CDG	Channel DC Gain	信道直流增益
CDMA	Code Division Multiple Access	码分复用
CDS	Correlated Double Sampling	相关双采样
CFF	Critical Flicker Frequency	临界闪变频率
CIS	CMOS Image Sensor	CMOS 图像传感器
CMOS	Complementary Metal Oxide Semiconductor	基于互补金属氧化物半导体图像传感器
CNN	Convolutional Neural Network	卷积神经网络
CPC	Compound Parabolic Concentrator	复合抛物面聚光器
CRF	Comer Response Function	角点响应函数
CRLB	Cramer-Rao Lower Bound	克拉美罗下界
CRSSR	Consecutive Receive Signal Strength Ratio	连续接收符号强度的比例值
CSK	Color Shift Keying	色移键控

（续表）

英文缩写	英文名称	中文名称
CTM	Color Temperature Modulation	色温调制
DD	Direct Detection	直接检测
DFT	Discrete Fourier Transform	离散傅里叶变换
DM-LED	Dual-Mode LED	双模 LED
DMP	Digitial Motion Processor	数字运动处理引擎
DSRC	Dedicated Short Range Communication	专用短程通信
DTDNN	Distributed Time Delay Neural Network	分布式时延神经网络
FDMA	Frequency Division Multiple Access	频分多址
FH	Frame Header	帧头
FIM	Fisher Information Matrix	费舍尔信息矩阵
FIR	Finite Impulse Response	有限冲激响应
FOV	Field-of-View	视场角
FSOOK	Frequency-Shift On-Off Keying	频移通断键控
FTDNN	Focused Time Delay Neural Network	聚焦时延神经网络
GC	Gold Codes	Gold 码
GLTF	Gray Level Transfer Function	灰度值转换函数
GPS	Global Positioning System	全球定位系统
ICS	Image Coordinate System	成像平面坐标系
IFI	Inter-Frequency Interference	频间干扰
ILBS	Indoor Location-based Services	基于室内位置的服务
IM	Intensity Modulation	强度调制
IP	Interior Point	内点
IPS	Indoor Positioning System	室内定位系统
IS	Image Sensor	图像传感器
ITS	Intelligent Transportation Systems	智能交通系统
iVLP	Imaging VLP	成像 VLP
LBS	Location-based Service	基于位置服务
LE	Location Error	位置误差
LLS	linear Least Squares	线性最小二乘算法
LR-LMN	Lambertian Radiation Lobe Mode Number	朗伯辐射波瓣模数
MAI	Multiple Access Interference	多址接入干扰

（续表）

英文缩写	英文名称	中文名称
MC-iVLP	pseudo-Miller-Coded iVLP	伪密勒编码 iVLP
MC-VLP	pseudo-Miller-Coded VLP	伪密勒编码 VLP
MDD	Moving Direction Detection	行进方向检测
MEMS	Micro-Electro-Mechanical System	微机电系统
MID	Multi-Image Detection	多帧图像检测
MIMO	Multiple Input Multiple Output	多输入多输出
MSE	Mean Square Error	均方误差
NLOS	Non Line of Sight	非视距
NLS	Nonlinear Least Squares	非线性最小二乘算法
nVLP	Non-Imaging VLP	非成像 VLP
OCC	Optical Camera Communications	基于可见光的相机通信
OFDM	Orthogonal Frequency Division Multiplexing	正交频分复用
OOC	Optical Orthogonal Code	光正交码
OOK	On-Off Keying	通断键控
PC	Prime Code	素数码
PD	Photodiode	光电二极管
PDR	Pedestrian Dead Reckoning	行人航迹推算
PE	Positioning Error	位置误差
PP	Projection Profile	投影法
PSO	Particle Swarm Optimizer	标准微粒群
PT	Phototriode	光敏三极管
PWM	Pulse Width Modulation	脉冲宽度调制
QCC	Quadratic Congruence Code	二次同余码
RFA	Radio Frequency Allocation	射频分配
RFID	Radio Frequency Identification	射频识别
RIA	Regression Iteration Algorithm	回归迭代算法
RMSE	Root Mean Square Error	均方根误差
RS	Rolling Shutter	卷帘效应
RSF	Received Signal Feature	接收信号特征
RSS	Received Signal Strength	接收信号强度
SN	Sensor Node	节点传感器

（续表）

英文缩写	英文名称	中文名称
SNR	Signal-to-Noise Ratio	信噪比
SURF	Speeded Up Robust Features	加速稳健特征
SWFD	Single-Window Frequency Detection	单窗口频率检测
TDMA	Time Division Multiple Access	时分多址
TDOA	Time Difference of Arrival	到达时间差法
TOA	Time of Arrival	到达时间法
TTL	Transistor-Transistor Logic	逻辑门电路
UE	User Equipment	用户设备
UKF	Unscented Kalman Filter	无迹卡尔曼滤波
UT	Unscented Transfer	无迹变换
UWB	Ultra Wideband	超宽带
VLC	Visible Light Communications	可见光通信
VLP	Visible Light Positioning	可见光定位
VSW	Virtual Sub-Window	多路虚拟子窗口

名词索引